太阳能利用前沿技术丛书

柔性太阳电池材料与器件

宋伟杰　王维燕　李 佳　等编著

**Flexible Solar Cells:
from Materials to Devices**

化学工业出版社
·北京·

内容简介

《柔性太阳电池材料与器件》是"太阳能利用前沿技术丛书"中的一个分册。主要介绍柔性太阳电池材料及器件，内容涵盖了柔性太阳电池的理论、材料、结构、工艺和市场。重点介绍柔性衬底材料、柔性透明电极、柔性薄膜种类及相关性能，还对柔性薄膜的沉积技术进行阐述，最后对柔性太阳电池技术发展及方向进行展望。

本书作为一本基础参考书，适合材料、物理、化学、动力与能源专业或相关专业的研究生、教师了解柔性电池技术。本书也对太阳电池企业的工程师、进行政策决策的政府官员以及其他对柔性太阳电池产业感兴趣的读者认识新技术发展方向有帮助。

图书在版编目（CIP）数据

柔性太阳电池材料与器件 / 宋伟杰等编著 . —北京：化学工业出版社，2021.2

（太阳能利用前沿技术丛书）

ISBN 978-7-122-38130-9

Ⅰ.①柔… Ⅱ.①宋… Ⅲ.①太阳能电池-研究

Ⅳ.① TM914.4

中国版本图书馆CIP数据核字（2020）第243478号

责任编辑：袁海燕　　　　　　　　　　　　　文字编辑：丁海蓉
责任校对：王鹏飞　　　　　　　　　　　　　装帧设计：王晓宇

出版发行：化学工业出版社（北京市东城区青年湖南街13号　邮政编码100011）
印　　装：北京瑞禾彩色印刷有限公司
710mm×1000mm　1/16　印张13　字数219千字　2021年6月北京第1版第1次印刷

购书咨询：010-64518888　　　　　　　　　　售后服务：010-64518899
网　　址：http://www.cip.com.cn
凡购买本书，如有缺损质量问题，本社销售中心负责调换。

定　价：118.00元　　　　　　　　　　　　　　　　　版权所有　违者必究

丛书序

能源利用一直伴随着人类科技和经济发展的进程，从最初的利用天然火源到主动利用火，人类走过了从燃烧木材、木炭到燃烧煤炭的过程，从发现石油、天然气到利用清洁能源，人类逐渐走上了部分替代煤炭、石油、天然气等化石能源的清洁能源之路。

20世纪50年代以来，人类逐渐认识到化石能源的危害，化石能源不可再生并逐渐走向枯竭，化石能源燃烧利用带来了严重的大气污染以及随之而来的温室效应。人们除了研究化石能源的清洁利用之外，如何发现和利用清洁能源成为各国科研人员共同面临的挑战。

太阳能作为已知的清洁能源，取之不尽、用之不竭，没有污染，人类利用太阳能有长久的历史，但科学利用太阳能始于20世纪，经过不断发展和进步，太阳能逐步走向能源利用的前台。目前，太阳能的开发与利用也带动了21世纪相关领域的科技发展，太阳能广泛利用的时代已初现端倪。

太阳能利用和储能技术涉及物理、光学、材料、化学，涉及光电转换等物质运动形态转换规律及利用技术，还涉及相关的工业设备和仪器，这都带动不同学科的发展和进步。如光伏材料和新型光伏电池的不断研究开发，促进了物理、化学、材料等学科的发展，还促进了太阳能系统设备等工程学科的研究和发展。太阳能等可再生能源的利用，也促进了储能技术领域的持续研究热潮和发展，等等。

站在能源利用替代和发展的历史节点，我国科研人员需要大视野、大格局、大情怀，不断突破行业固有桎梏，从规划、研究、技术应用等方面进行努力，运用学科综合思维和多领域交叉糅合等进行思维和技术调整，在已有基础上阔步前进，为我国能源科技进步提供有力支撑。

正是基于能源科技中太阳能等可再生能源的重要性，21世纪以来，太阳能一直被列为我国中长期发展规划中的重要部分，在国家政策扶植和支持下，太阳能等可再生能源技术取得了长足的进步，如：光伏光电材料性能不断改善；电池效率不断提高，成本不断下降；新型电池研究取得一定突破；光热发电、储能方面也有多个示范项目等。三年前，在化学工业出版社积极协调和提议下，考虑组织编写"太阳能利用前沿技术丛书"。

根据丛书设置的初衷，拟定的出版方向包括：光伏、光热、光生物、光化学、储能、光电技术应用等领域，具体分册如下：

1. 太阳电池物理与技术应用（沈辉）

2. 基于纳米材料的光伏器件（戴宁）

3. 铜基化合物半导体薄膜太阳电池（孙云）

4. 染料敏化太阳电池（林原）

5. 高效晶体硅太阳电池技术（丁建宁）

6. 柔性太阳电池材料与器件（宋伟杰）

7. 光伏电池检测技术及应用（吴建国）

8. 植物的太阳能固能机制及应用（杨春虹）

9. 光电净化水处理技术（孙卓）

10. 太阳能高温集热原理及应用（王志峰）

11. 钠电池储能技术（温兆银）

12. 储能技术概论（陈海生）

各册主编均为国内相关行业领域的知名专家，经编委会各位同仁及出版社编辑的积极努力，丛书初具雏形，后续还将补充出版相关领域的内容。希望丛书的出版，能为我国太阳能领域与储能领域的各位技术人员提供一定的借鉴。

目前，我国太阳能、储能等新型能源技术不断发展，在绿色无污染的优势前提下，希望我国太阳能等能源技术不断应用和布局，为我国的绿色、进步提供动力。

中国科学院院士

国家能源集团首席科学家

中科院上海技术物理研究所研究员

2020 年 10 月

前言

　　近年来，柔性电子技术、可穿戴器件和物联网技术的发展极大地带动了人们对便携式能源器件的需求。开发具有可弯曲、可拉伸、可折叠等特性的柔性太阳电池成为光伏技术研究的热点之一。柔性太阳电池应用领域广泛，不仅能与窗户、屋顶等建筑外墙面，汽车、船、飞行器等交通设施，以及衣帽、书包、帐篷等可穿戴设备表面集成，赋予常规产品新功能，而且能作为柔性功率源与其他柔性光电器件集成，形成自供电的柔性电子系统，拓展了其他功能器件的工作场景。柔性太阳电池轻质和高功率质量比的特性也使其在信息和国防等领域有重要的应用前景。柔性太阳电池技术在政府、企业和科研界的广泛关注下已进入高速发展的快车道。然而，与已经形成年产值数千亿的晶体硅太阳电池产业相比，柔性太阳电池产业尚处于早期阶段，在器件效率、寿命、稳定性、成本、生产加工效率等很多方面存在着巨大的挑战。本书较为简洁地介绍了太阳电池相关理论和各类柔性太阳电池的结构，系统总结了柔性电池中应用的衬底和透明电极等共性材料的发展现状和柔性衬底上薄膜沉积技术，最后展望了柔性太阳电池发展挑战及未来方向。

　　《柔性太阳电池材料与器件》分为七章。第 1 章为柔性太阳电池概述，介绍了太阳电池的发展历史，以及柔性太阳电池种类及产业化发展历史和现状。第 2 章为太阳电池结构与物理简述，分析了太阳电池效率理论极限，并概述了提升电池效率的几种关键方法和手段。第 3 章为柔性太阳电池研究进展，详细介绍了柔性化合物、硅基、有机及钙钛矿薄膜电池和染料敏化电池的研究进展。第 4 章为柔性衬底材料，主要介绍了金属及合金、高分子聚合物、超薄玻璃这几类柔性衬底材料的基本特性，以及在柔性薄膜太阳电池中的应用示例。第5章为柔性透明电极，重点介绍了透明导电薄膜、金属网格、银纳米线、石墨烯、碳纳米管及导电高分子等体系。第6章为柔性薄膜沉积技术，介绍了物理气相沉积、化学气相沉积、涂覆、印刷等技术的原理以及在柔性薄膜太阳电池中的应用情况。第7章为柔性太阳电池技术发展挑战与展望，探讨了提高柔性太阳电池光电转换效率及稳定性的关键技术，并对柔性太阳电池未来的应用领域作了展望。

本书由王维燕、宋伟杰（第1章，第3章，第7章），鲁越晖（第2章），许炜（第4章），李佳（第5章），杨晔、谭瑞琴、沈文锋（第6章）撰写。全书由宋伟杰审阅、修改和统稿。本书的撰写者是中国科学院宁波材料技术与工程研究所和宁波大学长期从事太阳电池关键材料与技术研究的中青年研究人员，书中的部分内容也是撰写者近年来科研工作的总结和展望。

本书作为一本基础参考书，力求尽可能反映当前科研和生产的最先进水平和技术，使读者能对柔性太阳电池有一个直观和全面的认识。本书可供材料专业、物理专业、化学专业、动力与能源专业或相关专业的本科生、研究生和教师了解柔性电池技术，也可供太阳电池行业的工程师、进行政策决策的政府官员以及其他对柔性太阳电池技术和产业感兴趣的读者了解本领域的概况和技术发展方向。

本书中介绍的部分研究成果是在国家自然科学基金（61875209，61774160，61404143，61605224，21203226）、科技部国际合作项目（2015DFH60240）资助下取得的。感谢中国科学院上海技术物理研究所的褚君浩院士、戴宁研究员对本书出版的鼓励，感谢家人对撰写者工作的全力支持，也感谢化学工业出版社使得本书能够顺利出版。

在编写过程中，撰写者力求图像表述清晰、公式推导准确、文字叙述流畅，但限于经验、水平和知识面，书中存在的疏漏及不妥之处，期待专家和广大读者批评指正，以期在后续再版中完善。

宋伟杰

2020年2月

目录

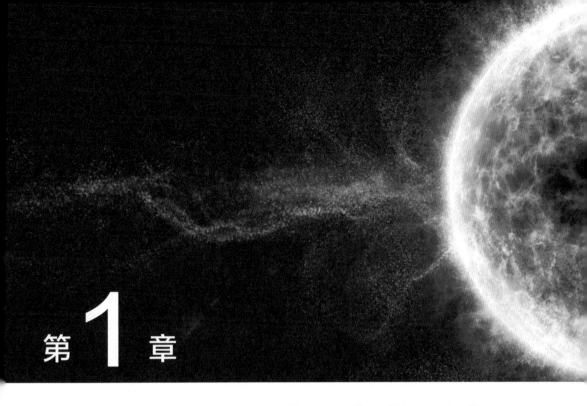

第1章

柔性太阳电池概论

1.1
太阳电池及其发展历史

太阳辐射是地球表面能源的主要来源。太阳辐射的光谱与温度为 5800K 的黑体辐射较为接近。在地球表面,受到大气层的反射以及其中水、二氧化碳和臭氧等气体的吸收之后,太阳光在强度和频谱分布方面与太空中相比都有所变化。图 1-1 为地球上太阳辐射的光谱。同时,受到地球自转、纬度分布和天气气候变化等因素的影响,太阳辐射在地球上的分布也有较多的变化。人类对太阳辐射的认识也是随着科技的进步和实际观测数据的累积而不断地深入。

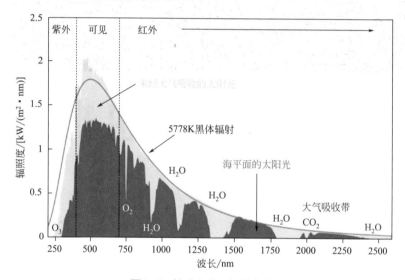

图1-1 地球上太阳辐射光谱

太阳辐射给地球带来的能量是巨大的。利用太阳能发电主要分为两类:太阳能光发电和太阳能热发电。太阳能光发电是指无需通过热过程直接将光能转变为电能的发电方式。它包括光伏发电、光化学发电、光感应发电和光生物发电。其中光伏发电是利用太阳能级半导体光电器件有效地吸收太阳光辐射能,并使之转变成电能的发电方式,是当今太阳光发电的主流。太阳能热发电是先将太阳能转化为热能,再将热能转化成电能,它有两种转化方式:一种是将太阳热能直接转化成电能,如半导体或金属材料的温差发电,真空器件中的热电子和热电离子发电,碱金属热电转换以及磁流体发电等;另一种方式是将太阳热能通过热机(如汽轮机)带动发电机发电,与常规热力发电类似,只不过是其热能不是来自燃料，而是来自太阳能。本书阐述的太阳电池是基于光伏发电的工作原理。

太阳电池的发展有很长的历史，从太阳电池工作原理的认知，到采用新材料、新结构、新技术提高太阳电池性能，以及太阳电池走向产业化发展。

在太阳电池研发方面，1954 年美国贝尔实验室皮尔森偶然开启房间里的灯光时，发现 P-N 结单晶硅会产业一个电压的物理现象。经过对这个光伏现象的研究，1954 年底其首次发表了效率达 6% 的单晶硅电池，至今 P-N 结仍然在光伏器件结构中占据着绝对地位。从 1954 年开始到 1960 年，Shockley 和 Queisser 等陆续发表一系列关键文章，系统讲述以 P-N 结为基础的太阳电池工作原理，包括能带、光谱响应、温度、动力学和效率之间的理论关系[1]。1960 年后，新型薄膜吸收层材料受到关注，薄膜太阳电池光电转换效率不断提升。1963 年碲化镉（CdTe）薄膜太阳电池效率达 6%[2]。1974 年开始铜铟镓硒（CIGS）薄膜太阳电池的研究。1976 年，美国 RCA 实验室的 D. E. Carlson 研制了 P-I-N 结构的非晶硅薄膜太阳电池，光电转换效率达 2.4%[3]。1995 年，美国加州大学俞刚博士发展了本体异质结结构有机太阳电池，提高了激子解离效率，有机电池性能进一步提高，该结构也成为目前有机太阳电池的主流结构[4]。2009 年，从染料敏化太阳电池得到借鉴，开始了钙钛矿太阳电池的研究，其效率在短短几年内从 3.8% 提升到 25.2%[5]。以这些薄膜材料为太阳光吸收层构成的电池被统称为第二代薄膜电池。除了材料体系的更迭外，高效太阳电池的新结构、新技术也被陆续提出，如表面钝化技术、绒面结构的前后电极、多结太阳电池等。20 世纪 90 年代后期，M. Green 研究组采用表面高效陷光、前后表面钝化、选择性发射极等高效太阳电池技术，实现效率达 25% 的单晶硅太阳电池[6]。同时三洋公司采用单晶硅吸收层和非晶硅钝化层构筑了晶硅异质结太阳电池，结合背接触设计，电池光电转换效率实现 26.7%，为目前单结太阳电池的最高效率[7]。21 世纪初，M. Green 研究组基于"环保、新概念、高效"的概念，提出了第三代太阳电池，主要包括量子点太阳电池、热载流子太阳电池、中间带太阳电池等。虽然这类太阳电池在效率提升上的效果目前还不尽如人意，但作为新概念、新思路的探索，研究还有很长的路要走。

在太阳电池产业发展方面，20 世纪 80 年代，第一次世界石油危机使得很多国家考虑光伏在内的可再生能源。随着实验室晶体硅太阳电池效率的不断提升以及原材料、设备成本的下降，光伏工业开始成熟。欧洲、美国、日本开始建立制造太阳电池的公司，推动产业化。20 世纪 90 年代，各国推出新政以扶持光伏发展。比如德国提出"2000 个光伏屋顶计划"和"光伏示范"计划，美国启动"百万屋顶计划"，日本启动"新阳光计划"。21 世纪初，第二次石油危机再次唤起人们发展可再生能源，尤其是太阳电池的专注。晶体硅太阳电池产线投入力度猛增，这也造成硅材料供应短缺，多晶硅原材料价格暴涨，由 2005 年的每公斤几十美元，两三年内飙升到每公斤 300 美元以上。人们将目光转向薄膜太阳电池，那些原先专注于发展大尺寸液晶显示制造设备的公司纷纷重组，大力发展尺寸为平方米级的太阳电池制造设备。然而经过十年左右的发展，薄膜电池效率增加不显著，导致成本无法与晶体硅太阳电池抗衡。目前晶体硅太阳电池仍是光伏市场主流，占据 90% 以上的市场份额，如图 1-2（a）所示。

　　尽管产业化太阳电池材料体系不断更迭，中国乃至全球光伏装机总量呈迅猛发展趋势。根据中国光伏行业协会（China Photovoltaic Industry Association，CPIA）报告，2017 年中国新增光伏装机容量 53GW，如图 1-2（b）所示。2017 年世界新增光伏装机容量为 105GW，可见中国光伏装机量占了较大比重。预计到 2022 年，全球累计装机容量将达到 TW 级水平。根据光伏学习曲线，光伏组件价格将随着光伏累计装机量的增加而降低，而且两者的对数曲线基本服从直线分布。由图 1-3 可见，基于 1976～2017 年的数据，光伏装机容量和组件价格的对数曲线斜率约为 22.8%，只是 2003～2016 年间市场的巨大波动导致数据点偏离直线[8]。2016 年和 2017 年对应的光伏组件价格分别是 0.37 美元/Wp 和 0.34 美元/Wp。然而我们需要意识到，虽然光伏装机量飞速增加，但在各类发电中，光伏发电只占很小的比重。根据中国能源局数据显示，光伏发电占总发电量的比例仍低于 2%。因此，光伏发电要成为常规能源需持续规模化发展，以实现最终的平价上网。

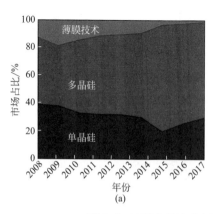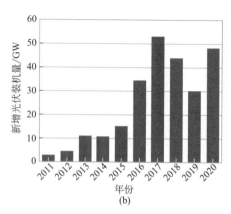

图1-2　不同光伏技术市场份额（a）和中国历年新增光伏
装机容量（b）（数据来自CPIA，2021）

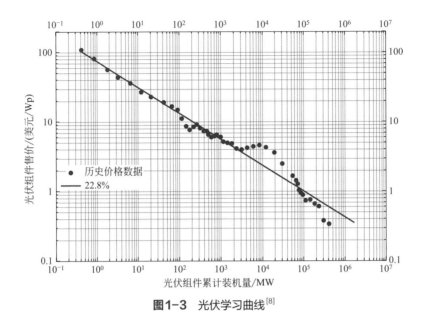

图1-3　光伏学习曲线[8]

1.2
柔性太阳电池

近年来，可穿戴、便携成为柔性电子器件发展的重要需求，然而大部分柔性电子器件都需要外接一个刚性供电源，柔性功率源成为柔性电子器件发展的瓶颈问题。开发高质量的柔性太阳电池作为柔性功率源，有利于实现自供电的柔性电子器件系统。除了柔性功率源需求外，太阳电池在特定场合安装时需要与建筑外墙面、窗户、屋顶，以及汽车、飞机、船等设备外表面结合，如图1-4和图1-5所示的光伏建筑一体化项目。这就要求与曲面物体贴合时太阳电池性能不受到影响，因此对太阳电池柔性化提出了需求。在上述众多应用牵引下，柔性太阳电池越来越受到关注。

柔性太阳电池由刚性太阳电池发展而来，实现柔性化的第一步是将玻璃衬底（基底）转换成聚合物或金属等柔性衬底，这时重点是如何在这些柔性衬底上制备高效太阳电池。柔性铜铟镓硒、非晶硅薄膜太阳电池较多采用不锈钢衬底（如图1-6所示）。由于金属及合金等柔性衬底热稳定性好，太阳电池功能层制备工艺不需要做调整就能得到高质量的薄膜，但是需要解决这类衬底的高表面粗糙度以及杂质扩散问题对太阳电池性能影响的问题。之后为进一步降低成本、提高功率质量比，轻质的聚合物衬底，如聚对苯二甲酸乙二醇酯（PET）、聚碳酸酯（PC）、

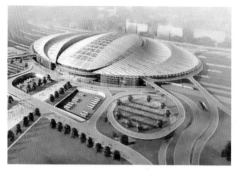

图1-4 新北京南站候车大厅屋顶与光伏组件结合 图1-5 迪拜鸟岛太阳能光伏建筑

聚酰亚胺（PI）得到了研究者的关注，开始广泛应用在柔性铜铟镓硒、碲化镉、非晶硅、有机以及钙钛矿太阳电池中。但是除了 PI 衬底外，大部分聚合物衬底的热稳定性较差，只能耐 150℃ 以下的温度，此外聚合物薄膜的热膨胀系数与电池功能层存在数量级差别，易在电池功能层内引入热应力，因此需要优化聚合物衬底上功能层的制备工艺及特性，以提高聚合物衬底上柔性太阳电池效率。目前商业化柔性太阳电池都是制备在 PI 衬底上，PET、PC 衬底上的电池仅限于实验室研究。近年来，耐高温的透明聚酰亚胺薄膜以及柔性玻璃等产品日益成熟，其在柔性太阳电池中的应用具有较大潜力。

(a) 柔性铜铟镓硒薄膜太阳电池　　　　　(b) 非晶硅薄膜太阳电池

图1-6 不锈钢衬底上的薄膜太阳电池

近几年来，智能电子皮肤、可穿戴设备等飞速发展，柔性太阳电池是理想的柔性功率源，这时太阳电池不仅需要与曲面物体贴合，还需要与运动物体表面结合，因此柔性太阳电池需要具备可弯曲、可折叠、可拉伸、可扭曲等特性。传统锡掺杂的氧化铟（ITO）透明电极的脆性特性显现弊端，研究表明 ITO 薄膜在上述机械变形时会出现裂纹，导致薄膜电导率呈数量级下降。一般以 ITO 为电极的柔性电池只能耐 4mm 曲率半径下弯曲有限次，更低曲率半径下弯折会导致电池性能失效，更别提拉伸或扭曲等机械操作。因此，将柔韧性更好的透明电极，比如碳纳米管、石墨烯、金属栅格、金属纳米线、超薄金属、导电聚合物或者复合材料等应用到柔性太阳电池中是未来发展的趋势。研究者已通过优化工艺和改善界面特性，提高基于柔性透明电极的太阳电池的光电转换效率，同时表明这类太阳电池具备较好的弯折性能和拉伸性能。

柔性太阳电池要走向商业化，除了采用新材料外，还需要与大面积制备工艺兼容。当前的关键问题是如何提高大面积薄膜均匀性，从而提高大面积光伏组件效率，减小其与实验室小面积太阳电池间的效率差别。此外，柔性太阳电池的效率稳定性是其在实际应用中亟须解决的问题。不像晶体硅太阳电池，柔性太阳电池的使用寿命还没有建立测试标准。目前普遍认为影响柔性太阳电池效率的因素包括水、氧、光、热等。提高电池功能层材料的稳定性，同时采用柔性阻隔薄膜的封装技术，是提高柔性太阳电池稳定性的关键，这也是现阶段科研界和产业界关注的重点。

1.3
柔性太阳电池及产业发展

柔性太阳电池主要指柔性薄膜太阳电池，包括铜铟镓硒、碲化镉、非晶硅、有机、钙钛矿太阳电池体系。而晶体硅太阳电池由于晶体硅存在脆性特性，尽管通过降低晶体硅厚度能使其具备一定程度的柔性，但可弯折曲率半径较大，因此不是本书关注的重点。如果没有特殊说明，柔性太阳电池就是指各类柔性薄膜太阳电池。当前各类柔性薄膜太阳电池效率发展迅速，已接近刚性太阳电池效率。同时，相比刚性太阳电池，其具有更高的功率质量比以及可弯折、可拉伸等力学性能。目前柔性铜铟镓硒、非晶硅薄膜太阳电池已经走向商业化，而柔性有机、钙钛矿太阳电池也得到科研院所的广泛研究。下面先总体介绍各类柔性太阳电池的发展现状，然后列举主要研究单位和公司的代表性工作。

柔性 CIGS 太阳电池主要采用不锈钢或聚酰亚胺为衬底，通过解决高质量CIGS 薄膜的低温制备、衬底与功能层热膨胀系数不匹配引入的应力以及衬底内缺乏钠杂质需要额外引入等问题，目前在 PI 衬底上实现 20.4% 的效率。柔性 CIGS 太阳电池也较快地走向产业化，日本 Solar Frontier、德国 Solibro、美国MiaSolé 以及国内的汉能都具备柔性 CIGS 太阳电池的量产技术。瑞士 EMPA 与Flisom AG 在 PI 衬底上串联八个 CIGS 太阳电池，组件转换效率达 16.9%，为当前柔性 CIGS 组件的最高效率[9]。柔性 CIGS 薄膜太阳电池产业要在光伏市场上具有竞争力，仍需持续提高产业化柔性太阳电池效率并降低成本。柔性非晶硅薄膜太阳电池是另一种商业化的柔性电池，其主要采用不锈钢和聚合物为衬底。美国 United Solar 公司在不锈钢衬底上制备 a-Si:H/a-SiGe:H/a-SiGe:H 三结硅基薄膜太阳电池，实现 16.3% 的转换效率，这也是非晶硅薄膜太阳电池的最高效率[10]。但是非晶硅薄膜太阳电池由于效率提升缓慢，产业已经快速萎缩，只占很小的市场份额。柔性有机、钙钛矿太阳电池目前处于实验室研究阶段，这两类太阳电池主要采用聚合物衬底，通过优化柔性衬底上吸收层、载流子传输层特性及界面特性，小面积电池效率已经分别突破 16.1% 及 21.1%。为进一步提高柔性有机及钙钛矿太阳电池的力学性能，采用石墨烯、超薄金属、银纳米线、导电聚合物等柔性透明电极替代 ITO 脆性电极，实现柔性太阳电池的弯折、拉伸、扭转等性能。但是柔性有机、钙钛矿太阳电池要走向产业化需要解决高效太阳电池的大面积制备以及稳定性等问题。

　　柔性太阳电池的功率质量比是重要的评价指标，其影响柔性太阳电池在建筑、可穿戴、航空等领域的应用。图 1-7 比较了几类太阳电池的功率质量比。空间用高效晶硅及 InGaP/GaAs/Ge 三结太阳电池的功率质量比分别为 0.82W/g 和 0.39W/g[11]。A. Chirilă 等在 25μm 厚 PI 衬底上制备了光电转换效率为 18.7% 的 CIGS 太阳电池，使得柔性太阳电池的功率质量比达到 3W/g[12]，远远超过上述空间用太阳电池的功率质量比。进一步，Martin Kaltenbrunner 等在 1.4μm 的超薄 PET 衬底上制备高效有机及钙钛矿太阳电池，该柔性太阳电池的功率质量比分别达到 10W/g 及 23W/g[13,14]。从以上结果可以看到，要实现高功率质量比的柔性太阳电池，关键是如何在超薄衬底上制备高光电转换效率的太阳电池。

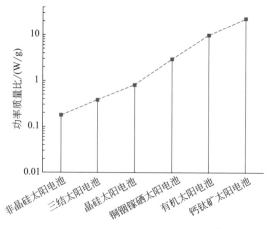

图1-7　不同种类太阳电池功率质量比[11-14]

表 1-1 列举了国内外柔性太阳电池的主要研究机构的代表性工作。

表1-1 国内外柔性太阳电池的主要研究机构和代表性工作

研究机构-研究者	代表性工作
奥地利约翰内斯开普勒大学-Martin Kaltenbrunner	在超薄衬底上实现可弯折、可拉伸、高功率质量比的有机、钙钛矿太阳电池[13,14]
美国伊利诺伊大学香槟分校-John A. Rogers	设计岛状结构的可拉伸 GaAs 太阳电池[15]
美国斯坦福大学-鲍哲南	采用预拉伸 PDMS 衬底，实现可拉伸有机太阳电池[16]
日本大阪大学-Makoto Karakawa	采用可折叠的纳米纤维素和银纳米线复合电极，实现的柔性有机太阳电池[17]
陕西师范大学-刘生忠	开发常温溅射的高质量二氧化钛作为钙钛矿电池的电子传输层，柔性钙钛矿太阳电池转换效率达18.40%[18,19]
苏州大学-李永舫，李耀文	柔性透明电极上钙钛矿太阳电池研究，制备金属银网格和导电聚合物的复合电极，由该电极组装的钙钛矿太阳电池效率达14.0%[20]
北京大学-肖立新	实现柔性钙钛矿太阳电池效率达19.38%，在10mm的弯曲半径下弯曲500次后依然保持初始效率的92%[21]
中国科学院化学所-宋延林	采用纳米组装-印刷方式制备柔性钙钛矿太阳电池，通过在柔性太阳电池内部搭建蜂巢状的微纳米支架提高电池光电性能及力学性能[22]
中国科学院深圳先进技术研究院-贾春媚	以无机云母片作为柔性钙钛矿太阳电池衬底，实现18.0%的光电转换效率[23]
中国科学院宁波材料所-葛子义，宋伟杰	在PET/PEDOT:PSS衬底上制备高效有机太阳电池[24]；在纸衬底上制备高效、高功率质量比、可折叠的有机、钙钛矿太阳电池[25,26]

奥地利约翰内斯开普勒大学（Johannes Kepler University）的 Martin Kaltenbrunner 等在超薄衬底上制备高功率质量比、可弯折、可拉伸的太阳电池。他们首先在 1.4μm 塑料衬底上制备超柔性有机太阳电池，如图 1-8（a）所示，将电池置于预拉伸的弹性体上，该电池具备可弯折和可拉伸性能，在 50% 的应变下拉伸压缩 22 次太阳电池效率仅降低 27%。此外，由于采用超薄衬底，太阳电池实现 10W/g 的超高功率质量比[13]。他们进一步在 1.4μm 厚的塑料衬底上制备钙钛矿太阳电池，利用 Cr_2O_3/Cr 改善器件顶电极接触特性，获得 12% 的光电转换效率和 23W/g 的高功率质量比。将制备好的器件放在预拉伸的弹性体上，可赋予太阳电池可拉伸特性。太阳电池在 25% 的应变下反复拉伸压缩 100 次，其光电特性未出现显著变化[14]。

美国伊利诺伊大学香槟分校（University of Illinois at Urbana-Champaign Urbana）John A. Rogers 课题组的 J. Lea 等在弹性 PDMS 衬底上制备岛状结构太阳电池。由于在拉伸过程中岛状部分所受应力较小，研究者将 GaAs 太阳电池放置在岛部分，实现高度可拉伸的 GaAs 太阳电池，如图 1-8（b）所示。该电池可以承受拉伸、弯曲、扭转等复杂形变，在 20% 的应变下反复拉伸 1000 次后，依然能保持初始效率的 96.2%[15]。

美国斯坦福大学（Stanford University）鲍哲南课题组的 D. J. Lipomi 等将预拉伸的 PDMS 固定在玻璃上，然后利用常规工艺制备有机太阳电池各功能层，最后利用液态金属作为太阳电池的上电极。太阳电池制备完后将固定的 PDMS 释放，电池在压缩应力下产生屈曲，如图 1-8（c）所示，进而获得可拉伸性，研究表明太阳电池在 18.5% 的应变下反复拉伸 11 次仍能保持初始效率的 60%[16]。

日本大阪大学（Osaka University）的 Makoto Karakawa 等将纳米纤维素和银纳米线复合得到柔性透明导电衬底，所得薄膜方块电阻（简称方阻）为 17Ω，透光率为 94.4%。该复合电极具有较好的折叠特性，反复折叠 20 次后电阻基本不变。将制备好的纤维素 / 银纳米线复合膜作为有机太阳电池衬底，得到了电池光电转换效率为 3% 的器件，该器件还具备折叠性能，可折叠后放置在口袋中，方便携带[17]。

(b) 岛桥结构[15]

屈曲褶皱

(a) 超薄衬底结合波纹褶皱结构[13]　　　　　　(c) 波纹褶皱结构[16]

图1-8　不同结构设计的可拉伸柔性太阳电池

陕西师范大学刘生忠课题组的 D. Yang、J. Feng 等开发了常温溅射的二氧化钛作为钙钛矿太阳电池的电子传输层，其具有良好的电子传输特性和致密的表面形貌。进一步利用二甲基硫醚作为钙钛矿的添加剂，降低结晶速率，近而得到较大晶粒、较高结晶性、较低缺陷态密度的钙钛矿薄膜。通过上述功能层改进，柔性钙钛矿太阳电池的光电转换效率达到 18.40%[18, 19]。

苏州大学李永舫课题组的 Y. Li 等在 57μm 超薄和超柔性的塑料衬底上制备金属银网格和导电聚合物的复合柔性透明电极。该柔性透明电极在可见光范围内透光率为 82%~86%，方块电阻为 3Ω，表面粗糙度为 2.0nm。由该电极组装的柔性钙钛矿太阳电池的效率达到 14.0%，功率质量密度比为 1.96kW/kg。同时，该柔性电池展示了良好的柔韧性：经 2mm 曲率半径弯曲后依然能保持初始效率的 98.1%，在 5mm 曲率半径下弯曲 5000 次后依然能保持初始效率的 95.45%[20]。

北京大学肖立新课题组的 C. Wu 等利用 *N*-甲基-2-吡咯烷酮，通过低压辅助的方法制备致密的甲脒基钙钛矿薄膜。此外，利用 CH_3NH_3Cl 作为添加剂形成 $MAPbCl_{3-x}I_x$ 钙钛矿种子，以诱导钙钛矿相的转变和晶化。在以上策略的协同作用下，最终得到晶粒尺寸大、高晶化率、低缺陷态密度的钙钛矿薄膜，制备的柔性钙钛矿太阳电池效率达到 19.38%。柔性器件经 10mm 的曲率半径弯曲 500 次后依然保持 92% 的初始效率。同时，在空气中放置 230h 后电池依然保持初始效率的 89%[21]。

中国科学院（简称中科院）化学所宋延林课题组的 X. Hu 等利用蜂巢状的微纳米支架作为钙钛矿太阳电池的力学缓存层和光学谐振腔，有效缓解了功能层中的应力并优化了光捕获。在此基础上采用印刷方式制备的 1.01cm² 的柔性钙钛矿太阳电池获得了 12.32% 的转化效率。同时，研究者还展示了该柔性钙钛矿组件可用于可穿戴电子设备作为电源[22]。

中国科学院深圳先进技术研究院的 C. Jia 等利用无机云母片作为柔性钙钛矿太阳电池衬底。由于云母片衬底具有透明和在高温下物理化学性质稳定的特性，可直接将刚性衬底上钙钛矿电池的制备工艺直接用于云母片基器件中。制备的太阳电池光电转换效率达到 18.0%，同时太阳电池经 5mm 曲率半径下弯曲后仍能保持初始效率的 93%，在 40mm 曲率半径下弯曲 5000 次依然保持初始效率的 91.7%[23]。

中国科学院宁波材料所葛子义课题组的 W. Song 等采用与柔性衬底兼容的室温下弱酸处理方法，实现平整、均匀、优异光电特性的 PEDOT:PSS 薄膜，进一步采用全溶液法在 PET/PEDOT:PSS 衬底上制备有机太阳电池，实现有机太阳电池的填充因子及效率分别达 70.27% 及 10.15%，同时柔性太阳电池经 1000 次弯曲后仍保持 94% 的初始效率[24]。宋伟杰课题组的 H. Li 等在低成本、可折叠、可降解的纸衬底上制备柔性太阳电池，通过采用超薄衬底降低器件内应力，结合超薄金属电极替代 ITO 脆性电极，实现可折叠的有机及钙钛矿太阳电池，而且纸基钙钛矿太阳电池效率达 13.19%，为文献报道的纸基太阳电池最高效率。此外，由于采用 25μm 的纸衬底，有机、钙钛矿太阳电池具有较高的功率质量比，分别达到 2.11W/g 及 3.89W/g[25,26]。

除了实验室研发外，很多公司也研发和建立了柔性光伏组件生产线，提供大面积柔性太阳电池面板。目前商业化的柔性太阳电池面板主要是柔性 CIGS 和非

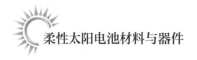

晶硅薄膜电池。

SoloPower 总部坐落在美国，主要从事柔性 CIGS 太阳电池组件的定制、生产、安装。公司具有年产能 220MW 的生产线，在不锈钢衬底上制备高质量的 CIGS 太阳电池。2010 年公司产品通过 UL/IEC 认证，2014 年在美国波特兰开设生产线。公司生产的轻质 CIGS 太阳电池组件主要用于建筑屋顶，到目前为止已经在全球各地铺设>14GW 的柔性 CIGS 组件。图 1-9 所示为 SoloPower 公司 SP3 系列柔性 CIGS 太阳电池，为 153 或 180 个太阳电池串联的大面积高效光伏组件，能跟多种黏合剂兼容，方便安装，降低成本。

Nanosolar 公司推崇低成本制备技术路线，采用印刷工艺制备柔性 CIGS 太阳电池，相比传统方式制备的太阳电池更具有成本优势，从而减少投资回报期。公司 2002 年起步，2006 年经美国国家可再生能源实验室（NREL）验证，电池板效率为 14.5%；2008 年公司投入总额达 5 亿美元，拥有美国圣何塞和德国柏林两处工厂；2009 年 Nanosolar 宣布印刷法 CIGS 太阳电池效率提升至 15.3%；2010 年 10 月完成位于德国的 1.1MW 印刷法 CIGS 太阳电池板工厂；2016 年公司展示了每分钟可打印 100ft（1ft=0.3048m）太阳电池的技术，基于该技术太阳电池的产量可提高至 1GW。

汉能（Hanergy）瞄准薄膜化、柔性化的发展趋势，自 2010 年起筛选了海外多家薄膜发电企业进行全球技术整合。2012 年 6 月，汉能收购铜铟镓硒薄膜太阳电池制造商 Solibro，该企业的铜铟镓硒薄膜太阳电池具有全球领先的模组转换效率，研发转换效率已达 22.9%，并获得德国弗劳恩霍夫太阳能系统研究院（Fraunhofer ISE）认证。2013 年 1 月，汉能完成对美国企业 MiaSolé 的并购，本次并购使汉能获得全球转换率领先的铜铟镓硒技术，溅射法制备的柔性太阳电池转换效率达到 19.4%，成为规模、技术上皆领先全球的薄膜太阳电池企业。汉能的高效柔性 CIGS 太阳电池可广泛用于建筑幕墙、屋顶。图 1-10 所示的汉瓦产品是将柔性 CIGS 薄膜太阳能发电芯片封装在曲面玻璃与高分子复合材料之中，与传统屋面瓦的形态结合，创造出全新的绿色建筑材料，可全面替代传统的屋面瓦成为节能建筑建材。汉瓦不仅具备防水、隔热等功能，还改变了建筑对外部能源的依赖，让零能耗建筑成为可能。

除了柔性 CIGS 太阳电池外，柔性非晶硅太阳电池也曾扮演过重要角色，美国 United Solar 公司采用化学气相沉积技术，在不锈钢衬底上制备三结硅基薄膜太阳电池，其中顶电池采用禁带宽度约 1.8eV 的非晶硅，中间电池采用禁带宽度约 1.6eV 的非晶硅锗合金，底电池采用更低带隙的非晶硅锗合金或纳米硅，三结太阳电池研发效率达到 16.3%。此外，美国应用材料、瑞士欧瑞康等公司也研发

图1-9 SoloPower公司SP3系列
柔性CIGS太阳电池

图1-10 基于MiaSolé技术开发的汉瓦产品

非晶硅薄膜太阳电池的制备设备，并提供交钥匙工程。然而由于非晶硅太阳电池效率提升缓慢，产业化严重受挫，目前国内外硅基薄膜太阳电池产业已大大萎缩，仅在柔性应用领域占很小的市场份额。

参考文献

[1] Shockley W, Queisser H J. Detailed balance limit of efficiency of p-n junction solar cells [J]. J Appl Phys, 1961, 32: 510-519.

[2] Cusano D A. CdTe solar cells and photovoltaic heterojunctions in Ⅱ-Ⅵ compounds [J]. Solid-State Electronics, 1963, 6: 217-232.

[3] Carlson D E, Wronski C R. Amorphous silicon solar cell [J]. Applied Physics Letters, 1976, 28: 671-673.

[4] Yu G, Gao J, Hummelen J C, et al. Polymer photovoltaic cells: enhanced efficiencies via a network of internal donor-acceptor heterojunctions [J]. Science, 1995, 270: 1789-1791.

[5] Best Research-Cell Efficiency Chart [R]. 2019. https: //www. nrel. gov/pv/cell-efficiency. html.

[6] Zhao J, Green M A. Optimized antireflection coatings for high efficiency silicon solar cells [J]. IEEE Trans Electron Devices, 1991, 38: 1925-1934.

[7] Yoshikawa K, Kawasaki H, Yoshida W, et al. Silicon heterojunction solar cell with interdigitated back contacts for a photoconversion efficiency over 26% [J]. Nature Energy, 2017, 2 (5): 17032.

[8] International technology roadmap for photovoltaic (ITRPV), 2017 Results [R]. Ninth Edition, 2018. https: //itrpv. vdma. org/documents/27094228/29066965/ITRPV0Ninth0Edition02018. pdf /23bde665-600c-4f3f-c231-fed2568f08e0.

[9] Reinhard P, Pianezzi F, Bissig B, et al. Cu (In, Ga) Se₂ thin-film solar cells and modules——A boost in efficiency due to potassium [J]. IEEE Journal of Photovoltaics 2015, 5: 656-663.

[10] Yan B, Yue G, Sivec L, et al. Innovative dual function nc-SiO$_x$: H layer leading to a>16% efficient multi-junction thin-film silicon solar cell [J]. Applied Physics Letters, 2011, 99: 113512.

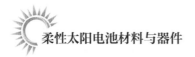

[11] Fatemi N S, Pollard H E, Hou H Q, et al. Solar array trades between very high-efficiency multi-junction and Si space solar cells [C]. Conference Record of the 28th IEEE Photovoltaic Specialists Conference, USA, 2000.

[12] Chirilă A, Buecheler S, Pianezzi F, et al. Highly efficient Cu (In, Ga) Se$_2$ solar cells grown on flexible polymer films [J]. Nature Materials, 2011, 10: 657-861.

[13] Kaltenbrunner M, White M S, Głowacki E D, et al. Ultrathin and lightweight organic solar cells with high flexibility [J]. Nat Commun, 2012, 3: 770.

[14] Kaltenbrunner M, Adam G, Głowacki E D, et al. Flexible high power-per-weight perovskite solar cells with chromium oxide-metal contacts for improved stability in air [J]. Nature Material, 2015, 14 (10) : 1032-1039.

[15] Lee J, Wu J, Shi M, et al. Stretchable GaAs photovoltaics with designs that enable high areal coverage [J]. Adv Mater, 2011, 23: 986-991.

[16] Lipomi D J, Tee B C-K, Vosgueritchian M, et al. Stretchable organic solar cells [J]. Adv Mater, 2011, 23: 1771-1775.

[17] Nogi M, Karakawa M, Komoda N, et al. Transparent conductive nanofiber paper for foldable solar cells [J]. Sci Rep, 2015, 5: 17254.

[18] Yang D, Yang R, Zhang J, et al. High efficiency flexible perovskite solar cells using superior low temperature TiO$_2$ [J]. Energy Environ Sci, 2015, 8 (11) : 3208-3214.

[19] Feng J, Zhu X, Yang Z, et al. Record efficiency stable flexible perovskite solar cell using effective additive assistant strategy [J]. Adv Mater, 2018, 30: 1801418.

[20] Li Y, Meng L, Yang Y (Michael) , et al. High-efficiency robust perovskite solar cells on ultrathin flexible substrates [J]. Nature Communications, 2016, 7: 10214.

[21] Wu C, Wang D, Zhang Y, et al. FAPbI$_3$ flexible solar cells with a record efficiency of 19.38% fabricated in air via ligand and additive synergetic process [J]. Adv Funct Mater, 2019: 1902974.

[22] Hu X, Huang Z, Zhou X, et al. Wearable large-scale perovskite solar-power source via nanocellular scaffold [J]. Adv Mater, 2017, 29: 1703236.

[23] Jia C, Zhao X, Lai Y H, et al. Highly flexible, robust, stable and high efficiency perovskite solar cell enabled by van der waals epitaxy on mica substrate [J]. Nano Energy, 2019, 60: 476-484.

[24] Song W, Fan X, Xu B, et al. All-solution-processed metal-oxide-free flexible organic solar cells with over 10% efficiency [J]. Adv Mater, 2018, 30: 1800075.

[25] Li H, Liu X, Wang W, et al. Realization of foldable polymer solar cells using ultrathin cellophane substrates and ZnO/Ag/ZnO transparent electrodes [J]. Solar RRL, 2018, 2: 1800123.

[26] Li H, Li X, Wang W, et al. Highly foldable and efficient paper-based perovskite solar cells [J]. Solar RRL, 2019, 3: 1800317.

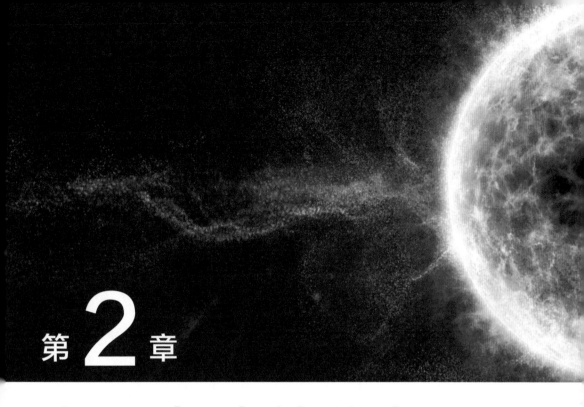

第 **2** 章

太阳电池结构与物理简述

太阳电池基于光生伏特效应，因而太阳能发电经常被称作光伏发电。当 P-N 结半导体受到太阳光照射时，能量高于半导体禁带宽度的光子被吸收，从而在结区及结附近区域激发电子空穴对，两者在结电场作用下分离，形成与结电流方向相反的光生电流。当外电路短路时，P-N 结电流为零，理想情况下，短路电流即为光生电流。

2.1
太阳电池转换效率

太阳电池的工作特性通常用简化二极管等效模型电路来解释[1]，如图 2-1 所示。

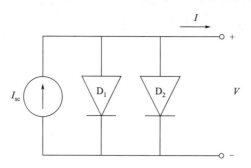

图2-1 太阳电池的简化二极管等效模型电路

该电路由三个元器件并联而成，分别为一个理想恒流源 I_{sc} 和两个二极管 D_1、D_2。其总电流可以表示为：

$$I(V) = I_{sc} - I_{D1} - I_{D2} \qquad (2\text{-}1)$$

其中流经两个二极管的电流方向与电流源方向相反，相当于二极管处于正向偏置，二极管 D_1 与 N 和 P 中性区复合暗饱和电流相关，D_2 与耗尽区复合暗饱和电流相关。此处，由于 D_2 对电流贡献较小而忽略不计，式（2-1）可写为[2]：

$$I(V) = I_{sc} - I_{01}\left(e^{\frac{qV}{k_B T}} - 1 \right) \qquad (2\text{-}2)$$

当 $I=0$ 时，由式（2-2）可以得到电流的开路电压 V_{oc}，表示为：

$$V_{oc} = \frac{k_B T}{q} \ln \frac{I_{sc} + I_{01}}{I_{01}} \qquad (2\text{-}3)$$

太阳电池输出功率表示为：

$$P = IV = I_{sc}V - I_{01}V\left(e^{\frac{qV}{k_B T}} - 1 \right) \qquad (2\text{-}4)$$

为求最大功率极值点 P_{mp}，对式（2-4）进行求导，可写为：

$$\mathrm{d}(IV) = V\mathrm{d}I + I\mathrm{d}V = 0$$

在最大功率点处：

$$\left(\frac{\mathrm{d}I}{\mathrm{d}V}\right)_{mp} = -\left(\frac{I}{V}\right)_{mp} \tag{2-5}$$

其中：

$$I_{mp} = I_{sc} - I_{01}\left(\mathrm{e}^{\frac{qV_{mp}}{k_B T}} - 1\right) \tag{2-6}$$

将式（2-2）代入式（2-5），可得：

$$I_{01}\frac{q}{k_B T}\mathrm{e}^{\frac{qV_{mp}}{k_B T}} = \frac{I_{sc} - I_{01}\left(\mathrm{e}^{\frac{qV_{mp}}{k_B T}} - 1\right)}{V_{mp}} \tag{2-7}$$

由式（2-3）可知：

$$\frac{I_{sc}}{I_{01}} = \mathrm{e}^{\frac{qV_{oc}}{k_B T}} - 1 \tag{2-8}$$

结合式（2-7）和式（2-8），可得最大输出电压 V_{mp} 为：

$$V_{mp} = V_{oc} - \frac{k_B T}{q}\ln\left(1 + \frac{qV_{mp}}{k_B T}\right) \approx V_{oc} - \frac{k_B T}{q}\ln\left(1 + \frac{qV_{oc}}{k_B T}\right) \tag{2-9}$$

V_{mp} 的值需要用数学方法求解超越方程，但也可以采取如上近似的方法，因为对数对它的变量依赖度较小。最大输出功率 $I_{mp}V_{mp}$ 与 $I_{sc}V_{oc}$ 的比值为填充因子 FF，它具有如下经验表达式[3]：

$$FF = \frac{\frac{qV_{oc}}{k_B T} - \ln\left(0.72 + \frac{qV_{oc}}{k_B T}\right)}{1 + \frac{qV_{oc}}{k_B T}} \tag{2-10}$$

太阳电池的光电转换效率 η 为最大输出功率与阳光入射功率 P_{in} 之比：

$$\eta = \frac{FF I_{sc} V_{oc}}{P_{in}} \tag{2-11}$$

因而，为了表征太阳电池的光电转换特性，通常采用 I_{sc}、V_{oc}、FF 和 η 这四个物理量来进行描述，典型的太阳电池电流 - 电压和功率 - 电压特性如图 2-2 所示。

其中短路电流 I_{sc} 与太阳光子数及其光电转换概率有关，通常用量子效率（quantum efficiency，QE）来表达这种关系。QE 有两种表达方式，即外量子效率（external quantum efficiency，EQE）和内量子效率（internal quantum efficiency，IQE）。

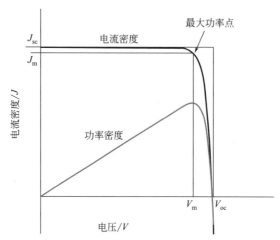

图2-2 太阳电池电流－电压和功率－电压特性示意图[4]

其中，EQE 表示到达太阳电池表面波长为 λ 的入射光子在外电路产生电子空穴对的概率，有如下关系：

$$\text{EQE}(\lambda) = \frac{I_{sc}(\lambda)}{qAQ(\lambda)} \tag{2-12}$$

式中，q 为电荷电量；A 为太阳电池面积；$Q(\lambda)$ 为入射光子流密度。

IQE 表示的是被太阳电池吸收的波长为 λ 的光子在外电路产生电子空穴对的概率，其与 EQE 的相互关系为：

$$\text{IQE}(\lambda) = \frac{\text{EQE}(\lambda)}{1 - R(\lambda) - T(\lambda)} \tag{2-13}$$

式中，$R(\lambda)$ 和 $T(\lambda)$ 分别为半球反射和透射率，在无透射逃逸情况下 $T(\lambda) = 0$，通常 EQE 小于 IQE。对太阳电池而言，IQE 与短路电流 I_{sc} 的关系还可以写成：

$$\text{IQE}(\lambda) = \frac{I_{sc}(\lambda)}{qA(1-s)Q(\lambda)[1 - R(\lambda) - e^{-\alpha(\lambda)W_{opt}}]} \tag{2-14}$$

式中，$A(1-s)$ 为太阳电池减去栅线后的实际受光面积；s 为栅线与太阳电池面积之比；$\alpha(\lambda)$ 为光吸收系数；W_{opt} 为太阳电池光学厚度（如具有陷光结构，光学厚度可大于物理厚度）。EQE 可以通过实验直接测定，对其积分可以计算出短路电流 I_{sc}；而 IQE 的确定需要考虑栅线结构、太阳电池反射和光学厚度等因素。QE 表征是一种有效的太阳电池分析手段，有助于明确电池结构设计及制备工艺提升的方向。

2.2

太阳电池结构

不同类型的太阳电池有着不同的结构，主要的太阳电池类型包括：晶体硅、Ⅲ～Ⅴ化合物、硅基薄膜、铜铟镓硒、碲化镉、钙钛矿、有机和染料敏化太阳电池等。从其结构来看，主要包括：单结、叠层和聚光太阳电池。

基于P-N结的典型单结太阳电池以晶硅为例，基本结构如图2-3所示，阳光入射至太阳电池前表面，电池自上而下由顶层金属栅线、减反膜、N型半导体、P型半导体和金属背电极构成。在此基本结构的基础上，通过光学设计，进一步发展出了新型的栅线设计和顶部具有金字塔形状的绒面结构、背面具有氧化物和金属构成的反射层的电池等。通过电学设计，也发展出了表面热氧化钝化、背面引入重掺层的接触钝化等方法。

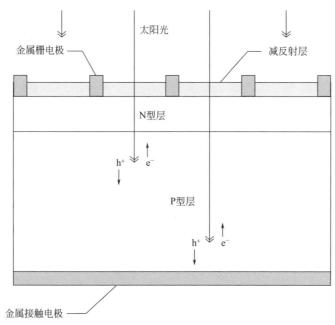

图2-3 典型由P-N结构成的太阳电池基本结构示意图[4]

由于太阳光光谱能量范围很宽（约0.4～4eV），由单一材料构成的单结太阳电池禁带宽度为单一值E_g，能量低于E_g的太阳光子并不能被电池所吸收，而能量远高于E_g的太阳光子虽然可以被电池吸收，但由于其会激发出高能光生载流子，这些载流子会很快弛豫到带边，高于E_g部分的能量将转化为晶格振动，变

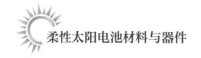

成热量耗散，这除了能量上的浪费之外，还会导致电池工作温度的上升，对电池的实际工作效率产生不利的影响。为了解决这一问题，叠层电池结构被提出。

叠层电池由多个具有不同禁带宽度大小的子电池构成，按照 E_g 从大到小的顺序堆叠而成，每个子电池吸收和转换太阳光谱中的不同波段部分。从原理上来说，叠层电池总的吸收和转换为各子电池的总和。显然，相对于单结电池而言，叠层电池对于太阳光谱的利用更为充分，有利于获得更高的转换效率。以较为常见的双结叠层电池为例，其子电池禁带宽度分别为 E_{g1} 和 E_{g2}，此处 $E_{g1}>E_{g2}$，那么具有禁带宽度 E_{g1} 的子电池为顶电池，禁带宽度 E_{g2} 的为底电池，如图 2-4 所示。顶电池主要吸收和转换太阳光谱中能量 $hv_1 \geqslant E_{g1}$ 的光子，底电池吸收和转换 $hv_2 \geqslant E_{g2}$ 的光子，这显著拓宽了对太阳光光谱的利用范围。

叠层电池按照其输出方式可分为两端、三端和四端器件，如图 2-4 所示。两端器件只有上、下两个输出端，顶、底子电池采取串联方式；三端器件除了上、下两个输出端外，还有一个中间输出端；四端器件的顶、底电池有着各自独立的上、下电极输出端，两个子电池的输出互不影响。由于三端和四端器件不同于两端器件，并不是串联结构，因此子电池间的电压和电流没有相互影响，叠层电池的总效率即为两个子电池效率的叠加。而两端器件由于是串联结构，开路电压则为子电池开路电压的直接相加，短路电流等于两个子电池中短路电流低的那个，因此要求两个子电池的短路电流尽可能地接近。尽管两端器件存在着电流限制的问题，但从制作工艺上来说它与单结电池工艺是兼容的，因此也具有其显著的优势，而三端、四端器件通常需要利用外电路设计来实现电压和电流的匹配。

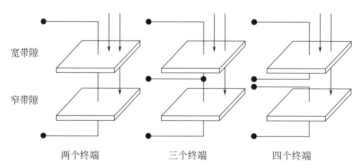

图2-4 两端、三端和四端引出的双结叠层电池基本结构示意图[2]

聚光太阳电池是用透镜或抛物面镜把太阳光聚焦，达到增加其单位面积内阳光能量的目的，被聚焦的阳光投射到太阳电池后将使电池产生的电功率相较于非聚光条件有显著提升。通常，太阳电池短路电流密度 I_{sc} 与入射太阳光光强成正比，开路电压 V_{oc} 与光强成对数增加关系，因此，聚光是提升电池光电转换效率的有效手段之一。在实际应用中，对于太阳电池的最大聚光倍数是有一定限制的，电池中等效串联电阻和热效应在高聚光条件下会更为凸显，电池工作温度过高时输出功率将会有所下降。因此，高效的冷却技术对聚光电池而言是十分重要的。

2.3
太阳电池极限效率分析

1961 年 Shockley 和 Queisser 根据热力学细致平衡原理计算了单结太阳电池双能级模型光电转换效率的理论极限（图 2-5）。太阳和电池被分别看作是温度为 6000K 和 300K 的黑体，不考虑非辐射复合，禁带宽度为 1.1eV 的单结硅电池所能达到的最高转换效率为 30%。单结电池的最高理论转换效率为 33.7%，对应材料禁带宽度为 1.34eV[5]，其理论效率计算有以下前提：

① 电池可以吸收所有能量 $E>E_g$ 的太阳光，且一个光子可激发一个电子空穴对；

② 遵循细致平衡原理，太阳电池与周围环境处于热平衡态；

③ 载流子可以完全被引出和收集；

④ 辐射复合是电池中存在的唯一复合途径。

从 Shockley-Queisser 细致平衡转换效率极限研究中可以看出影响转换效率的因素主要有：

① 光子被吸收从而激发电子空穴对的概率；

② 电池对于太阳辐射的对向立体角；

③ 电子空穴对辐射复合概率；

④ 电池的表面温度。

目前，电池技术已经取得了长足的进步，在非聚光条件下，单结晶硅电池的最高转换效率达到了（26.7±0.5）%，多结电池的转换效率达到了（39.2±3.2）%，但绝大多数太阳电池的转换效率仍在 10%～18% 的区间内，仍远低于 Shockley-Queisser 模型的细致平衡转换效率极限[6-8]。

据此模型可知，实现电池高转换效率的两个关键为：①减小禁带宽度与分裂的电子空穴对准费米能级之间的差距；②将载流子热化损耗和低于禁带宽度的光损耗降至最低。如图 2-6 所示，电池所能达到的最大开路电压 V_{oc} 取决于电子空穴对的准费米能级间距，而提升 V_{oc} 是获得高电池转换效率的关键所在。通常 V_{oc} 会低于禁带宽度 E_g，其遵循以下关系[7]：

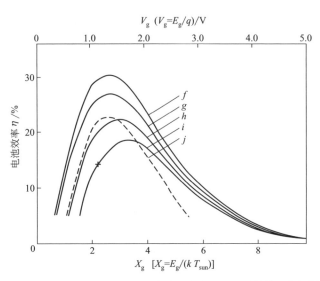

图2-5 当太阳温度为6000K和电池温度为300K时单结双能级模型
太阳电池的Shockley-Queisser极限[5]

（图中f、g、h、i和j各线对应不同的参数情况，其中曲线f对应于将电池视为黑体的细致平衡转换效率极限，
曲线j为半经验极限，曲线g、h和i对应于100mW太阳光入射能量和90%的吸收转换）

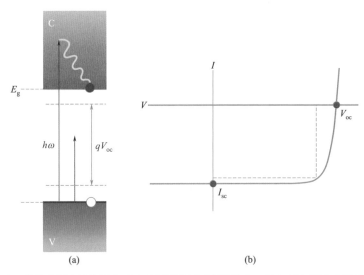

图2-6 单结太阳电池能带和光电转换示意图［能量为$h\omega$的入射太阳光（红色箭头）
进入半导体产生激发，经过热化过程后能量为禁带宽度E_g的电子空穴对形成产生，
而低于禁带宽度的入射太阳光不被吸收（紫色箭头）］（a）和典型的太阳电池$I-V$特性图
［其中短路电流I_{sc}直接体现的是光子转换为电流的效率，V_{oc}由式（2-15）决定，
由于熵的原因，V_{oc}小于禁带宽度E_g，最大功率点由图中虚线所确定］（b）[7]

$$qV_{oc} = E_g\left(1 - \frac{T}{T_{sun}}\right) - kT\left[\ln\left(\frac{\Omega_{emit}}{\Omega_{sun}}\right) + \ln\left(\frac{4n^2}{I}\right) - \ln(QE)\right] \tag{2-15}$$

式中，q 为单位电荷。第一项中 T 和 T_{sun} 分别为电池和太阳的温度，它表明电池温度的升高是导致 V_{oc} 下降的因素之一。方括号中三项与熵相关，括号中第一项 Ω_{emit} 和 Ω_{sun} 分别为电池光子辐射和阳光的立体角，由于 Ω_{sun} 仅为 6×10^{-5}sr，意味着限制 Ω_{emit} 可减少熵增；第二项中 n 和 I 分别为折射率和陷光因子，该项说明利用陷光效应增加 I 可减少这部分熵增；最后一项 $QE=R_{rad}/(R_{rad}+R_{nrad})$，$R_{rad}$ 和 R_{nrad} 分别为辐射与非辐射复合率，基本由材料本身的电学特性决定。

随后，Rau 和 Kirchartz 给出了更进一步的表达式[9]：

$$qV_{oc} = kT\ln\left\{\frac{\int A\phi_{sun}dE}{\int A\phi_{bb}dE} \times \frac{\varepsilon_{in}}{\varepsilon_{out}} \times \frac{\varepsilon_{out}\int A\phi_{bb}dE}{S_{cell}w\left[R_{nrad}+(1-p_r)R_{rad}\right]}\right\} \tag{2-16}$$

式中，大括号中第一项描述的是在完全角度限制和辐射复合条件下的开路电压 $V_{oc}^{rad,f}$，它由吸收率为 A 的电池对太阳光谱 ϕ_{sun} 和黑体辐射光谱 ϕ_{bb} 分别进行积分所得到的比值来确定，其中黑体辐射谱是电池温度为 T 时单位面积单位立体角内所发射的光子能量分布情况。当吸收率 A 为关于 E_g 的分段函数时，该项近似等于式（2-15）中的首项 $E_g(1-T/T_{sun})$，为准确起见，还需要额外添加一项 $E_g kT\ln(T_{sun}/T)$[10]。第二项表示的是入射和发射光子间的光束扩展比，此处 ε_{out} 和 ε_{in} 分别为出、入光子的光束立体角，即分别为式（2-15）中的 Ω_{emit} 和 Ω_{sun}。至此，一、二两项就表达了在任意光束立体角比例（可通过角度限制或几何聚光获得）条件下的开路电压 V_{oc}^{rad}。第三项与光子复合相关，总复合率可以表示为 $R = R_{nrad}+(1-p_r)R_{rad}$，此处 p_r 为光子回收概率，通过与电池面积 S_{cell} 和厚度 w 相乘可知电池总复合率，即为式（2-16）右端括号内第三项的分母部分；其分子为辐射复合，根据发射光子守恒可知 $S_{cell}w(1-p_r)R_{rad} = \varepsilon_{out}\int A\phi_{bb}dE$。利用辐射复合率的标准关系式 $R_{rad} = 4\pi n^2\int \alpha\phi_{bb}dE$，此处 α 为电池吸收层吸收系数。由此，式（2-16）右端第三项可以拆分为两项，最终得到下式：

$$qV_{oc} = kT\ln\left[\frac{\int A\phi_{sun}dE}{\int A\phi_{bb}dE} \times \frac{\varepsilon_{in}}{\varepsilon_{out}} \times \frac{\varepsilon_{out}\int A\phi_{bb}dE}{S_{cell}w \times 4n^2\pi\int \alpha\phi_{bb}dE} \times \frac{QE}{1-QE+(1-p_r)QE}\right] \tag{2-17}$$

与式（2-15）相比，式（2-17）给出了电池开路电压 V_{oc} 在物理上更完备的表述，涵盖了辐射复合占主导的 $QE \approx 1$ 或者低辐射复合 $QE \ll 1$ 的情况。当考虑辐射极限，即 QE=1 时，式（2-17）中第三项和第四项抵消，变为：

$$qV_{\mathrm{oc}} = kT\ln\left(\frac{\int A\phi_{\mathrm{sun}}\mathrm{d}E}{\int A\phi_{\mathrm{bb}}\mathrm{d}E} \times \frac{\varepsilon_{\mathrm{in}}}{\varepsilon_{\mathrm{out}}}\right) = qV_{\mathrm{oc}}^{\mathrm{rad,f}} + kT\ln\left(\frac{\varepsilon_{\mathrm{in}}}{\varepsilon_{\mathrm{out}}}\right) \qquad (2\text{-}18)$$

此即为 Shockley-Queisser 极限。当处于非辐射极限时，即 QE≪1，式（2-17）中的第三项中的 $(\varepsilon_{\mathrm{out}}\int A\phi_{\mathrm{bb}}\mathrm{d}E)/(S_{\mathrm{cell}}w \times 4n^2\pi\int\alpha\phi_{\mathrm{bb}}\mathrm{d}E)$ 部分与陷光因子相关，但可以看出陷光因子并不是一个独立的变量，它与光束立体角值 $\varepsilon_{\mathrm{out}}$ 和吸收率 A 等很多因素相关，其相互关系十分微妙。因此，在非辐射极限下，仅通过陷光难以直接提升开路电压 V_{oc}，例如引入角度限制减小 $\varepsilon_{\mathrm{out}}$ 和增大光吸收率 A 所起到的作用可能会相互抵消。幸运的是在利用陷光技术保持较高的光吸收率前提下也可以通过减小电池厚度 w 来提升开路电压 V_{oc}，而非一定是通过角度限制，Campbell 和 Green 对于硅电池在非辐射极限条件下的分析事实上也确实显示了这种可能性的存在[11]。

从以上讨论可以看出，尽管式（2-15）和式（2-16）有所差别，两者对于其中参数的相互关系也展现出不尽相同的看法，但总体上都指出了电池中决定开路电压 V_{oc} 高低的关键因素除了禁带宽度 E_{g} 之外，还有电池温度 T、光子发射立体角 $\varepsilon_{\mathrm{out}}$、陷光效应和载流子复合等。基于这些，我们更容易理解当前为提升电池光电转换效率所采用的各种方法和手段以及对未来发展方向有更清晰的把握，接下来将对这些方法和手段进行介绍。

2.3.1 光伏组件的冷却

电池的光电转换效率通常是在标准测试条件（standard test condition，STC）下测定的，即光强为 1000W/m² 的 AM1.5 太阳光谱，（25±1）℃的环境温度。而在组件实际工作中，其工作温度显著高于标准测试条件温度，使得其实际光电转换效率会有所降低。以单晶和多晶硅太阳电池为例，工作温度升高会使 V_{oc} 降低约 2~2.3mV/℃，输出功率减少 0.4%/℃~0.5%/℃，更严重的是有可能导致不可逆转的转换效率衰减和光伏材料破坏[12]。此类问题在空间光伏组件应用中更为突出，一般近地轨道环境温度为 293~358K，近日任务环境温度将达到 400K 以上[13]，当电池片工作温度升高到 473K 时，GaAs 电池效率会下降约 50%，硅电池效率下降约 75%[2,14]。

对光伏组件进行热管理降低电池温度 T 通常有两种方式，即：主动式与被动式制冷[15]。主动式通常有一定的能源消耗，而被动式一般无任何能源输入要求。常见的制冷方式有导热管冷却、喷射式冷却、气冷和水冷，还有光伏/供暖复合系统冷却、相变材料冷却、液体浸没式冷却、散热槽和被动辐射冷却[16]。被动辐射制冷技术分为夜间制冷和日间制冷，夜间的被动辐射制冷研究及应用由来已久[17-19]，但日间被动辐射制冷技术挑战极大，直至近年来美国斯坦福大学范汕洄（S. Fan）组的 Raman 等才提出了相关解决方案[20]。由于被动辐射制冷不需消耗任何电能，通过与寒冷宇宙空间的热交换冷却地球上的物体，对于解决能源危机问题具有十分重要的意义，因而吸引了众多研究者的注意[21-23]，而对于太阳电池而言，该技术用于降低电池表面温度的可行性研究也日益受到关注[24-26]。被动辐射制冷特性依赖于材料表面的中红外发射率，如果材料在大气主要透明窗口 8～13μm 波长处发射率较高则降温效果较为明显，但研究发现在传统晶硅组件中由于封装玻璃本身已具有较高的半球发射率（0.75～0.84）[25]，利用被动辐射制冷进一步降低组件温度的难度不言而喻。然而，对于柔性太阳电池而言，Luo 等通过理论研究指出相对于 PET 衬底使用 PDMS 衬底可以更显著地降低电池温度，若 PDMS 表面具有金字塔状的绒面结构则降温效果会更为明显[27]。

2.3.2　发射角限制

从式（2-17）的第二项可以看出，ε_{in} 与 ε_{out} 的比值，即出、入光子的光束立体角值之比也会影响光电转换效率，其中 ε_{in} 为入射阳光的立体角，约为 6.85×10^{-5}sr，而对于一个光子辐射各向同性的电池来说，其比值仅为 $\varepsilon_{in}/(4\pi)$。为了降低这一部分熵增，可以进行发射角限制，通过减小 ε_{out} 来提高 $\varepsilon_{in}/\varepsilon_{out}$ 之值。

Atwater 等基于 GaAs 电池结构研究了发射角限制对于提升转换效率的作用[28]。由于 GaAs 电池相对于 Si 电池具有更高的辐射效率，其光子循环效应更为显著，利用发射角限制可以降低辐射复合所产生的光子的逃逸概率，从而减少暗电流。其发射角限制结构为抛物面结构，图 2-7（a）和（b）为介电双层密堆锥形结构，中间由高反射层隔开，该隔板在锥底处设有开孔。由于该结构设计基于几何光学原理，单胞尺寸远大于入射波长，因而它具有宽带特性，对于大部分太阳光波长均有效。太阳光的接收角与其结构高度相关，锥高越大则接收角越小，所以为了限制发射角可以使用高度较大的结构或者在具有最优高度的抛物面结构截取部分使用。图 2-7（c）中三类结构设计高度均为 1mm，以最大发射角标注，其中：标有 2°的结构发射角限制最大，其高度以最优高度的 30% 截取；标有 3.7°的结构设计即为优化高度，并未进行截取，其发射角限制最少，它们对于 300nm 和 870nm 波长的光均有发射角限制作用。图 2-7（d）显示了三类结构对于 250nm 厚的 GaAs 电池在考虑俄歇复合的情况下对于电池效率的影响，根据细致平衡理论计算显示具有 2°发射角限制结构的电池相对于无限制结构电池开路电压可提升约 100mV。图 2-7（e）和（f）所示为一种更易于实心的单层金属锥形结构，其发射角限制特性如图 2-7（g）所示，结果如图 2-7（h）所示，7°的发射角限

制结构除了由金属导致短路电流略有损失之外，相对于无限制结构电池仍可提升开路电压近 100mV。

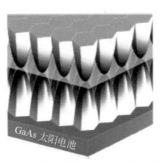

(a) 双层类圆锥形结构，层中间以宽带理想反射层隔开

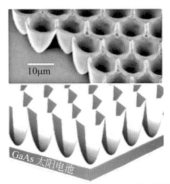

(e) 单层类圆锥形结构的原理及样品微观结构图

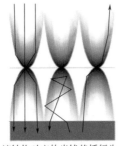

(b) 该结构对应的光线传播行为

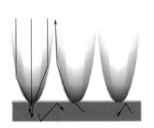

(f) 该结构中光线的传播行为

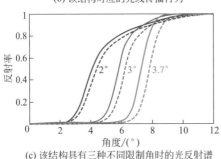

(c) 该结构具有三种不同限制角时的光反射谱

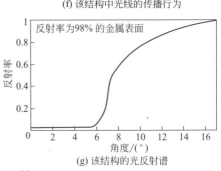

(g) 该结构的光反射谱

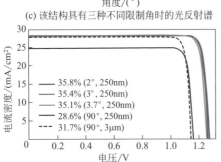

(d) 具有不同角度限制乃至无角度限制和不同
电池厚度条件下的细致平衡电流-电压曲线

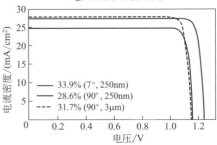

(h) 有无角度限制时不同电池厚度条件下的
细致平衡电流-电压曲线

图2-7　发射角限制结构的作用[28]

此外，香港大学蔡植豪（Wallace C. H. Choy）组的 Sha 等还探讨了发射角限制对于钙钛矿太阳电池的作用[29,30]，尽管研究工作并未涉及具体的发射角限制结构设计，但从较为普遍性的角度指出了无波长选择性的发射角限制结构不能显著提升转换效率，这是由于该电池无法有效利用散射太阳光。而利用具有波长选择性的发射角限制结果，特别是对 700～1000nm 波长进行发射角限制可以降低该波段的暗电流与光电流之比（这部分的比值比其在 280～700nm 波长范围内的更大），从而使厚度为 200nm 具有织构化的钙钛矿电池达到 33% 的 Shockley-Queisser 极限。

2.3.3　光学微纳结构设计

在太阳电池中利用具有微纳结构的织构化表面来增强电池对阳光的吸收达到陷光的目的已经成为一种普遍采用的手段。Yablonovitch 利用统计几何光学方法研究了织构化对于太阳电池光吸收的影响[31]，指出在表面织构化材料中且有理想白色反射面的条件下光强可以达到入射光的 $2n^2$ 倍，光吸收可以增强为 $4n^2$ 倍。考虑电池的外围介质，光子发射角为 θ，则吸收增强的上限为 $4n^2/\sin^2\theta$。基于此，Campbell 等提出可以利用硅表面的金字塔结构制绒以及绒面背反射实现陷光吸收增强[32]。

而当膜厚与入射波长尺度可比或小于（如膜厚为几十至百纳米量级时相对于波长在 380～780nm 之间的可见光入射）时，几何光学的吸收增强极限便不再适用，Yu 等提出利用统计耦合模理论来处理这种情况[33]。当表面具有周期为 L 且与入射波长可比拟、厚度为 d 的微结构时，入射光与其发生耦合将产生传导共振波，从而增加吸收截面积，有可能超越 $4n^2$ 倍的传统吸收增强极限，如图 2-8 中红色标识区域。利用数值计算，Yu 等进一步提出了如图 2-9 所示的结构，该结构由散射层、包覆层、活性吸收层和反射层构成，数值计算显示在 500nm 入射波长时其吸收增益上限可达 $F=147$，远高于传统极限的 $4n^2$，无论此

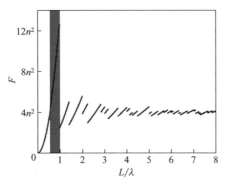

图2-8　正方形光栅周期与波长的比值和光栅吸收增加因子 F 之间的关系
（红色区域表示 F 高于传统 $4n^2$ 吸收极限时的周期和波长之比）[33]

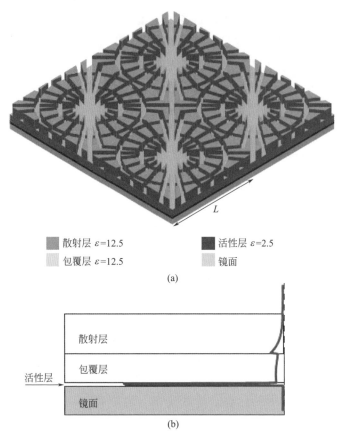

散射层 ε=12.5　　　　活性层 ε=2.5
包覆层 ε=12.5　　　　镜面

(a)

(b)

图2-9 超越传统吸收增强极限的微结构图示（散射层由表面具有空槽的正方形
周期结构组成，周期为 L=1200nm。散射层、包覆层和活性层厚度分别为
80nm、60nm和5nm）（a）和基本波导模式的电场强度分布图
（其电场主要局域在活性层中，在求解波导模式分布时散射层被当作
具有平均介电常数的单一层来处理）（b）[33]

处 n 为活性吸收层的折射率 n_L=1.58 还是包覆层的 n_H=3.54。就微观物理图像来说，吸收增强的物理机制是由于洛伦兹局域场效应[34]，在此基础上可以进一步得出薄的吸收层和圆形吸收颗粒在高折射率包覆层中的吸收增强倍数，分别为

$$F = 4n_L^2 \left[2n_H / (3n_L) + n_H^5 / (3n_L^5) \right]$$ 和 $F_{sphere} = 4n_L^2 \left\{ 9n_H^5 / \left[n_L^5 (2n_H^2 / n_L^2 + 1) \right]^2 \right\}$。

由此可见，当包覆层与活性吸收层的折射率之比 n_H/n_L 较大时，吸收增强倍数就很容易超过 $4n^2$ 的传统极限；而当 n_H/n_L=1 时，两种情况下的增强倍数 F 均等于传统极限。事实上，对于晶硅电池而言，其活性吸收层折射率已高达 3.5，因而难以找到与之对应的包覆材料。但对于一些新兴的柔性薄膜太阳电池体系，如有机、钙钛矿等，其活性吸收层的折射率比硅要低得多，有可能找到合适的包覆材料，也就有可能在较薄的材料厚度条件下获得较大的吸收增益倍数。

2.3.4 载流子复合抑制

载流子的输运效率在很大程度上决定了量子效率，为了减少载流子在表面和体内的复合通常会采取一系列措施。对于表面复合，在晶体硅太阳电池中通常会利用热氧化法进行表面钝化。1979 年，Godfrey 等构筑了类似于金属 - 绝缘体 - 半导体（MIS）隧道二极管的电池结构，他们在未扩散掺杂的硅衬底表面生长一层非常薄（<2nm）的氧化层，在此之上沉积栅状金属电极，然后在衬底两侧沉积含高密度固定电荷的减反膜。基于这一结构结合高质量的低阻衬底，首次在硅太阳电池中实现了大于 650mV 的开路电压[35]。另外，背面场（back surface field，BSF）技术在降低背表面处的有效复合速率方面也起到了重要作用，铝背场技术自 20 世纪 70 年代被采用以来一直沿用至今。尽管背面场对提高电池开路电压的物理解释随着年代不同而有所变化，但总体认为是由于产生的内电场从而增强了电池电流的收集能力。

结合背面场，从太阳电池的发展历史来看，钝化技术在电池的各个部分中起到了越来越重要的作用，包括：电极区域钝化、进光面（顶部表面）钝化、双面钝化等。具体而言，1985 年问世的钝化发射极电池（passivated emitter solar cell，PESC）除了顶部发射极钝化外，其电极穿过氧化薄层细槽与重掺发射区相接触，缩小了电池面积，增强了电极区的钝化效果，开路电压和电池效率分别达到了 661mV 和 20.9%[36]。钝化发射极和背面接触电池（passivated emitter and rear cell，PERC）于 1989 年提出，它进一步用背面点接触电极替代了 PESC 中的整个背面的铝合金接触，开路电压和电池效率分别达到了 696mV 和 22.8%[37]。1990 年，新南威尔士大学的 Zhao 等在 PERC 电池结构和工艺基础上提出钝化发射极和背面局部扩散电池（passivated emitter and rear locally diffused，PERL）结构，在电池背面的接触孔处利用 BBr_3 实现了选区扩散，分别获得了 696mV 的开路电压和 24.2% 的电池效率[38]。由此可见，太阳电池的各项技术一直处于不断发展之中，随着人们对其物理机制更加深入的认识和制备技术的进一步发展，商业化电池效率有望获得进一步的提升。目前，PERC 电池的商业化已经实现，各项研发已经达到了非常高的水准，而柔性太阳电池的研究仍处于起步阶段，通过对传统商业化晶硅电池研究的借鉴和探索，必将给柔性太阳电池研究中所面临的一系列诸如柔性衬底与钝化工艺的兼容性、表面陷光结构的设计和制备、发射角限制和电池热管理等问题提供更多有益的启示。

参考文献

[1]   Luque A, Hegedus S. Handbook of photovoltaic science and engineering [M]. England: John Wiley & Sons Ltd, 2003.

[2]   熊绍珍, 朱美芳. 太阳能电池基础与应用[M]. 北京: 科学出版社, 2009.

[3]   Green M. Solar cells: Operating principles, technology, and system applications [M]. Englewood Cliffs, NJ, Prentice-Hall, Inc, 1982.

[4]   Nelson J. The physics of solar cells [M]. Imperial College Press, 2003.

[5]   Shockley W, Queisser H. Detailed balance limit of efficiency of p-n junction solar cells [J]. Journal of Applied Physics, 1961, 32: 510-519.

[6]   Green M, Dunlop E, Levi D, et al. Solar cell efficiency tables (version 54) [J]. Progress in Photovoltaics: Research and Applications, 2019, 27: 565-575.

[7]   Polman A, Atwater H. Photonic design principles for ultrahigh-efficiency photovoltaics [J]. Nature Materials, 2012, 11: 174-177.

[8]   Polman A, Knight M, Garnett E, et al. Photovoltaic materials: Present efficiencies and future challenges [J]. Science, 2016, 352: 4424.

[9]   Rau U, Kirchartz T. On the thermodynamics of light trapping in solar cells [J]. Nature Materials, 2014, 13: 103-104.

[10] Markvart T. Solar cell as a heat engine: energy-entropy analysis of photovoltaic conversion [J]. Physica Status Solidi A, 2008, 205: 2752-2756.

[11] Campbell P, Green M A. The limiting efficiency of silicon solar-cells under concentrated sunlight [J]. IEEE Transactions on Electron Devices, 1986, 33: 234-239.

[12] Sargunanathan S, Elango A, Mohideen S T. Performance enhancement of solar photovoltaic cells using effective cooling methods: A review [J]. Renewable and Sustainable Energy Reviews, 2016, 64: 382-393.

[13] Safi T S, Munday J N. Improving photovoltaic performance through radiative cooling in both terrestrial and extraterrestrial environments [J]. Optics Express, 2015, 23: A1120-A1128.

[14] Singh P, Ravindra N M. Temperature dependence of solar cell performance-an analysis [J]. Solar Energy Materials & Solar Cells, 2012, 101: 36-45.

[15] Siecker J, Kusakana K, Numbi B P. A review of solar photovoltaic systems cooling technologies [J]. Renewable and Sustainable Energy Reviews, 2017, 79: 192-203.

[16] Sato D, Yamada N. Review of photovoltaic module cooling methods and performance evaluation of the radiative cooling method [J]. Renewable and Sustainable Energy Reviews, 2019, 104: 151-166.

[17] Catalanotti S, Cuomo V, Piro G, et al. The radiative cooling of selective surfaces [J]. Solar Energy, 1975, 17: 83-89.

[18] Granqvist C, Hjortsberg A. Surfaces for radiative cooling: Silicon monoxide films on aluminum [J]. Applied Physics Letters, 1980, 36: 139-141.

[19] Granqvist C, Hjortsberg A. Radiative cooling to low temperature: General considerations and application to selectively emitting SiO films [J]. Journal of Applied Physics, 1981, 52: 4205-4220.

[20] Raman A P, Anoma M A, Zhu L, et al. Passive radiative cooling below ambient air temperature under direct sunlight [J]. Nature, 2014, 515: 540-544.

[21] Zhai Y, Ma Y, David S N, et al. Scalable-manufactured randomized glass-polymer hybrid metamaterial for daytime radiative cooling [J]. Science, 2017, 355: 1062-1066.

[22] Mandal J, Fu Y, Overvig A, et al. Hierarchically porous polymer coatings for highly efficient passive daytime radiative cooling [J]. Science, 2018, 362: 315-319.

[23] Li T, Zhai Y, He S, et al. A radiative cooling structural material [J]. Science, 2019, 364: 760-763.

[24] Zhu L, Raman A, Wang K X, et al. Radiative cooling of solar cells [J]. Optica, 2014, 1: 32-38.

[25] Gentle A, Smith G. Is enhanced radiative cooling of solar cell modules worth pursuing [J]. Solar Energy Materials & Solar Cells, 2016, 150: 39-42.

[26] Sun X, Silverman T, Zhou Z, et al. Optics-based approach to thermal management of photovoltaics: Selective-spectral and radiative cooling [J]. IEEE Journal of Photovoltaics, 2017, 7: 566-574.

[27] Lee E, Luo T. Black body-like radiative cooling for flexible thin-film solar cells [J]. Solar Energy Materials & Solar Cells, 2019, 194: 222-228.

[28] Kosten E, Atwater J, Parsons J, et al. Highly efficient GaAs solar cells by limiting light emission angle [J]. Light-Science & Applications, 2013, 2: UNSP e45.

[29] Sha W E, Ren X, Chen L, et al. The efficiency limit of $CH_3NH_3PbI_3$ perovskite solar cells [J]. Applied Physics Letters, 2015, 106: 221104.

[30] Ren X, Wang Z, Sha W E, et al. Exploring the way to approach the efficiency limit of perovskite solar cells by drift-diffusion model [J]. ACS Photonics, 2017, 4: 934-942.

[31] Yablonovitch E. Statistical ray optics [J]. Journal of the Optical Society of America A-Optics Image Science and Vision, 1982, 72: 899-907.

[32] Campbell P, Green M A. Light trapping properties of pyramidally textured surfaces [J]. Journal of Applied Physics, 1987, 62: 243-249.

[33] Yu Z, Raman A, Fan S. Fundamental limit of nanophotonic light trapping in solar cells [J]. Proceedings of the National Academy of Sciences of the United States of America, 2010, 107: 17491-17496.

[34] Aspnes D. Local-field effects and effective-medium theory: A microscopic perspective [J]. American Journal of Physics, 1982, 50: 704-709.

[35] Godfrey R, Green M. 655 mV open circuit voltage, 17.6% efficient silicon MIS solar cells [J]. Applied Physics Letters, 1979, 34: 790-793.

[36] Blakers A, Green M. 20% efficiency silicon solar cells [J]. Applied Physics Letters, 1986,

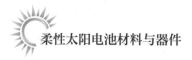
48: 215-217.

[37]   Blakers A, Wang A, Milne A, et al. 22.8% efficient silicon solar cell [J]. Applied Physics Letters 1989, 55: 1363-1365.

[38]   Zhao J, Wang A, Green M. 24% efficient PERL structure silicon solar cells [C]. 21$_{st}$ IEEE Photovoltaic Specialists Conference, Orlando, May, 1990.

第3章

柔性太阳电池研究进展

3.1

柔性化合物薄膜太阳电池

柔性化合物薄膜太阳电池主要包括铜铟镓硒、铜锌锡硫、碲化镉等体系，由于铜锌锡硫薄膜电池是铜铟镓硒薄膜电池的衍生体系，下面重点介绍柔性铜铟镓硒及碲化镉薄膜太阳电池。

3.1.1 柔性铜铟镓硒薄膜太阳电池

铜铟镓硒 [$Cu(In_xGa_{1-x})Se_2$, CIGS] 薄膜太阳电池（简称薄膜电池）自 1974 年首次面世以来取得了巨大进步。目前，玻璃基底上 CIGS 太阳电池的最高转换效率为 22.9%，在各类薄膜太阳电池中属较高效率，被认为是性价比较高的薄膜太阳电池。CIGS 电池吸收层为黄铜矿相结构，其具有诸多优异性能：首先，CIGS 为直接带隙半导体，吸收系数高达 $10^5 cm^{-1}$，1μm 薄膜可以吸收超过 95% 的太阳光谱能量；其次，黄铜矿相结构的 CIGS 电池比较稳定，没有明显的光致衰退现象，电池寿命可超过 20 年；再次，CIGS 通过 Ga 元素部分替代 In 元素使得带隙宽度可调（1.04～1.7eV），有利于形成理论最高效率对应的合适带隙；最后，CIGS 太阳电池在弱光状态下也具有较好的光电转换效率，同时具有较强的抗高能电子和质子等粒子辐射能力，这使得 CIGS 电池可以应用于航空航天领域。

欧美 [美国国家可再生能源实验室（NREL），德国太阳能和氢能研究中心（ZSW），瑞士国家联邦实验室（EMPA）]、日本（Solar Frontier）等国的公司及科研院所在 CIGS 薄膜电池的研发及产业化方面积累了丰富的经验，以日本 Solar Frontier 为代表的国外铜铟镓硒薄膜电池生产企业已经开发出完整的量产技术。我国目前以中科院深圳先进技术研究院、南开大学为代表的铜铟镓硒电池光电转换效率已经接近国际水平。汉能移动能源控股集团通过引进、消化、吸收国外先进设备及技术，提高效率，降低成本，量产 CIGS 薄膜电池效率超过 15%。

铜铟镓硒薄膜电池典型结构如图 3-1 所示，从下往上依次包括：①玻璃或柔性衬底；②背电极金属钼，其不仅要与衬底之间有良好的附着力，而且要与吸收层之间形成良好的欧姆接触；③吸收层为 P 型 CIGS；④缓冲层为硫化镉（CdS）薄膜，它是一种直接带隙的 N 型半导体，带隙宽度为 2.4eV，其在低带隙的 CIGS 和高带隙的氧化锌（ZnO）层之间形成过渡，减少两者之间的带隙台阶和晶格失配；⑤窗口层 N 型 ZnO，其与 P 型 CIGS 组成异质结构成内建电场，一般包括高阻本征 ZnO 和低阻铝掺杂 ZnO，通常高阻层厚度为 50nm，低阻层厚度为 300～500nm；⑥前电极一般为镍（Ni）/铝（Al），其中 Ni 用于改善 Al 与掺杂 ZnO 的欧姆接触特性。目前 CIGS 薄膜的制备技术主要包括共蒸发法、磁控溅射结合后硒化法、电化学沉积结合后硒化法以及纳米印刷法等。CdS 薄膜的制备技术主要有蒸发法、溅射法、喷涂热解法、化学水浴法等，其中化学水浴法是主流技术。

柔性铜铟镓硒薄膜电池以金属箔或高分子聚合物为衬底，采用卷对卷工艺制备，具有高功率质量比、低成本、较强的耐高能电子和质子辐照能力、适合大面积连续工业化生产、可随意裁剪成任意形状和尺寸等优点，在光伏屋顶、光伏幕墙、移动电源、可穿戴设备、新能源车以及军用等方面应用广泛。以 25μm 聚酰亚胺（PI）衬底上转换效率为 15% 的 CIGS 电池为例，功率质量比约为 4kW/kg，如果 PI 衬底结合机械支撑材料，功率质量比约为 0.4kW/kg，基于 100μm 不锈钢衬底的 CIGS 电池，功率质量比约为 0.2kW/kg，具体数据如表 3-1 所示[1]。

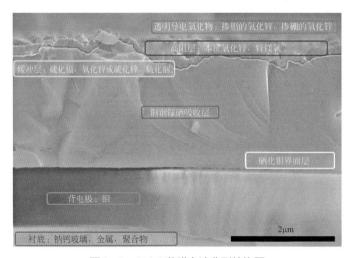

图 3-1　CIGS 薄膜电池典型结构图

表 3-1　柔性 CIGS 薄膜光伏组件的功率质量比及单位面积质量[1]

衬底+机械支撑	衬底单位面积质量/（g/m²）	电池单位面积质量/（g/m²）	封装材料单位面积质量（50μm）/（g/m²）	单位面积质量总和/（g/m²）	以15%转换效率计算的功率质量比/（kW/kg）
25μm 聚酰亚胺	35	15	无	50	4.1
25μm 聚酰亚胺+碳纤维增强塑料	35+320	15	110（氟化乙烯丙烯）	470	0.43
100μm 不锈钢	780	15	125（玻璃）	920	0.22
100μm 钛	450			565	0.36

要实现柔性 CIGS 电池，需要采用柔性衬底替代玻璃刚性衬底。作为 CIGS 薄膜电池的柔性衬底，首先需要具备热稳定性，要求衬底可以承受制备高质量功能层所需的温度；其次还要有合适的热膨胀系数（coefficient of thermal expansion，CTE），与电池吸收层、缓冲层、窗口层等材料匹配良好；然后是化学和真空稳定性，即在 CIGS 沉积过程中不与 Se 反应，在化学水浴法制备 CdS 时不发生分解，以及在衬底材料加热时不放气；此外还需要具备表面平整、湿气阻隔性、质轻等特性。其中热膨胀系数、耐温性以及密度最为关键，因为这几个参数直接影响柔性电池的光电转换效率及功率质量比。柔性 CIGS 电池衬底主要包括三类：金属箔、聚合物以及陶瓷。表 3-2 罗列了这三类柔性衬底材料以及电池功能层的基本特性，此外 CIGS 电池功能层的相应特性也放在一起作对比说明 [2]。可以看到，金属衬底在 CTE、热稳定性方面具有一定优势，但其密度较大，影响器件功率质量比，更为重要的是其表面较粗糙，影响电池效率。而以 PI（聚酰亚胺）为代表的聚合物衬底在密度、表面平整度上具备优势，但在热稳定性以及热膨胀系数上存在劣势。

目前应用最为广泛的 CIGS 电池柔性衬底为不锈钢、聚酰亚胺。表 3-3 比较了不同类型衬底上电池的最高光电转换效率，可以看出相比钙钠玻璃衬底，柔性衬底上电池效率略差，但已十分接近，特别是 PI 衬底上电池效率，这主要是基于对功能层及界面特性的优化。下面主要介绍 PI、不锈钢衬底上高效 CIGS 电池存在的挑战以及优化途径。

表3-2　柔性衬底材料以及电池功能层基本特性[2]

衬底材料	CTE/$10^{-6}K^{-1}$	T_{max}/℃	厚度/μm	密度/（g/cm³）	研究机构
电池功能层					
CuInSe$_2$	7～11		2～3	5.8	
Mo	4.8～5.9		0.2～1.5	10.2	
ZnO	3～5		0.1～1	5.6	
刚性衬底					
钙钠玻璃	9	600	2000～5000	2.4～2.5	
金属衬底					
不锈钢	10～11	≫600	25～200	8	EMPA，HZB，NREL，ZSW，Korea Tech
低碳钢	13	≫600	25～200	7.9	EMPA，ZSW
Ni/Fe 合金	5～11	≫600		8.3	ZSW
钛	8.6	≫600	25～100	4.5	AIST，HMI，ZSW
钼	4.8～5.9	≫600	100	10.2	AIST，CIS
铝	23	600	100	2.7	EMPA

续表

衬底材料	CTE/$10^{-6}K^{-1}$	T_{max}/℃	厚度/μm	密度/（g/cm³）	研究机构
陶瓷衬底					
氧化锆	5.7	≫600	50～300	5.7	AIST
聚合物衬底					
聚酰亚胺	12～24	<500	12.5～75	1.4	AIST，EMPA，HZB，ZSW

表3-3　各类衬底上铜铟镓硒薄膜太阳电池效率比较

衬底类型	电池效率	CIGS制备方法	研究机构
钙钠玻璃	22.9%	溅射，后硒化	Solar Frontier，日本
	22.6%	共蒸发法	ZSW，德国
聚酰亚胺	20.4%	共蒸发法	EMPA，瑞士
不锈钢	17.7%	共蒸发法	EMPA，瑞士

　　聚酰亚胺衬底上 CIGS 电池的最高效率达 20.4%，比玻璃基电池效率的绝对值低 2.5%。相比不锈钢衬底，PI 衬底具有质轻、表面较光滑平整等优势。但 PI 衬底也存在劣势，导致相比玻璃基电池效率略低。首先，PI 的热膨胀系数高于 Mo、CIGS 等薄膜（如表 3-2 所示），导致 Mo 背电极及 CIGS 薄膜内容易形成裂纹乃至剥离脱落。其次，PI 的热稳定性较差，最高只能耐 450℃下短时间处理，而高质量 CIGS 薄膜的生长温度一般为 550～600℃。在低温下沉积 CIGS 薄膜，吸附原子获得的能量不足，在衬底上扩散不充分，会影响薄膜结晶质量以及元素的纵向分布。再次，PI 衬底本身不含有 Na 元素，而常规钙钠玻璃中 Na 的掺入对于高质量 CIGS 薄膜的制备至关重要，因此需通过额外步骤添加 Na 元素。Na 元素的掺杂方式、掺杂阶段、掺杂量等都会导致不同的效果，因此需要选择合适的 Na 掺杂方式和掺杂量以获得更好的器件性能。掺钠方式一般有三种，即预制层掺钠、共蒸发过程中掺钠以及后掺钠，如图 3-2 所示[3]。

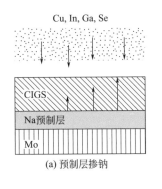
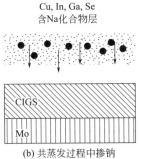
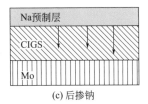

图3-2　三种掺钠方式[3]

（1）预制层掺钠　在 Mo 背电极上沉积一层钠的化合物，然后在钠预制层上沉积 CIGS 吸收层，钠从预制层扩散到 CIGS 吸收层内。这种掺 Na 方式比较简单，但掺 Na 量的控制极为关键。掺 Na 量过少，扩散进入 CIGS 的 Na 达不到改善薄膜特性的效果；掺 Na 量过多，会降低吸收层的附着力，在后续水浴法制备 CdS 时导致薄膜脱落。

（2）共蒸发过程中掺钠　如采用三步法蒸发沉积 CIGS 吸收层，又分为在第一、二、三步掺杂 Na 元素。共蒸发掺 Na 不会引入新的工艺，但是 Na 的掺杂阶段和掺杂量会对 CIGS 吸收层及器件有不同影响。

（3）后掺钠　沉积完 CIGS 吸收层后，在吸收层表面再沉积一层 Na 的化合物，通过退火方式使 Na 扩散进入 CIGS 吸收层内部。目前获得较高电池效率的掺 Na 方式就是后掺 Na 工艺 [4]。但是后掺 Na 方式需要增加退火工艺，增加了操作复杂性，后掺工艺及掺 Na 量对 CIGS 吸收层都存在不同的影响。

不锈钢是另外一类广泛采用的柔性衬底。相比 PI 衬底，不锈钢的热稳定性以及热膨胀系数特性都具有一定优势。但是相比 PI 衬底上 CIGS 电池，不锈钢上电池效率略低，这主要是由于较大的表面粗糙度、衬底内杂质以及衬底中无 Na 掺杂等因素的影响。首先，不锈钢衬底的粗糙度一般在几百到几千纳米之间，粗糙表面将在 CIGS 薄膜生长过程中提供更多成核中心，导致形成较小晶粒和较多缺陷，增加载流子复合概率。粗糙表面还会促进衬底杂质向吸收层的扩散，导致薄膜内杂质元素增多。此外，金属衬底上较大的尖峰可能穿过 Mo 背电极进入 CIGS 吸收层，导致漏电流增大甚至短路。其次，不锈钢衬底中含有大量的 Fe、少量的 Cr 和微量的 Ni 等金属元素，这些杂质元素会扩散到电池中影响器件性能。杂质的扩散主要取决于工艺温度，然而降低 CIGS 吸收层制备温度会影响薄膜质量。对于不锈钢基底，有研究表明 Cr 元素的扩散对于电池转换效率几乎没有负面影响，而 Fe 杂质含量与电池效率关系密切。CIGS 薄膜内的 Fe 杂质可能会占据 Cu 和 In/Ga 两个位置。如果占据 Cu 空位，导致 Cu 空位浓度降低，容易形成 N 型掺杂；若占据 In/Ga 位置，则形成深能级施主缺陷，导致载流子复合增强。上述两个因素都会引起电池性能下降。由此可见，不锈钢基底的阻挡层至关重要。同时由于不锈钢基底与 Mo 背电极的热膨胀系数存在一定差异，合理选择阻挡层材料能在一定程度上改善 Mo 与衬底的结合力。对于阻挡层材料的选择，主要以金属及氮氧化合物为主 [5]。金属主要包括 Ti、Cr 等体系，氧化物主要包括 SiO_x 以及 Al_2O_3。现阶段未证实哪种阻挡层占据绝对优势。最后，Na 元素掺入方面同 PI 衬底近似，主要有如图 3-2 所示的三种掺 Na 方式。

在小面积柔性 CIGS 薄膜太阳电池效率不断提升的同时，发展大面积 CIGS 薄膜太阳能组件同时提高大面积产业化电池效率是提高 CIGS 薄膜电池核心竞争力的关键。当前 CIGS 组件的串联方式主要包括两类，如图 3-3 所示。一类是采用激光或机械划刻方法实现内联，这也是大部分薄膜电池组件串联的常用方式。但是对于柔性衬底来讲，直接的机械划刻技术会损伤聚合物衬底表面和金属衬底的绝缘阻挡层，尤其对于金属衬底来说，一旦绝缘层被破坏就会引起短路，无法制备光伏组件。因此采用光刻技术替代机械划刻。鉴于柔性衬底上互连划线的困难，研究者尝试诸如外部连接的工艺方法。另外一类就是类似晶硅组件的连接方式，采用金属线实现互联。与这种方式类似的还有一种方法称为 shingling，即将一个电池的前表面和另一个电池的后表面实现物理接触，这类方法要求衬底具有导电性。

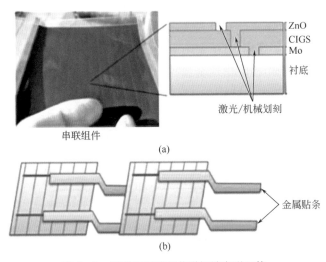

图3-3　柔性铜铟镓硒薄膜组件串联工艺

目前大面积柔性 CIGS 薄膜组件还处于起步阶段。瑞士 EMPA 与 Flisom AG 在 PI 衬底上串联八个 CIGS 电池，组件转换效率达 16.9%，是当前组件的最高效率[6]。在不锈钢柔性衬底方面，MiaSole 实现 CIGS 薄膜组件效率达 16.5%。此外，Global Solar 在不锈钢衬底上实现组件转换效率达 14.7%。柔性铜铟镓硒薄膜太阳电池产业要在光伏市场上具有竞争力，仍需持续提高产业化柔性电池效率并降低成本。

3.1.2　柔性碲化镉薄膜太阳电池

碲化镉（CdTe）薄膜太阳电池是另一类重要的化合物薄膜电池。CdTe 太阳电池采用 P 型 CdTe 光吸收层与 N 型 CdS 窗口层构成的 P-N 结为电池核心结构。CdTe 是一种直接带隙半导体，多晶 CdTe 的带隙在 1.40～1.50eV 之间，其可见

光吸收系数达 10^5cm^{-1}，$1\sim2\mu\text{m}$ 薄膜可以吸收 90% 以上的太阳光。目前 CdTe 薄膜的制备方法主要有近空间升华法、高真空蒸发法、磁控溅射法、电化学沉积法以及有机金属化学气相沉积法等。美国 First Solar 是全球最重要的 CdTe 薄膜太阳电池及组件制造商，它几乎可与整个 CdTe 薄膜电池产业画上等号，从 1999 年建立第一条试生产线，到 2009 年公司产能已超过 1GW。此外，Abound Solar、Calyxo、Primestar Solar 以及国内的龙炎等公司都在积极开发高效低成本的 CdTe 薄膜太阳电池。

CdTe 太阳电池有两种结构，即上层结构和底层结构，如图 3-4 所示，这两种结构的区别是各层薄膜的沉积顺序不同。目前上层结构电池的技术比较成熟，高效电池基本采用上层结构。First Solar 制备的上层结构 CdTe 电池的转换效率达 22.1%，为认证的 CdTe 太阳电池最高效率。而底层结构 CdTe 电池的最高效率仅为 13.6%，远低于上层结构 CdTe 太阳电池，这主要是由于 CdTe 吸收层质量较差，以及沉积 CdS 或透明电极时出现金属扩散现象。

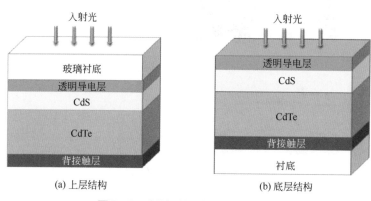

图3-4　碲化镉薄膜电池结构示意图

无论是哪种结构，影响 CdTe 电池效率的因素主要包括 CdTe 吸收层质量、CdTe/CdS 结特性以及 CdTe/ 背电极接触特性。由于立方结构 CdTe 与六方结构 CdS 的晶格失配度为 9.7%，很难形成高质量的异质结，界面处存在大量的缺陷能级作为光生载流子复合中心。一般需要在氯化镉（CdCl_2）环境下对 CdTe 薄膜进行热处理，这个过程被称为结激活过程。CdCl_2 热处理主要有以下作用：改变 CdTe 表面形貌，促使 CdTe 重结晶；钝化界面；降低界面的晶格失配度；氯离子促进 Cd 空位形成，增加 CdTe 的 P 型掺杂浓度。另外，CdTe 层与背接触层之间的接触特性也是获得高转换效率的关键因素。由于 CdTe 具有较高的电子亲和能和较大的禁带宽度，这就要求背面金属的功函数要大于 5.6eV 才可以与 CdTe 形成良好的欧姆接触。但是目前没有匹配的金属材料，因此一般需要在 CdTe 薄膜表面上进行化学蚀刻得到富 Te 的 P 型重掺杂层，然后沉积含 Au、Cu 和 Hg 等的金属薄膜。

相对柔性 CIGS 薄膜太阳电池来说，柔性 CdTe 薄膜电池的研究进展比较缓慢，目前柔性电池衬底主要分为金属和聚合物两大类。

常用的聚合物衬底是聚酰亚胺（PI），PI 上柔性电池可以采用上层或底层结构，目前 PI 衬底上高效 CdTe 电池基本采用上层结构。由于 PI 衬底热稳定性较差，最高只能耐 450℃短时间处理，因此需要研发 PI 衬底上电池的低温制备工艺。目前 PI 衬底上制备高质量 CdTe 薄膜的常用方法为高真空蒸发法，制备温度为 300~400℃。除了制备温度外，影响 PI 衬底上 CdTe 薄膜电池光电转换效率的因素还包括 PI 衬底的高吸收率，其制约了电池的短路电流密度，因此研究团队采用较薄的 PI 衬底（如 12.5μm、7.5μm）以减少光吸收损失。近几年来随着无色耐高温 PI 衬底的研发成功，PI 衬底上 CdTe 电池效率得以进一步提升，瑞士 EMPA 研究团队在 7.5μm PI 衬底上制备的电池的转换效率达 13.8%[7]。

金属箔是另一类广泛研究的柔性衬底，主要包括不锈钢、钼、钛等体系。由于 Mo 与 CdTe 的热膨胀系数近似，同时高纯 Mo 可减少衬底杂质对电池的影响，因此 Mo 是常用的金属衬底。由于 Mo 金属不透光，采用金属箔的柔性电池只能采用底层结构，而底层结构 CdTe 太阳电池受较差的 CdTe 吸收层质量以及沉积 CdS 或透明电极时的金属扩散现象的影响，光电效率较低。目前 Mo 衬底上柔性 CdTe 电池的最高效率为 11.5%[8]。

另外，商业化玻璃厚度逐渐减小，目前已经实现 0.1mm 甚至更小厚度玻璃的制备。较薄的玻璃也具备一定柔性，同时玻璃具有耐温性好的优点，有利于在柔性玻璃上制备高效的上层结构 CdTe 太阳电池。美国国家可再生实验室研究团队通过改善 CdTe/背金属的欧姆接触特性，以及减少 CdS 的寄生吸收，在 100μm Willow 玻璃衬底上实现电池效率达 16.4%[9]，为目前柔性 CdTe 薄膜电池的最高效率。

3.2
柔性硅基薄膜太阳电池

3.2.1　柔性硅基薄膜太阳电池概述

非晶硅薄膜太阳电池是一类较早被广泛研究的薄膜太阳电池，具有成本低、弱光响应好、能量返回期短等优点，但同时存在转换效率低、光致衰减等问题。吸收层非晶硅薄膜具有近程有序而长程无序的特性。与晶体硅相比，非晶硅薄膜的光学带隙较大，一般可达到 1.7～1.8eV。由于非晶硅结构破坏了晶格结构的对称性，电子在跃迁时不再严格遵守准动量守恒的选择定则，所以非晶硅材料的光子吸收系数相对较高，可以达到 $10^4～10^5 cm^{-1}$。高质量本征非晶硅薄膜一般需要掺入大量 H 来饱和硅悬挂键，氢化非晶硅（a-Si:H）具有较低的缺陷态密度（约 $10^{16} cm^{-3}$）和较高的光暗电导率比值（$10^4～10^5$）。1975 年，W. E. Spear 利用硅烷的直流辉光放电技术，在 a-Si:H 材料中实现了替代位掺杂，制备出 P-N 结。1976 年，美国 RCA 实验室的 D. E. Carlson 研制了 P-I-N 结构的非晶硅薄膜太阳电池，光电转换效率达 2.4%，在国际上掀起了研究非晶硅材料和器件的热潮。1980 年，D. E. Carlson 将非晶硅电池效率提升到 8%，具有产业化标志意义。

柔性硅基薄膜电池与刚性硅基薄膜电池结构近似，包括 P-I-N 和 N-I-P 结构，分别从衬底及膜面进光，如图 3-5 所示。无论何种结构的电池，其通常包括以下几个部分：透明导电氧化物层（transparent conductive oxide，TCO）、P-I-N 型硅薄膜、背反射层以及金属电极。具有绒面结构的 F 掺杂 SnO_2（FTO）、Al 或 B 掺杂 ZnO（AZO 或 BZO）薄膜常作为透明导电层，起陷光作用，增加入射光在本征硅薄膜吸收层内的光程。本征硅薄膜吸收层包括非晶硅、微晶硅（μc-Si）、非晶锗硅（a-SiGe）等薄膜体系，可以通过调控气源或气体流量比实现。P 型和 N 型掺杂硅薄膜的费米能级分别向价带及导带迁移，以形成内建电场用于光生载流子分离。为降低掺杂硅薄膜的寄生吸收，可以通过对硅薄膜合金化形成宽带隙的掺杂氧化硅或碳化硅薄膜。根据结数量，柔性硅基薄膜电池又可分为单结、叠层、三结电池。一般低带隙宽度的微晶硅及锗硅薄膜作为底电池吸收层，高带隙

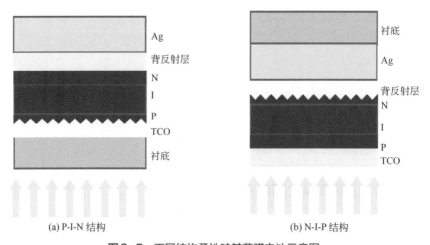

(a) P-I-N 结构　　　　　　　　(b) N-I-P 结构

图 3-5　不同结构柔性硅基薄膜电池示意图

宽度的非晶硅薄膜作为顶电池吸收层。叠层硅基薄膜电池主要包括 a-Si:H/μc-Si:H、
a-Si:H/a-SiGe:H、a-Si:H/a-Si:H 等体系，三结硅基薄膜电池主要包括 a-Si:H/a-SiGe:
H/μc-Si:H、a-Si:H/μc-Si:H/μc-Si:H、a-Si:H/a-Si:H/μc-Si:H 等体系。多结电池通过
不同带隙的吸收层有效利用太阳光谱，以提高电池光电转换效率。理论研究表
明，当顶电池、中间电池与底电池吸收层带隙分别为2.0eV、1.45eV 与 1.1eV 时，
三结电池的光电转换效率最高，可达 21.4%。美国 United Solar 公司已实现在不
锈钢基底上 a-Si:H/a-SiGe:H/a-SiGe:H 三结硅基薄膜电池初始效率达 16.3%[10]，是
目前硅基薄膜电池的最高效率，其电池结构及 J-V 曲线如图 3-6 所示。

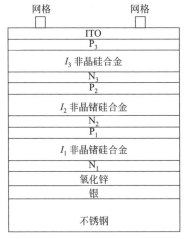
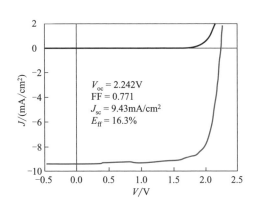

图3-6 a-Si:H/a-SiGe:H/a-SiGe:H三结硅基薄膜电池结构示意图及J-V曲线图[10]

与刚性电池一样，柔性电池中硅薄膜主要采用化学气相沉积法制备。一般
地，化学气相沉积是在反应室中将含有硅的气体分解，然后分解出来的硅原子
或含硅基团沉积在衬底上。常用的气体有硅烷（SiH_4）和乙硅烷（Si_2H_6），通
常还用氢气来稀释。在制备 N 型掺杂材料时需要加入磷烷（PH_3），在制备 P 型
掺杂材料时需要加入乙硼烷（B_2H_6）或三甲基硼烷［$B(CH_3)_3$］。化学气相沉积
法一般包括等离子体化学气相沉积法（plasma enhanced chemical vapor deposition，
PECVD）、热丝催化化学气相沉积法（hot wire chemical vapor deposition，HWCVD）
以及光诱导化学气相沉积法（light induced chemical vapor deposition，LICVD）。
根据激发源不同，离子体化学气相沉积法又可分为直流（DC）、射频（RF）、甚
高频（VHF）和微波等离子化学气相沉积。应用最广泛的非晶硅薄膜沉积技术
是射频等离子体化学气相沉积法，射频频率为 13.56MHz。这种方法通过在真空

室内的两个平行板电极上耦合射频电源，被电场加速的电子和气体分子碰撞使气体分子发生离解，形成一个稳定的等离子体。此外，甚高频等离子体气相沉积技术具有较高的沉积速率、较低的离子能量以及较高的离子束流等优点，在制备高质量非晶硅薄膜中得到了广泛应用。目前常用的甚高频为 40～130MHz。除了离子体化学气相沉积法外，热丝化学气相沉积法也在非晶硅薄膜制备中得到了广泛应用，这种方法是在真空反应室中安装钨丝或钽丝，热丝通常被加热到 1800～2000℃，当气体分子碰到热丝时被热分解，热分解产生的粒子通过扩散沉积到衬底表面。因此，HWCVD 方法不存在高速离子对衬底表面的轰击，同时可以将衬底温度控制在较低范围，从而使材料中含有足够的氢原子来饱和悬挂键。

柔性与刚性硅基薄膜电池虽然在结构、制备方法上差别不大，但柔性硅基薄膜电池采用柔性衬底，结合卷对卷的薄膜沉积技术，具有高功率质量比、可卷曲、方便存储及运输等优点，在建筑一体化、穿戴式设备以及军用产品中应用前景广阔。然而常规柔性衬底热稳定性差、热膨胀系数高，导致柔性硅基薄膜电池效率低于刚性衬底上的电池。为提高柔性电池效率，拓宽应用领域，研究者们开展了一系列卓有成效的工作。下面分别就柔性衬底材料、陷光技术、组件串联工艺等方面详细阐述柔性硅基薄膜电池的研究进展。

3.2.2　柔性硅基薄膜太阳电池衬底材料

柔性硅基薄膜电池的常用衬底是不锈钢及聚合物材料。表 3-4 总结了不同柔性衬底上硅基薄膜电池的结构及光电性能。美国 United Solar 公司在不锈钢衬底上制备了 N-I-P 型叠层及三结电池。由于不锈钢衬底耐高温，不会限制硅基薄膜电池的制备温度，只要解决不锈钢衬底内杂质的扩散问题，就能得到高效电池。他们已实现 0.25cm²、效率达 16.3% 的 a-Si:H/a-SiGe:H/a-SiGe:H 三结电池。然而由于不锈钢的不透光性，电池结构只局限于 N-I-P 型，这给组件串联工艺带来挑战。在聚合物塑料衬底方面，主要包括聚碳酸酯（PC）、聚对苯二甲酸乙二醇酯（PET）、聚萘二甲酸乙二醇酯（PEN）等耐低温透明材料，以及 PI 耐高温不透明材料。一般 PI 衬底可以耐 300℃ 高温，不会限制硅基薄膜的制备温度，产业界普遍采用 PI 作为柔性硅基薄膜电池衬底，如日本的 Fuji Electric 公司在不透明 PI 衬底上制备了 N-I-P 型 a-Si:H/a-SiGe:H 叠层电池组件，组件的稳定效率达到了 9.0%[11]。同样由于大多数 PI 衬底的不透明性，电池结构也采用 N-I-P 结构。而科研院所普遍采用耐低温透明的 PET、PC、PEN 等廉价衬底，以降低柔性电池成本，典型代表有德国 Juelich 光伏研究中心、荷兰 Utrecht 大学等机构。

表 3-4 不同柔性衬底上硅基薄膜电池结构及光电性能

研究机构或公司	柔性衬底	电池结构	光电转换效率
美国联合太阳能公司（United Solar Corp.）[10]	不锈钢	a-Si:H/a-SiGe:H/a-SiGe:H（nc-Si:H），N-I-P	16.3%
日本富士电机（Fuji Electric）[11]	PI	a-Si:H/a-SiGe:H，N-I-P	9.0%
荷兰 Helianthos[12]	金属	a-Si/mc-Si，N-I-P	9.4%
荷兰乌得勒支大学 Utrecht University[13]	PC	a-Si:H，P-I-N	6.4%
德国 Juelich 光伏研究中心[14]	PET	a-Si:H，P-I-N	6.9%
香港科技大学[15,16]	Al，PI	a-Si:H，N-I-P	7.92%
葡萄牙 Universidade Nova de Lisboa and CEMOP/UNINOVA[17,18]	纸	a-Si:H，N-I-P	6.7%

此外，还有一些新颖材料被用作柔性硅基薄膜电池衬底。随着玻璃厚度的逐渐减小，当厚度低于 0.3mm 时就表现出一定柔性。超薄柔性玻璃耐温性好且透光率高，柔性玻璃上电池制备工艺与刚性衬底上电池制备工艺基本类似。S. Y. Myong 等在 0.1mm 柔性玻璃上得到效率分别为 7.1% 和 9.3% 的单结及双结硅基薄膜电池[19]。中科院宁波材料所宋伟杰团队的 J. Duan 等也在 0.2mm 柔性玻璃上实现效率达 8.1% 的单结非晶硅薄膜电池[20]。此外，随着便携可穿戴技术的发展，织物、纸等材料也被广泛用作各类柔性电池乃至柔性光电器件的衬底。纸作为中国古代四大发明之一，在日常生活中十分常见。然而由于常规纸表面粗糙度达微米数量级，大于硅基薄膜电池厚度（约 500nm），严重影响了其上硅薄膜质量，极易造成电池漏电。葡萄牙 R. Martins 团队的 H. Águas 等通过在纸表面涂覆介孔材料，降低纸表面粗糙度至 9.42nm，从而实现了效率 3.4% 的纸基硅基薄膜电池[17]。荷兰 Solliance-ECN 公司 C. H. M. van der Werf 等通过纳米压印涂漆，形成陷光结构的纸衬底，提高纸衬底上硅基薄膜电池的短路电流密度，从而将电池效率提升至 6.7%[18]。除了纸，织物也是柔性可穿戴设备中常见的衬底，J. Plentz 等在织物上实现了 1.4% 的原型硅基薄膜电池[21]，表明硅基薄膜电池集成到织物上的可行性。除了上述二维衬底外，一维的纤维、金属线等衬底上也制备出同轴结构的硅基薄膜电池。一维结构电池有利于光生载流子的收集，可实现较高的光电转换效率。

由于柔性衬底的高耐温性及高透光率不可兼容，荷兰 Helianthos 公司开发了基于转移工艺的柔性硅基薄膜电池制备路线。他们用铝箔作为电池临时衬底，在其上依次沉积前电极薄膜，P、I、N 型硅基薄膜，以及背电极，之后用层压法将商用高分子材料压到电池背电极作为最终衬底，再利用湿化学腐蚀的方法将铝箔衬底去除。Juelich 光伏研究中心借鉴这个方法制备出效率达 9.4% 的 a-Si:H/μc-

Si:H 叠层硅基薄膜太阳电池[12]。

3.2.3 柔性硅基薄膜太阳电池陷光技术

由于 PET、PC、PEN 等柔性衬底只能耐100℃低温,影响了其上制备的硅薄膜光吸收层的电学特性。为不影响光生载流子有效传输到两端导电层,一般需要降低吸收层厚度,这就影响了太阳光的有效吸收,进而降低了电池的短路电流密度(J_{sc})。为此研究者开展了大量柔性透明衬底上硅基薄膜电池的光管理工作,通过引入陷光结构增加光程,多数工作集中在柔性衬底陷光结构的设计上。图3-7~图3-9列举了柔性硅基薄膜电池光管理的代表性工作。

荷兰 Utrecht 大学 M. M. de Jong 等采用光刻技术形成表面带金字塔结构的 PC 衬底(图3-7)。相比平整玻璃衬底,金字塔结构 PC 衬底上电池 J_{sc} 提高了30%,而且与 FTO 玻璃上电池的 J_{sc} 近似。不过带金字塔结构 PC 衬底上电池的开路电压(V_{oc})、填充因子(FF)略微有所下降,这跟硅吸收层内裂纹等微观缺陷的形成有关。此外,作者提出通过进一步提高金字塔结构的覆盖率,减小平整区域面积,可提高电池 J_{sc}[13]。德国 Juelich 研究中心 Karen Wilken 等采用纳米压印技术将绒面 AZO 薄膜表面复制到 PET 衬底表面(图3-8)。相比平整 PET 衬底,绒面 PET 上电池具有更高的 J_{sc} 和转换效率,而且与绒面 AZO 玻璃上参比电池的 J_{sc} 近似,表明绒面 PET 具有与绒面 AZO 近似的陷光效果[14]。香港科技大学范智勇团队的 Siu-Fung Leung 等采用阳极氧化铝模板得到三维准有序的柔性 Al 衬底(图3-9),在其上得到效率达 7.92% 的柔性硅基薄膜电池[15],而且这类具有陷光结构的柔性衬底可实现大面积制备。此外,理论和实验研究发现,这类纳米结构柔性衬底上的硅基薄膜由于具有较大的比表面积有利于应力的释放。因此,相比平整衬底上硅薄膜,纳米结构柔性衬底上硅基薄膜应力较小,可减少裂纹的形成,有利于提高电池的开路电压、填充因子以及成品率[16]。

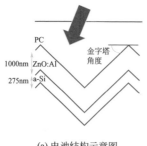
(a) 电池结构示意图

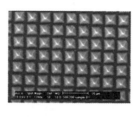
(b) 金字塔结构PC衬底SEM图像

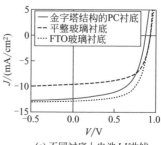
(c) 不同衬底上电池J-V曲线

图3-7 金字塔结构PC衬底上非晶硅薄膜电池[13]

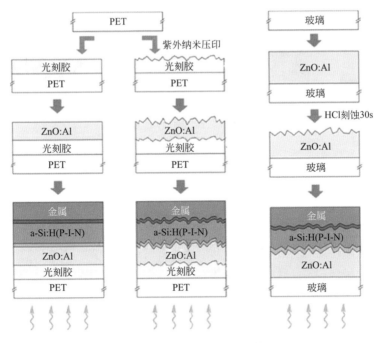

不同衬底上电池光电性能比较

衬底	电池光电性能			
	$\eta/\%$	FF/%	V_{oc}/mW	J_{sc}/(mA/cm^2)
PET+平整ZnO:Al	4.8	54.3	855	10.4
PET+压印ZnO:Al	6.9	61.8	870	12.9
玻璃+刻蚀ZnO:Al	7.0	63.0	865	12.9
FTO玻璃	8.0	67.6	900	13.1

图3-8　纳米压印的PET衬底上非晶硅薄膜电池制备流程图及其光电性能[14]

3.2.4　柔性硅基薄膜组件串联工艺

玻璃衬底上硅基薄膜电池组件串联采用激光划刻工艺，分别用蓝光或红光、绿光、红光对前电极、硅薄膜、背电极进行划刻，形成串联组件。一般激光从透明玻璃衬底进入而非膜面进入，以减少高能激光对薄膜未划刻区域的损伤。然而高效柔性硅基薄膜电池普遍采用不锈钢、PI等不透明衬底，激光无法从衬底透过刻蚀电池功能层，因此需要探索新的柔性电池组件串联工艺。图3-10列举了几种组件串联方法。

美国 United Solar 公司在不锈钢衬底上制备 N-I-P 型 a-Si:H/a-SiGe:H/a-SiGe:H（nc-Si:H）三结硅基薄膜太阳电池。由于无法采用激光划刻工艺，他们使用

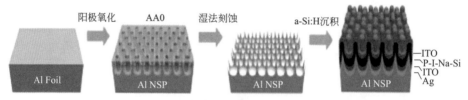

(a) 电池制备流程图

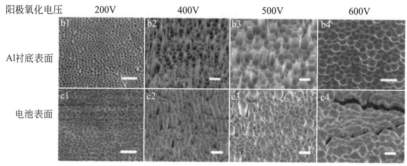

(b) 不同阳极氧化电压下Al衬底及电池表面SEM图

阳极氧化电压	V_{oc}/V	J_{sc}/(mA/cm²)	FF/%	η/%
平整	0.917	9.97	64.39	5.89
200V	0.882	12.85	61.84	7.01
400V	0.642	11.52	43.31	3.21
500V	0.914	14.08	61.52	7.92
600V	0.915	11.17	61.96	6.33

(c) 不同阳极氧化电压下电池光电性能比较

图3-9 阳极氧化纳米结构Al衬底上非晶硅薄膜电池[15]

贴片工艺实现组件串联，然而这个串联工艺导致大面积组件效率的下降。比如 0.25cm² 面积电池稳定效率可达到 13.2%，然而 2.2m² 太阳电池组件效率明显下降，仅有 6.7%。不过在组件串联技术上研究者也在不断创新。日本的 Fuji Electric 公司在不透明 PI 衬底上制备了 N-I-P 型 a-Si:H/a-SiGe:H 叠层太阳能薄膜电池组件，他们开发了一种新的组件串联技术，通过机械方法在衬底及薄膜上打孔，这些小孔被分别用来串联子电池及收集电流[11]。这种新的串联技术使 0.32m² 有效面积的太阳电池组件的稳定效率达到了 9.0%。然而这种串联技术在更大面积组件制备上并不是非常成熟，1.7m² 太阳电池组件的效率下降到 6.5%。Toledo 大学在不透明的 PI 衬底上制备了 N-I-P 型 a-Si:H/a-SiGe:H/a-SiGe:H 三结硅基薄膜电池，他们采用激光划刻与化学刻蚀相结合的方法，开发出一种新的串联工艺，完成电池组件的串联[22]。0.25cm² 有效面积电池的初始效率达到了 9.8%，然而 204cm² 面积组件的效率依然显著下降，仅有 4.9%。

　　然而由于硅基薄膜电池光电转换效率低、易发生光致衰减等问题，目前国内外硅基薄膜电池产业已大大萎缩，仅在柔性应用领域占很小的市场份额。但是在硅基薄膜电池研究中，陷光结构设计、界面调控、电学调控等方法在其他类型电池乃至光电器件中都可以得到借鉴。

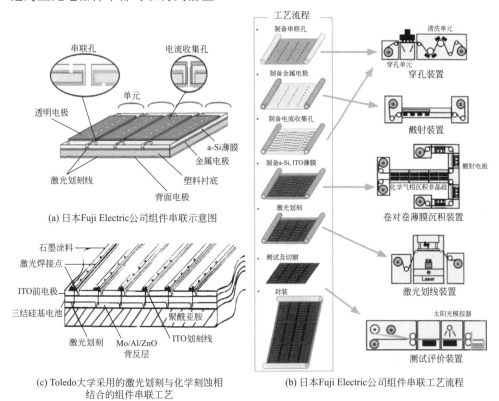

(a) 日本 Fuji Electric 公司组件串联示意图

(c) Toledo 大学采用的激光划刻与化学刻蚀相结合的组件串联工艺

(b) 日本 Fuji Electric 公司组件串联工艺流程

图 3-10　柔性硅基薄膜电池组件串联工艺 [11,22]

3.3
柔性有机太阳电池

3.3.1　柔性有机太阳电池概述

　　有机太阳电池（organic solar cells，OSC）因具有成本低、质量轻、柔性及可大面积低温湿法制备等优点，成为当前太阳电池技术的热点研究方向之一。近几年，随着给体、受体等材料体系研究的日益深入，有机电池光电转换效率

(PCE）稳步增加，单结电池 PCE 从最初的 1% 发展到现在的 17% 以上，叠层电池效率已经突破 16%。

有机太阳电池（简称有机电池）通常以由给体材料（传输空穴）和受体材料（传输电子）组成的有机共混膜作为光敏活性层，夹在氧化铟锡（ITO）导电膜和金属电极之间构成。一般 ITO 电极上需要旋涂一层空穴传输材料（例如 PEDOT:PSS），而活性层与金属电极之间也需要增加一层电子传输材料。有机太阳电池光电转换过程大致分为以下五个步骤［图 3-11(a)]：①激子的产生。在入射光的照射下，有机活性层的给、受体材料吸收入射光子并产生电子空穴对（激子)。②激子的扩散。在内建电场的作用下，激子向有机活性层的给体 - 受体材料的界面扩散。③电荷的产生。激子扩散到给体 - 受体界面处，分离形成电子和空穴。④电荷的传输。激子分离产生的空穴和电子分别在给体和受体材料中进行传输。⑤电荷的收集。电子和空穴分别传输到相应的电极形成电流。

有机电池的研究开始于 1959 年，初始结构为单晶蒽夹在两个功函数不同的电极之间，但由于半导体激子解离效率太低，导致器件转换效率极低。直到 1986 年柯达公司的邓青云制备出双层结构的有机电池，即将 P 型电子给体和 N 型电子受体结合形成双层异质结结构，使得给体和受体界面处的激子解离效率提高，电池转换效率达到 1%。该双层结构的不足之处在于：一方面，有机电池为保证有效的光吸收，需要活性层厚度在 100nm 左右；另一方面，激子在有机半导体中的扩散长度通常在 10nm 左右，激子只能在界面区域分离，而激子扩散距离远小于活性层厚度，导致激子还没移动到给体和受体的界面就复合了，因此电池效率依然很低。到 1995 年，美国加州大学俞刚博士发展了本体异质结结构电池，即将 P 型给体材料和 N 型受体材料混合起来旋涂，给体和受体之间形成互连穿通的网络结构，增加了异质结面积，提高了激子解离效率，有机电池性能进一步提高，也成为目前主流结构[23]。总结而言，有机太阳电池结构包括单层、双层、体异质三大类［图 3-11(b)]。

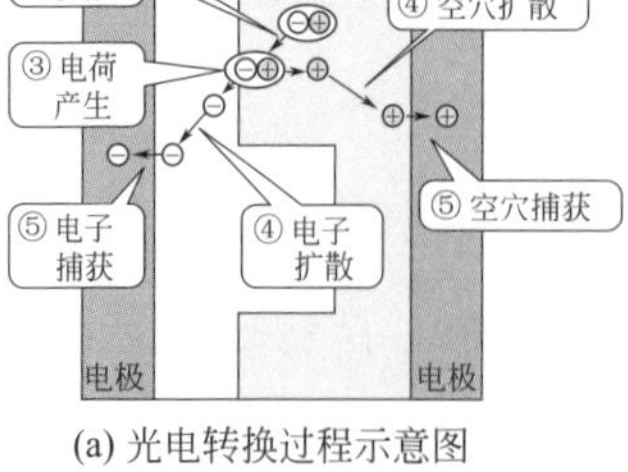

(a) 光电转换过程示意图

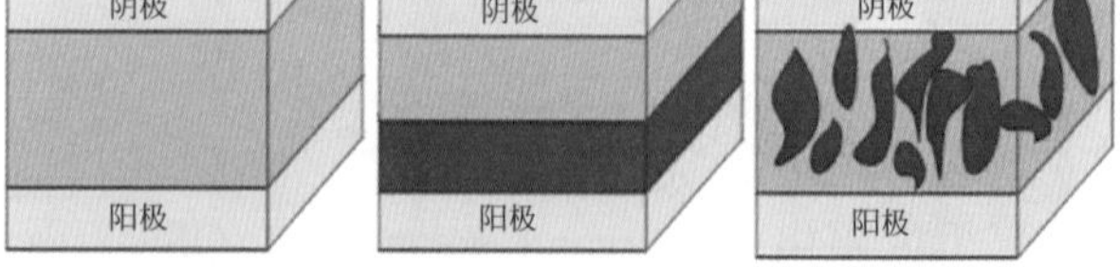

(b) 结构示意图

图 3-11　有机太阳电池

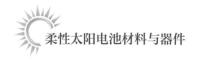

经过 30 余年的发展，聚合物给体材料种类繁多：从最初的聚苯乙烯亚基类（MEH-PPV）到聚噻吩类（P3HT），再到目前流行的给体 - 受体型（D-A）共聚类材料，如 PTB7、PBDB-T。受体材料主要为商业化的富勒烯衍生物，如 $PC_{61}BM$ 和 $PC_{71}BM$，近几年能级和吸收光谱可调的有机小分子稠环受体材料，如茚并联二噻吩基小分子受体材料 ITIC，得到了广泛关注。此外，界面材料的引入可有效地调节活性层和电极之间的接触和能级分布，助力电荷分离，改善活性层形貌，提高器件稳定性等。常见的阳极修饰层包括 PEDOT:PSS 和一些过渡金属氧化物（如 MoO_3、V_2O_3 等），使用较为广泛的阴极界面材料包括低功函金属、金属盐、金属氧化物等无机物类和醇溶性聚合物（小分子）等有机物类。

柔性有机电池具有低成本、高功率质量比、可采用卷对卷工艺、可弯折、可拉伸等特性，在便携、可穿戴等领域具有应用前景。当前小规模太阳光市场占据一定市场规模，而 OSC 可通过印刷等方式实现大面积、低成本制备，预计其发电成本可低至晶硅太阳电池的 1/10，薄膜太阳电池的 1/3，因此发展高效、稳定的柔性有机电池具有重大价值。

柔性有机电池以柔性聚合物为衬底，结构与刚性电池基本相似。由于玻璃基底上有机电池功能层制备温度较低，因此柔性衬底上功能层制备工艺不需要做较大调整，柔性有机电池光电转换效率的发展较为快速。但为提高柔性有机太阳电池的力学性能，包括弯曲性能、折叠性能、拉伸性能、扭曲性能等，拓宽其应用范围，需要开发新型柔性透明电极材料替代脆性 ITO 电极。以下重点介绍柔性电池的透明电极材料体系的改进，并在此基础上分析柔性有机太阳电池的光电性能和力学性能。

3.3.2 柔性有机太阳电池透明电极

目前柔性有机电池发展的关键是寻找合适的柔性透明电极，采用新型柔性电极后，柔性有机电池的光电性能和力学性能会同时受到影响。表 3-5 和图 3-12 总结了不同柔性电极上代表性有机电池的光电性能及其弯曲性能[24-30]。目前柔性有机电池用透明电极主要包括以下五大类：

（1）ITO 电极 尽管 ITO 薄膜具有脆性特性，但由于其成熟的制备工艺以及在柔性显示等领域的成功应用，大量柔性有机电池仍采用 ITO 电极。通过优化低温 ITO 特性以及改善 ITO 与相邻层的界面特性，以 ITO 为电极的柔性电池效率与刚性电池效率相当。但由于 ITO 的脆性，当有机电池经历毫米数量级曲率半径下多次弯曲时，ITO 薄膜会形成裂纹并进一步扩展，提高了电极方阻以及电池串联电阻；ITO 内裂纹会扩展到临近层，电池 FF 及 V_{oc} 下降，导致电池多次弯曲后效率不断下降。因此需要发展新的柔性电极。

表3-5　不同柔性电极上代表性有机电池的光电性能及弯曲性能

柔性电极	方阻[①]/Ω	V_{oc}/V	J_{sc}/(mA/cm²)	FF/%	η/%	耐弯折性
PET/ITO[24]	40	0.74	17.94	65.9	8.7	
PEN/H₂SO₄-PEDOT:PSS[25]	46	0.77	14.22	70	7.7	1mm曲率半径下弯曲1000次，保持90%初始效率
PET/CH₄SO₃-PEDOT:PSS[26]	87	0.93	15.49	70.27	10.12	5.6mm曲率半径下弯曲1000次，保持94%初始效率
PET/冷等静压处理AgNWs[27]	20.7	0.764	17.4	64.2	8.56	1.5mm曲率半径下弯曲后，保持97.6%初始效率
PEN/PEI/超薄Ag[28]	9	0.79	16.94	74	9.8	
PET/Ag栅格[29]	10	0.71	20.69	64.7	9.50	2mm曲率半径下弯曲后，保持97%初始效率
PEN/CVD-石墨烯[30]	300	0.72	14.1	69.5	7.1	5mm曲率半径下弯曲100次，保持>90%初始效率

① 方阻的单位为Ω，外文文献中多用Ω/sq或Ω/口，因sq为非标单位，故仅保留Ω。

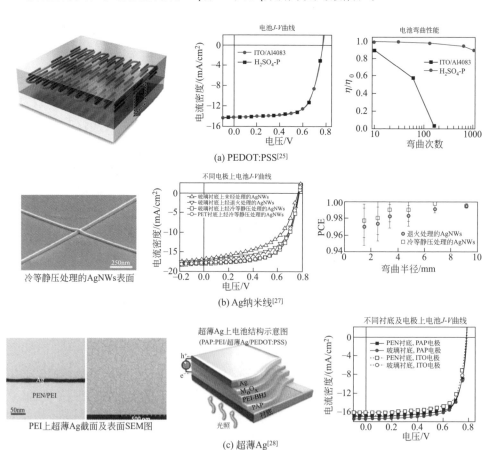

(a) PEDOT:PSS[25]

(b) Ag纳米线[27]

(c) 超薄Ag[28]

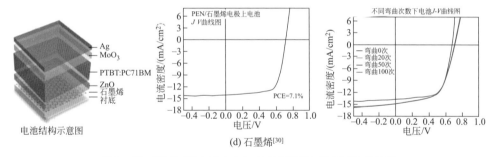

图3-12 不同柔性电极上有机太阳电池光电性能及弯曲性能

（2）导电聚合物 以 PEDOT:PSS 为代表。PEDOT:PSS 应用于有机电池的前提是需提高电导率，一般通过掺杂有机分子或后续酸处理可将 PEDOT:PSS 的电导率从 1S/cm 提高到 >1000S/cm。但常规的 H_2SO_4 或 HNO_3 等强酸处理方式与柔性衬底不兼容，为此研究者们开发转移技术、后续弱酸处理等方法制备高电导率 PEDOT:PSS，获得较好效果。相比以 ITO 为电极的有机电池，以 PEDOT:PSS 为电极的电池效率与其近似，同时具有更优异的耐弯曲性能，经 1mm 曲率半径下弯曲 1000 次仍能保持 >90% 的初始效率。然而 PEDOT:PSS 的酸性以及吸水特性使得电池的稳定性存在潜在问题。

（3）银（Ag）纳米线 柔性衬底上 Ag 纳米线方阻可达约 10Ω，可见光平均透过率约 80%，优于柔性衬底上 ITO 薄膜的光电特性。同时 Ag 纳米线可通过溶液法大面积制备，是柔性透明电极的优选材料。高长径比 Ag 纳米线是实现高电导率、高透光率的关键，一般 Ag 纳米线长度越长（>100mm）同时直径越小（<100nm）越理想。但较长的 Ag 纳米线影响了导电层与相邻层的接触面积，会影响载流子的有效提取，因此需要适中的 Ag 纳米线长度。有研究者构筑双层 Ag 纳米线柔性电极，底层长 Ag 纳米线保证较好的导电及透光特性，表层短 Ag 纳米线保证较大的接触面积。此外，也有研究者采用低温制备的 PFN 电子传输层材料修饰 Ag 纳米线表面，调控界面特性，取得了较好效果。然而 Ag 纳米线要实现大范围应用，优异的光电特性 Ag 纳米线的可控制备以及稳定性问题需要解决。

（4）超薄金属及金属栅格 要得到高电导率及透光率的超薄金属，实现超薄金属的连续二维生长是关键。一般金属在初始生长时呈岛状模式，导致超薄金属不连续，电导率较低且吸收较强。研究者通过籽晶层可实现超薄金属的连续生长，比如金属氧化物、PEI 等。进一步在超薄金属上沉积介质层，形成介质层/超薄金属/介质层（DMD）结构，可提高薄膜透光率。由于块体 Ag 在金属中具有最高电导率（$1.62 \times 10^{-8} \Omega \cdot m$），因此成为超薄金属的主要研究体系。一般，DMD 结构超薄 Ag 电极的方阻＜10Ω，可见光平均透过率＞80%。此外有研究发现，相比其他柔性电极，超薄金属电极不仅具有较好的耐弯折性，而且具有电池电流增益的功能。通过调控功能层厚度，电池内会形成光学微腔，增强了光敏层附近的光吸收率，从而提高电池的短路电流密度。除了超薄金属外，金属栅格也是重要的柔性电极。要实现高电导率、高透光率的金属栅格，控制金属栅格占比十分关键。一般需要通过光刻技术制备微米级高分辨率的金属栅格图案，才能实现优异光电特性的金属栅格。

（5）碳基导电材料　主要包括石墨烯（graphene）、碳纳米管等。虽然石墨烯和碳纳米管作为柔性电极实现了效率可观的有机电池，但其最大的问题是方阻较大。尽管掺杂在一定程度上能降低方阻至约100Ω，但仍比前面几类材料大一个数量级，导致电池串联电阻增大，电池效率下降，特别在制备大面积电池时这个问题更加严重。此外，碳纳米管还存在表面粗糙度大，从而造成器件短路的问题。未来碳基透明导电材料要作为有机电池柔性电极的关键是提高电导率，同时进一步降低成本。

除了柔性电极的改进外，吸收层的机械特性也对有机电池的柔韧性有重要影响。研究发现，相比传统的聚合物 -PCBM 光敏层，全聚合物光敏层［如 PBDTTTPD:P（NDI2HD-T）］因具有较好的本征柔韧性，以及聚合物受体 - 给体间强健的界面结合力等优点，而具备较好的机械特性。相比 PBDTTTPD:PCBM（1∶1.5，质量比）的杨氏模量 1.76GPa，以及断裂应变量 0.12%，PBDTTTPD:P（NDI2HD-T）具有 0.43GPa 杨氏模量，断裂应变量显著提升到 7.16%。进一步验证得到 PBDTTTPD:P（NDI2HD-T）薄膜经 1mm 曲率半径下弯曲后，仍能保持初始的表面形貌及电学特性，而 PBDTTTPD:PCBM（1∶1.5，质量比）经 1mm 曲率半径下弯曲后薄膜电导率急剧下降，同时薄膜内形成大量的裂纹[31]。这些研究表明全聚合物给体 - 受体的光敏层具有更好的机械稳定性，在便携和可穿戴应用上具有潜在价值。

3.3.3　柔性有机太阳电池力学性能

通过优化前电极、吸收层以及界面特性后，有机电池在保持较高光电转换效率的前提下，同时表现出较好的柔韧性。如表 3-5 所示，采用柔性电极的有机电池经 1mm 曲率半径弯曲 1000 次仍能保持 90% 以上的初始效率，表明其具有较好的弯曲性能。除了可弯曲性外，由于可折叠器件具有三维变形及缩小尺寸的功能，方便运输和存储，拓宽柔性应用范围，研究者还开始关注电池的折叠性能。折叠是弯曲的一种极端表现形式。然而相比弯曲，折叠时器件经历极端曲率半径下弯折（亚毫米曲率半径），电池功能层受较大的应变或应力，易导致器件性能下降甚至失效，给实现可折叠太阳电池带来了挑战。借鉴实现其他可折叠光电器件的技术方案，可以通过采用较薄衬底或设计对称器件结构调控无应变中性层位置，使之接近甚至进入器件有源区，从而降低弯折时器件功能层所受的应力。中科院宁波材料所宋伟杰课题组通过采用 25μm 超薄衬底调控无应变中性层位置，使之接近器件有源区，从而降低极端曲率半径下弯折时器件内应变量，结合采用可折叠的氧化物 / 超薄银 / 氧化物的柔性透明电极取代脆性 ITO 电池，实现可折叠有机电池（如图 3-13 所示）。有机电池经 35 次折叠后仍保持 92% 的初始效率[32]。

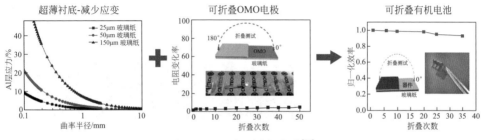

图3-13　可折叠有机电池[32]

除了弯折性能外，拉伸性能也是柔韧性的重要表现形式，是柔性有机电池的研究热点。目前报道的实现可拉伸有机电池的方法包括吸收层结构设计、波纹褶皱结构以及弹簧状结构三大类。美国加州大学洛杉矶分校的裴启兵等通过在体异质结 PTB7:PC71BM 中添加二碘辛烷（DIO）形成均匀分布的纳米晶粒尺寸的 PTB7:PC71BM:DIO 吸收层，在大应变拉伸下薄膜内小尺寸晶粒能自适应发生滑移而不形成裂纹，从而实现 PUA-AgNW/SWNT/PEDOT:PSS/PTB7:PC71BM:DIO/PEIE/SWNT/AgNW-PU 结构的本质可拉伸有机电池 [如图 3-14(a)所示]。有机电池耐最大拉伸应变量 100%，经 50% 应变下拉伸 100 次电池仍保持 86% 的初始效率[33]。然而本征可拉伸电池存在材料选择局限性，而且功能层结构调控会同时影响电池拉伸性能和光电性能。之后研究者通过结构设计实现可拉伸有机太阳电池。美国斯坦福大学鲍哲南等采用预拉伸的 PDMS 弹性体为衬底，当释放衬底预应力后，功能层为适应外部变形而形成波纹褶皱结构，实现了可拉伸有机电池。有机电池结构为 PDMS/PEDOT:PSS/P3HT:PCBM/EGaIn，其最大可拉伸应变量为 22%[34]，如图 3-14（b）所示。吉林大学冯晶等也通过构筑波纹褶皱结构，实现 PCE=5.8%，70% 应变下可拉伸 400 次的有机电池。这类波纹褶皱结构的可拉伸电池，是将拉伸形变转变为器件的弯折形变，因此电池拉伸性能受电池耐弯折性及弹性体断裂临界应变量等因素影响。之后 Martin Kaltenbrunner 等采用耐弯折性更好的超薄衬底有机电池，结合预拉伸的弹性胶带使整个超薄器件形成褶皱结构，实现可拉伸的有机电池。超薄有机电池结构为 PET/PEDOT:PSS/P3HT:PCBM/Ca/Ag，在 50% 压应变下循环 22 次电池效率只下降 27%[35]，如图 3-14（c）所示。此外，由于他们在 1.4μm 超薄 PET 衬底上制备总厚度小于 2μm 的有机电池，具有 4% 的光电转换效率以及 4g/m² 的单位面积质量，从而具有 10W/g 的高功率质量比，使其在航空航天、远距离传输系统应用中都具有优势。此外，复旦大学彭慧胜课题组设计了弹簧状可拉伸有机太阳电池。有机电池结构为弹簧状 Ti 线 /TiO$_2$ 纳米管 /P3HT:PCBM/PEDOT:PSS，经 30% 应变下拉伸 100 次仍能保持 96.7% 的初始效率[36]，如图 3-14（d）所示。但弹簧状可拉伸电池需要制备成一维结构，制备工艺不成熟、光照面积小、效率低等问题限制了其发展。

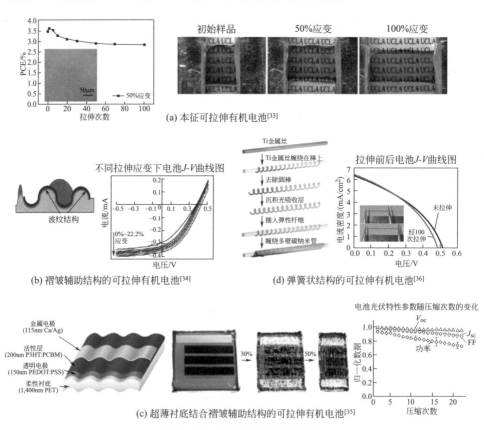

(a) 本征可拉伸有机电池[33]

(b) 褶皱辅助结构的可拉伸有机电池[34]

(d) 弹簧状结构的可拉伸有机电池[36]

(c) 超薄衬底结合褶皱辅助结构的可拉伸有机电池[35]

图 3-14　可拉伸有机太阳电池

3.4
柔性钙钛矿太阳电池

3.4.1 柔性钙钛矿太阳电池概述

从 2009 年至今的短短十年内，钙钛矿太阳电池（简称钙钛矿电池）效率从最初的 3.8% 快速提升至 25.2%，是光伏界的研究焦点。有机 - 无机钙钛矿薄膜具有 ABX_3 结构 [图 3-15(a)]，其中 $A=CH_3NH_3^+$、$HC(NH_2)_2^+$、Cs^+，$B=Pb^{2+}$、Sn^{2+}，$X=Cl^-$、Br^-、I^-。钙钛矿薄膜具有高载流子迁移率、微米级的载流子扩散长度、高吸收系数（10^5cm^{-3}）、急剧的吸收截止边、高缺陷容忍度以及可溶液法制备等特性。在器件结构上，钙钛矿电池主要分为介孔和平面两种结构。介孔结构是最早采用的钙钛矿电池结构，其核心是采用染料敏化电池中的介孔二氧化钛（TiO_2）[图 3-15(b)]。在介孔结构中，通常先沉积一层金属氧化物透明薄膜，再在其上沉积一层致密的金属氧化物作为电子传输层，接着在 450℃ 左右高温煅烧制备一层介孔 TiO_2 作为钙钛矿吸收层的支架层，然后再依次沉积钙钛矿、空穴传输层材料 Spiro-OMeTAD 以及金属电极。瑞士 Micheal Greazel 等是研究介孔结构钙钛矿电池的代表。平面结构钙钛矿电池采用平面的电子或空穴传输层，材料选择更广，器件结构也更多样。一般平面结构钙钛矿电池包括正型 N-I-P 结构 [图 3-15(c)] 以及反型 P-I-N 结构 [图 3-15(d)]，牛津大学的 Henry Snaith 等在平面结构钙钛矿电池方面做出了巨大贡献。目前介孔和平面结构的电池效率均超过 20%。虽然介孔结构的电池效率略高于平面结构，但是由于 TiO_2 材料极强的光催化特性，在光照下会分解钙钛矿，使得器件稳定性大幅降低。同时介孔 TiO_2 需要经受高温工艺，与柔性电池发展不兼容。因此，平面结构钙钛矿电池得到了越来越多的关注。

柔性钙钛矿薄膜太阳电池以聚合物或金属箔为衬底，具备高光电转换效率、高功率质量比（文献报道的最高值为 23W/g）、质轻、低成本、可弯折、可采用卷对卷制备工艺等特性，在很多领域存在潜在应用。首先，柔性钙钛矿电池可以作为便携功率源，而且可以与衣物、书包、帐篷等日常用品结合，这个在远离供电源的时候特别有用。其次，柔性钙钛矿电池可以作为民用或军用无人机的电源，增加无人机飞行距离。最后，由于柔性钙钛矿电池可以做成各种颜色或半透明，可以实现建筑一体化。

柔性钙钛矿电池的发展主要是新型柔性材料体系的采用，包括柔性衬底、透

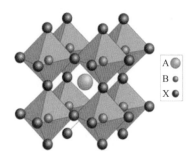

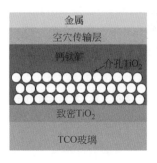

(a) 钙钛矿ABX₃结构

(b) 介孔结构钙钛矿电池

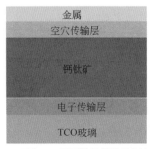

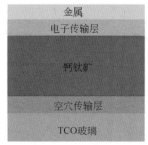

(c) 正向N-I-P平面结构钙钛矿电池

(d) 反型P-I-N平面结构钙钛矿电池

图3-15　钙钛矿太阳电池结构

明电极、载流子传输层材料等关键材料，通过采用新型柔性材料来提高柔性钙钛矿电池的光电转换效率、稳定性以及力学性能。

3.4.2　柔性钙钛矿太阳电池材料

柔性钙钛矿太阳电池光电、力学性能的提升与功能层材料及其特性的发展密切相关，主要包括柔性衬底、柔性透明电极以及低温制备的载流子传输层等关键材料，下面分别展开阐述。

柔性衬底包括聚合物、金属箔以及其他新兴材料等。相比玻璃衬底，采用聚合物、金属箔等柔性衬底可以使钙钛矿电池成本减少90%以上，而且相比PET、PEN等聚合物，Ti、Al等金属箔对电池成本的下降更显著。聚合物被广泛用作柔性电池的衬底，最主要的代表是PET、PEN、PI。但是聚合物普遍存在一些问题：①热稳定性较差。如PET、PEN、PI能耐的最高温度分别是150℃、200℃、350℃，这就限制了电池制备温度，使得聚合物衬底上钙钛矿电池无法采用介孔结构。②热膨胀系数较大。这会导致在加热冷却过程中，由于衬底和薄膜的热膨胀系数差别而在薄膜内形成较大热应力。③水汽阻隔特性较差。这对钙钛矿电池稳定性影响较大，往往需要额外沉积氧化硅（SiO$_x$）、氧化铝（Al$_2$O$_3$）或有机 - 无机阻隔膜。金属箔主要包括不锈钢、铝箔、铜箔等，金属箔具有成本低、导电性好、耐温性好等特性，但需要解决杂质扩散、表面粗糙度高等问题。另外，一维纤维状材料也可以作为衬底，在这类衬底上制备的电池具有较好的拉伸扭曲性能，更适用于可穿戴应用。此外，纸、织物等新兴柔性衬底也得到关注，但这些柔性衬底表面的高粗糙度导致目前在这类衬底上制备的柔性钙钛矿电池效率较低。

　　除了柔性衬底外，柔性透明电极在柔性钙钛矿电池性能发展中也起着重要作用。由于 ITO 在柔性显示、柔性光伏、柔性传感器等领域的广泛应用，柔性钙钛矿电池的主流透明电极仍然是 ITO 薄膜[37-39]。在聚合物上低温制备的 ITO 薄膜具备 $10\sim30\Omega$ 的方阻，以及可见光>80% 的平均透过率，基本满足钙钛矿电池对前电极光电特性的需求。然而 ITO 薄膜存在材料稀缺、脆性等缺点，在毫米曲率半径下弯折多次后易导致裂纹的形成和扩展，制约了柔性钙钛矿电池的耐弯折性。因此，寻找 ITO 的替代电极成为近几年柔性钙钛矿电池的研究热点。

　　目前银纳米线、银栅格、石墨烯、导电聚合物等柔性电极已经在钙钛矿电池中得到了成功应用。PEDOT:PSS 具有高电导率（>1000S/cm）、可采用溶液法低温制备等特性，是 ITO 薄膜的理想替代材料，Kaltenbrunner 等在超薄 PET 衬底上沉积 PEDOT:PSS 作为前电极，制备了总厚度约 3mm 的柔性钙钛矿电池。电池具有 23W/g 的功率质量比以及 12% 的稳定转换效率。更为重要的是，钙钛矿电池具备可拉伸性，在 51% 的压应变下电池光电性能没有明显变化[40]。Min Jae Ko 等在可形状记忆的光学胶 NOA 63 衬底上沉积 PEDOT:PSS 作为前电极，得到了 10.89% 的初始效率的钙钛矿电池。经 1mm 曲率半径下弯曲 1000 次后，电池效率仅从 10.75% 下降到 9.68%，而且电池还具备耐褶皱性，经任意形状褶皱后电池仍能工作，但效率下降到 6.1%，电池效率的下降主要是因为在<1mm 曲率半径弯折处薄膜因受较大应变导致裂纹的形成[41]。Yaowen Li 等在 PET 上制备 Ag 栅格 / 导电聚合物的复合电极作为柔性钙钛矿电池的前电极，该复合电极具有 3Ω 的方阻，以及 82%～86% 的可见光透过率，柔性钙钛矿电池具有 14% 的初始效率以及 1.96kW/kg 的功率质量比，而且经 5mm 曲率半径下弯曲 5000 次后仍保持 95% 的初始效率[42]。J. Yoon 等将化学气相沉积法得到的石墨烯沉积到 PEN 衬底上作为前电极，通过在其上沉积 MoO_3 层提高石墨烯的电导率，同时将石墨烯表面从疏水特性转变为亲水特性，有利于改善其上 PEDOT:PSS 空穴传输层的成膜特性，从而得到 16.8% 的初始转换效率，同时经 2mm 曲率半径下弯曲 1000 次后仍保持 90% 初始效率的柔性钙钛矿电池[43]。苏州大学唐建新等采用 AgNWs/PET 作为柔性钙钛矿电池前电极，采用通过溶胶凝胶法制备的 ZnO 薄膜作为 AgNWs 薄膜修饰层，有效降低其表面粗糙度，同时抑制纳米线连接处的焦

耳热反应。此外，为抑制 ZnO/AgNWs 与钙钛矿层的反应，引入原子层沉积制备的超薄 TiO_2 钝化层，有效抑制钙钛矿退火过程中的分解，并且对界面处电子提取也有促进作用。基于上述措施，柔性钙钛矿电池实现了 17.11% 的光电转换效率，同时呈现出良好的耐弯折性，在 6mm 曲率半径下弯曲 2000 次后仍然保持 77% 的初始效率[44]。上述研究结果表明，非 ITO 柔性透明电极能在不显著影响钙钛矿电池效率的前提下，赋予电池弯折、拉伸、褶皱等多种变形功能。表 3-6 罗列了 ITO 电极和非 ITO 电极的柔性钙钛矿电池效率及耐弯曲特性。图 3-16 显示了代表性非 ITO 前电极的柔性钙钛矿电池。

此外，低温制备的载流子传输层对柔性钙钛矿电池光电性能的提升也十分重要。其不仅需要具备高载流子迁移率、高透光率，同时需要具备与相邻电极、钙钛矿层相匹配的能级等特性[12]。电子传输层起提取电子抑制空穴传输的作用。TiO_2 材料的导带距离真空能级 4.1eV，略低于 $MAPbI_3$ 钙钛矿层的导带能级（相对真空能级 -3.9eV），有利于电子的传输，同时 TiO_2 具有约 3.0eV 高带隙宽度，使得其价带远低于钙钛矿层的价带位置，阻碍空穴的传输。为取代高温制备的介孔 TiO_2 层，研究者们采用原子层沉积、磁控溅射、电子束蒸发、溶液法等低温方法制备平面 TiO_2 薄膜作为电子传输层材料，得到了高转换效率的钙钛矿电池。ZnO 是另一种重要的电子传输层材料，其具有 -4.2eV 的导带能级、3.3eV 的高带隙宽度，有利于电子传输，同时抑制空穴。而且相对于 TiO_2，ZnO 具有较高的电导率。然而 ZnO 会导致钙钛矿分解，影响电池的稳定性。锡酸锌（Zn_2SnO_4）材料具有 -4.1eV 的导带能级以及 3.8eV 的高带隙宽度，同时具备合适的光电特性，也是常用的电子传输层材料。除了以上几类无机电子传输层材料外，PCBM 是常用的有机电子传输层材料，其 HOMO 和 LUMO 位置分别为 -6.0eV 和 -4.2eV，而且其具有高电子迁移率，常作为反型结构钙钛矿电池的界面层。另外，空穴传输层材料起提取空穴抑制电子传输的作用。最常见的是以 Spiro-OMeTAD 作为正型结构钙钛矿电池的空穴传输层，此外 PEDOT:PSS、PTAA、P3HT 等导电聚合物也经常作为空穴传输层材料。然而有机材料在成本以及化学稳定性上存在缺陷，最近氧化镍（NiO_x）、碘化铜（CuI）、硫氰酸亚铜（CuSCN）等无机材料作为空穴传输层材料被广泛研究。NiO_x、CuI、CuSCN 的价带位置分别为 -5.45eV、-5.2eV、-5.4eV，与钙钛矿材料 -5.4eV 的价带能级位置匹配，有利于空穴的传输，同时这些材料具有宽带隙以及合适的空穴迁移率，具备作为空穴传输层材料的条件。此外，碳纳米管、还原的氧化石墨烯等导电碳基材料也被广泛用作空穴传输层材料。宽泛的界面层材料可选择性为柔性钙钛矿电池的结构设计以及效率提升提供了保证。

表3-6　ITO电极和非ITO电极的柔性钙钛矿电池效率及耐弯曲特性

电池结构	V_{oc}/V	J_{sc}（mA/cm²）	FF	η/%	耐弯折性能
PET/ITO/Nb$_2$O$_5$/MAPbI$_3$-DS/Spiro-OMeTAD/Au[37]	1.103	22.48	0.742	18.4	经4mm曲率半径下弯曲5000次后保持82.6%的初始效率
PEN/ITO/C60/MAPbI$_3$/Spiro-OMeTAD/Au[38]	1.01	23.69	64.96	15.52	经5mm曲率半径下弯曲1000次后保持80%的初始效率
PEN/ITO/ZnO/MAPbI$_3$/Spiro-OMeTAD/Au[39]	0.9	21.92	62.67	12.34	经5mm曲率半径下弯曲500次后保持56.7%的初始效率
PET/PEDOT:PSS/CH$_3$NH$_3$PbI$_3$-xCl$_x$/PCBM/Cr$_2$O$_3$/Cr/Au（Cu，Al）[40]	0.93	17.5	0.76	12	
PET/Ag mesh/PH1000/PEDOT:PSS/MAPbI$_3$/PCBM/Al[41]	0.91	19.5	0.80	14.2	经5mm曲率半径下弯曲5000次后仍保持95.4%的初始效率
NOA63/PEDOT:PSS/Perovskite/PCBM/EGaIn[42]	0.941	16.51	0.701	10.89	经1mm曲率半径下弯曲1000次后仍保持90%的初始效率
PEN/graphene/PEDOT:PSS/MoO$_3$/MAPbI$_3$/C60/BCP/Al/LiF[43]	1.00	21.7	0.78	16.8	经2mm曲率半径下弯曲1000次后仍保持90%的初始效率

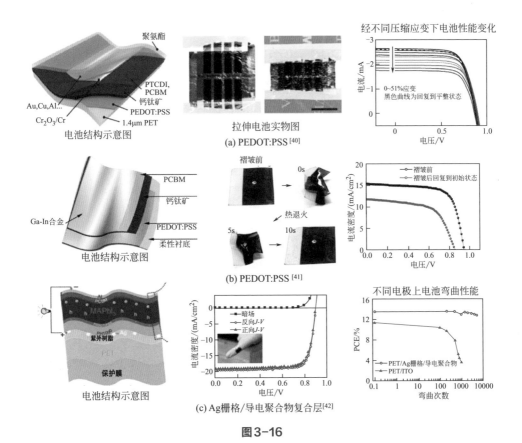

图3-16

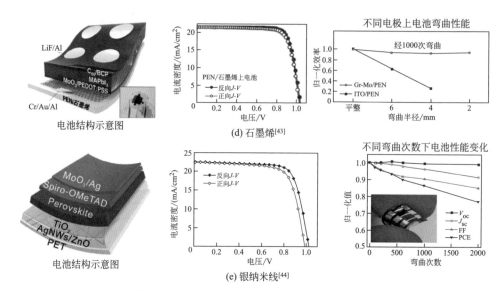

图3-16　代表性非ITO前电极的柔性钙钛矿电池

3.4.3　柔性钙钛矿太阳电池光电性能

图 3-17 显示了正型（N-I-P）及反型（P-I-N）结构柔性钙钛矿太阳电池光电转换效率的发展图。目前柔性钙钛矿电池的最高效率为 21.1%，其采用 N-I-P 正型结构。但柔性钙钛矿电池效率与玻璃刚性衬底上参比电池 25.2% 的效率相比仍有一定差距，需要进一步优化柔性衬底上功能层材料及界面特性。

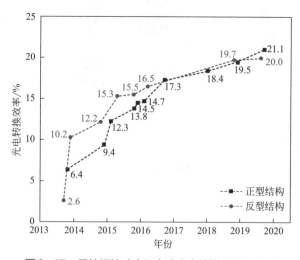

图3-17　柔性钙钛矿太阳电池光电转换效率发展图

3.4.4　柔性钙钛矿太阳电池力学性能

发展柔性钙钛矿电池的主要目的是赋予电池弯折、拉伸、扭曲等力学性能，拓宽太阳电池的应用领域。

弯折是最常见的力学性能，普遍认为柔性钙钛矿电池的弯折性能受钙钛矿层、透明电极材料共同影响。然而近期理论模拟及实验测试发现有机 - 无机钙钛矿材料具有良好的延展性，比如 $CH_3NH_3BX_3$（B=Sn，Pb；X=Br，I）材料的杨氏模量在 15～37GPa 之间，泊松比在 0.24～0.36 之间。因此，制约柔性钙钛矿电池弯折性能的是透明电极。如表 3-6 所示，采用 ITO 电极的柔性钙钛矿电池只能在 4mm 曲率半径下弯曲多次，而采用非 ITO 柔性电极的钙钛矿电池具有较好的弯曲性能，可耐 1mm 曲率半径下弯曲上千次。这进一步表明透明电极是制约柔性钙钛矿电池弯曲性能的主要因素。除了可弯曲电池外，可折叠电池由于具有减小尺寸、变换形状等功能，也得到了广泛关注。然而相比毫米曲率半径下的弯曲，折叠时器件要经历亚毫米曲率半径下的弯折，导致电池功能层受较大的应变或应力，使得器件效率下降甚至失效，给实现可折叠钙钛矿电池带来挑战。中科院宁波材料所宋伟杰团队通过采用超薄衬底调控无应变中性层位置，降低极端曲率半径下弯折时器件功能层内应变量，结合采用超薄金属透明电极替代脆性 ITO 电池，实现可折叠钙钛矿电池，并研究了折叠条件（角度、方向、折叠方式及次数）对电池光电性能的影响。发现钙钛矿电池经 50 次单折叠后仍保持＞84% 的初始效率，而经 10 次双折叠后仍保持＞55% 的初始效率。同时，从应力角度分析了不同折叠条件对电池效率影响的原因[45]。

除了弯折性外，拉伸性也是柔性电池力学性能的重要表现形式，成为柔性钙钛矿电池的研究热点。目前报道的实现可拉伸钙钛矿电池的方法主要包括波纹褶皱结构以及弹簧结构设计两大类。Martin Kaltenbrunner 等通过将总厚度约 3μm 的超薄钙钛矿电池粘贴于预拉伸的弹性体上，当释放弹性体应变后，电池为适应外部变形转变为波纹褶皱结构。由于采用波纹结构设计，同时超薄电池具有良好的耐弯折性，该柔性钙钛矿电池可耐 50% 压应变量（相当于 100% 拉应变量），同时具有 25% 应变量下可压缩 100 次的稳定性[40]。此外，复旦大学彭慧胜课题组采用弹簧结构设计，构筑 Ti 金属线 /TiO_2 纳米管 /$CH_3NH_3PbI_{3-x}Cl_x$/HTM/ 碳纳米管的钙钛矿太阳电池。该钙钛矿电池具有 5.22% 的初始转换效率，经 30% 应变量下拉伸 250 次后仍保持 90% 的初始效率[46]。

扭曲性也是力学性能的一种重要表现形式，复旦大学彭慧胜课题组制备的纤维结构钙钛矿电池具备良好的扭曲性能。他们通过采用阴极沉积技术在纤维状衬底上得到高质量钙钛矿晶体材料，使得纤维状钙钛矿电池效率达到 9.49%，为所有报道的全固态纤维状太阳电池的最高效率。纤维状钙钛矿电池不仅能耐弯曲，还能耐扭曲，经 500 次扭曲后还能保持 90% 的初始效率。这类纤维状太阳电池可以编织成织物，在可穿戴领域有广泛的应用前景[47]。

图 3-18 显示了折叠、拉伸、扭曲等复杂形变的钙钛矿电池。

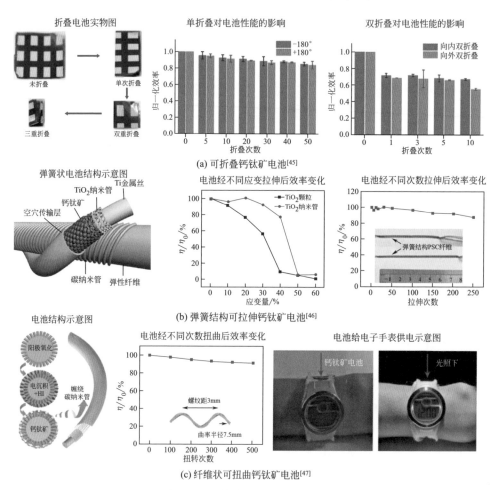

图 3-18　耐复杂形变的钙钛矿电池

3.4.5　柔性钙钛矿太阳电池制备技术

柔性钙钛矿太阳电池可以采用卷对卷制备工艺，便于大面积生产，大大降低生产成本。实验室常用的钙钛矿层制备方法是旋涂法（spin coating），但它不适合大面积产业化生产，而且旋涂时大量溶液喷射出衬底，导致溶液浪费。刮刀涂布（blade coating）是一种简单且适合大面积制备的涂布方法。在刮刀涂布时，先驱体墨水先滴定在衬底上，然后刮刀以一定速度作用于溶液表面，从而在衬底表面形成薄膜。然而刮涂方法仍存在一定的溶液浪费。夹缝式挤压涂布（slot-die coating）是另一种常用的涂布方法，先驱体溶液放入喷头，涂布时衬底移动，从而形成大面积薄膜。相比刮刀涂布，夹缝式挤压涂布能更加精确地控制薄膜结构、均匀性等，同时又不会造成溶液浪费。此外，喷涂法、丝网印刷、喷墨打印等方法也可以用于钙钛矿电池功能层的制备。图 3-19 显示了钙钛矿电池的代表性制备方法。在这些方法中最有希望大规模应用于产业化的是夹缝式挤压涂布法。K. Hwang 等采用涂布法制备载流子传输层、钙钛矿层等材料，卷对卷制备的 10mm^2 钙钛矿电池效率达 11.96%，采用相同方法也可实现 40cm^2 大面积钙钛矿组件的制备[48]。当然在卷对卷工艺中可以结合多种制备方法，以优化功能层特性，提高大面积电池效率。

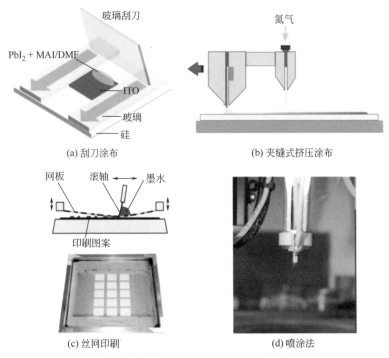

(a) 刮刀涂布　　　　　　　　　　(b) 夹缝式挤压涂布

(c) 丝网印刷　　　　　　　　　　(d) 喷涂法

图 3-19　钙钛矿电池代表性制备方法

3.4.6　柔性钙钛矿太阳电池稳定性

柔性钙钛矿电池要走向商业化应用，提高其稳定性必不可少。与刚性基底上钙钛矿电池一样，柔性钙钛矿电池效率衰减主要是由于钙钛矿层的分解，其稳定

性主要受湿度、温度、氧气、光照（特别是紫外线）、电场偏压等因素影响。虽然柔性钙钛矿电池发展才几年，但研究者们已经开始关注其稳定性问题。表 3-7 总结了柔性钙钛矿电池稳定性的研究进展。为提高柔性钙钛矿电池的稳定性，研究者们主要从选择合适的功能层材料以及封装技术两方面入手。

由于钙钛矿电池受湿度影响很大，因此减少水汽对功能层的影响是提高电池稳定性的重要手段。通过采用无机载流子传输材料替代有机载流子传输材料来提高稳定性得到广泛关注。在钙钛矿薄膜方面，在晶界处引入介质层来钝化缺陷同时阻隔水汽是提高稳定性的常用手段。此外，由于金属电极易发生氧化或与碘反应，选择合适的金属材料也十分重要。有研究者提出采用 Cr/Cr_2O_3 缓冲层有利于提高钙钛矿电池在大气条件下的稳定性，相比未采用缓冲层的参比电池只能稳定 1000s，采用缓冲层的电池放置 10h 后效率仅从 12% 下降到 9.6%[40]。除了湿度外，实际工作中光照及电场对钙钛矿电池的稳定性也不可忽略。在实际工作中，钙钛矿薄膜内部的离子沿晶界发生定向迁移是导致电池效率衰退的重要原因。研究者提出采用有机交联剂抑制离子沿晶界的迁移，从而提高钙钛矿电池在实际工作中的稳定性。

除了选用合适的材料外，封装是提高柔性钙钛矿电池稳定性的重要手段。传统的封装工艺是通过层压技术将组件夹到两块玻璃间，但是这样封装的组件失去了柔性功能，因此柔性钙钛矿电池理想的封装方式是采用阻隔薄膜。理想的阻隔材料需要具备柔性、低水汽透过率、低损、制备工艺简单等特性。常用的柔性阻隔薄膜包括 Al_2O_3 无机材料和有机/无机复合材料等。Hasitha C. Weerasinghe 等[49] 采用 240μm 厚、水汽透过率 $1 \times 10^{-3} g/(m^2 \cdot d)$、可见光透过率 89% 的阻隔薄膜 Viewbarriers（Mitsubishi Plastic，Inc），评价了局部封装与完全封装两种方式下钙钛矿电池的大气（湿度 30%～80%）稳定性 [图 3-20（a）]。发现无论哪种封装方式都有助于提高电池的稳定性，进一步相比于局部封装，完全封装的钙钛矿电池稳定性更好。未封装的材料在大气下放置 100h 后效率开始显著下降，而局部封装的材料经过 400h 后仍保持 80% 的初始效率，之后效率开始显著下降，完全封装的材料经过 500h 后效率还很稳定 [图 3-20（b）]。进一步通过观察与封装电池连接的 Ca 薄膜颜色变化监测大气下电池的稳定性 [图 3-20（c）]。当 Ca 与水汽或氧气反应时会转变为无色的 CaO 或 $Ca(OH)_2$，因此通过颜色的变化可以间接反映电池的稳定性。可以看到完全封装电池上 Ca 薄膜变色要滞后于部分封装电池，这与电池效率测试结果一致。一般水汽通过边缘进入部分封装电池，而要进入完全封装电池需要通过 Cu 导线。

表3-7　柔性钙钛矿电池稳定性研究进展

电池结构	湿度/%	温度/℃	时间	初始效率/%	最终效率/%	备注
PET/IZO/TiO₂/CH₃NH₃PbI₃/SM/Au[49]	30～80	22.5	约100h	12	0.6	未封装
			约400h	12	9.6	局部封装
			>500h	12	12	完全封装
PET/PEDOT:PSS/MAPbI₃/PCBM/Cr/Au[40]	大气		1000s	12	12	未封装
PET/PEDOT:PSS/MAPbI₃/PCBM/Cr₂O₃/Cr/Au[40]	大气		10h	12	9.6	未封装
PET/ITO/TiO₂/MAPbI₃/CNT[47]	大气		150h	9.49	9.49	未封装
PET/Ag-mesh/PH1000-PEDOT:PSS/MAPbI₃-PCBM/Al[42]		室温	500h	13.7	12.2	未封装
		45	500h	13.7	9.6	未封装
		70	约97h	13.7	5.15	未封装
PET/IZO/TiO₂/MAPbI₃/SM/Au[50]	40～80	22.5	600h	13.4	9.38	未封装
PET/IZO/ZnO/MAPbI₃/SM/Au[50]	40～80	22.5	600h	10.3	3.09	未封装

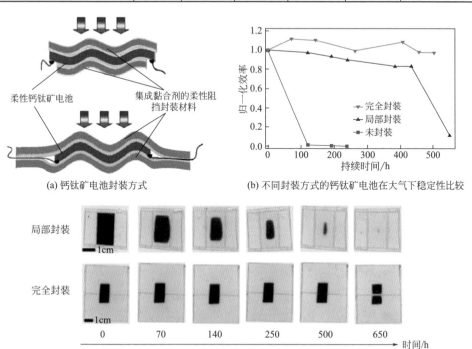

(a) 钙钛矿电池封装方式

(b) 不同封装方式的钙钛矿电池在大气下稳定性比较

(c) 不同封装方式的钙钛矿电池上Ca薄膜颜色随大气下放置时间的变化

图3-20　钙钛矿电池封装[49]

3.5
柔性染料敏化太阳电池

3.5.1 柔性染料敏化太阳电池概述

作为钙钛矿太阳电池的前身，染料敏化太阳电池（dye-sensitized solar cell，DSSC）在 20 世纪 90 年代得到了飞速发展。染料敏化太阳电池（简称染料敏化太阳电池）主要是通过模仿植物的光合作用原理而制备出的一种廉价太阳电池。1991 年，瑞士联邦理工学院的 M. Grätzel 教授及其团队将 DSSC 电池的光电转换效率提高到 7%，引起人们的广泛关注。之后 DSSC 电池效率持续提升到 13% 以上。至今为止，有几家公司生产染料敏化太阳电池，如 Solaronix 公司、Dyesol 公司、索尼公司、G24 公司等，开拓 DSSC 电池在建筑、民用等领域的应用。

染料敏化太阳电池是由导电基板、光阳极、染料敏化剂、电解质以及对电极（光阴极）组成的三明治结构，如图 3-21（a）所示。导电基板一般为玻璃基 FTO。光阳极是 TiO_2、ZnO、SnO、五氧化二铌（Nb_2O_5）等半导体氧化物，其作为光生载流子的传输层以及吸附染料的载体。其中 TiO_2 是一种宽带隙半导体，因其具有较好的化学稳定性、价格低廉、来源广泛等优点，成为最常见的光阳极用纳米半导体多孔膜材料。敏化剂是吸附在纳米半导体薄膜表面的染料分子，其主要用来吸收太阳光。常用的高效敏化剂为钌系有机物，如 N719、N3 等。电解质存在于光阳极和对电极之间，起传输电子和再生染料的作用。电解质可分为液体、准固体、固体。目前应用最多的主要是 I_3^-/I^- 液态电解质体系，这主要是因为其在多孔半导体薄膜中有较好的渗透性、与染料分子快速的再生反应，以及与注入光电子间非常缓慢的电子复合反应。对电极采用沉积在导电材料上的铂（Pt）电极，其主要起催化和导电作用。由于铂金属价钱昂贵，目前也有 Pt 电极的替代体系，如碳、硫化物、氮化物、高分子材料以及复合材料等。

染料敏化太阳电池的基本工作原理如图 3-21（b）所示，电池的核心思想是将光吸收和电子传输过程分开，主要分为如下六个过程：①染料分子吸收太阳光后，电子从基态跃迁到激发态；②处于激发态的电子不太稳定，会以非常快的速率注入能级较低的 TiO_2 导带中，同时染料分子发生氧化；③注入 TiO_2 导带中的电子通过介孔网络传输到导电基板（如 FTO）；④电子经外电路运输到对电极（如 Pt），产生工作电流；⑤电解液中的氧化还原电对将氧化态染料分子中的空穴还原，使氧化态染料分子回到基态，实现染料的再生；⑥氧化态电解质（I_3^-

扩散到对电极得到电子，生成还原态离子（I⁻），从而整个电路得到再生并完成一个光电化学反应的循环。然而光生电子在电池内部传递过程中，会发生电荷复合过程，主要分为如下两种情况：① TiO_2 导带中的电子与氧化态染料发生复合；② TiO_2 导带中的电子与电解质中的氧化态离子复合。这两个过程会对电池性能产生影响，要尽量避免。

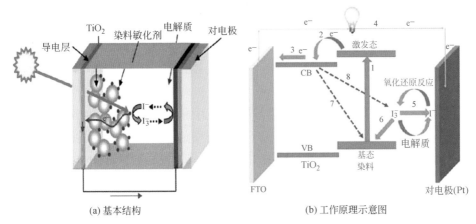

(a) 基本结构　　　(b) 工作原理示意图

图3-21　染料敏化太阳电池

　　相对于刚性玻璃衬底上的染料敏化太阳电池，基于柔性衬底的 DSSC 具有高功率质量比、柔性、易运输等优点，吸引了人们较大的兴趣。然而柔性 DSSC 的光电转换效率相比于玻璃衬底的器件较低，最高效率为 7%~8%。特别是近几年来在染料敏化电池基础上发展起来的钙钛矿电池效率已经攀升到 23% 以上，因此人们对于柔性 DSSC 的关注度日益减少。但是柔性 DSSC 的研究经验可为柔性钙钛矿电池研究提供借鉴价值，有助于其效率的不断提升。下面聚焦柔性染料敏化太阳电池光电转换效率的发展，重点介绍柔性导电衬底、半导体光阳极以及对电极材料及结构的优化。

3.5.2　柔性染料敏化太阳电池导电衬底及对电极

　　传统染料敏化电池导电衬底 FTO 或 ITO 玻璃的突出问题是较硬、质量大和成本高。在过去几年里，镀 ITO 薄膜的 PET 或 PEN 导电衬底被广泛用来制作柔性 DSSC，其不仅可以作为导电衬底，也可以作为对电极材料使用。然而聚合物衬底耐温性较差，会限制 TiO_2 半导体薄膜的制备温度，影响光阳极性能。金属因具有高的耐温性，也被用作柔性 DSSC 的导电衬底，最常见的是不锈钢、钛箔、钨箔。其中由于钛箔表面在高温处理时会生成 TiO_2，使得其与光阳极 TiO_2

薄膜间的电子传输不存在势垒，因而成为最常采用的一类金属衬底。然而金属衬底不透光，这就需要对电极具有较高的光透过率。但是当光从对电极进入时，会被对电极及电解质部分吸收而造成光损失。为此有研究者提出采用金属网格作为导电衬底，以解决金属衬底的不透明性问题。除了上述平面结构衬底外，研究者还采用纤维状导电衬底制备纤维状柔性 DSSC。跟平面结构电池相比，纤维状电池具有柔性、可编织性及 360°受光等优势，在可穿戴领域具有应用前景。2008年，北京大学邹德春教授率先将纤维结构引入 DSSC 体系中，实现了缠绕式纤维状 DSSC 的制备，通过优化二氧化钛多孔薄膜制备工艺及结构，纤维状 DSSC 转换效率提升至 7%～8%[51]。他们采用的纤维状 DSSC 基底为钛丝和不锈钢丝，对电极是 Pt 丝。在金属丝表面沉积 TiO₂ 薄膜最初采用提拉法，但这种方法不易控制薄膜厚度，而且 TiO₂ 颗粒与纤维基底附着力弱，电池发生弯曲形变时薄膜易脱落。随后他们采用阳极氧化法改善了电池的稳定性、重复性及柔性。此外，彭慧胜课题组在钛丝上生长 TiO₂ 纳米管基工作电极，以碳纳米管纤维作为对电极，结合多硫电解液，制备的柔性 DSSC 光电转换效率达到 7.3%[52]。其他新型材料，如超薄柔性玻璃、纸等也被用作柔性 DSSC 衬底。

柔性 DSSC 对电极承载着收集外电路电子和使电解液中的氧化还原电对循环再生的作用，因此柔性对电极需要具备催化及导电的双重功能。另外，当光阳极采用金属基板时，对电极还需要具备高透光性。目前柔性 DSSC 对电极主要以镀有少量 Pt 的 ITO/PEN（PET）为主，制备柔性铂对电极可采用磁控溅射、真空蒸镀、化学镀以及电化学镀等方法。肖尧明等采用真空热分解法在柔性 ITO/PEN 衬底上于 120℃下制备了高效透明柔性铂对电极，获得的铂对电极在柔性 DSSC 中显示出较好的化学稳定性、良好的透光性及对 I₃⁻/I⁻ 电解质较高的催化性能，电池转换效率达到 5.14%[53]。Yu-Hsuan Wei 等采用电化学脉冲沉积方式在 ITO/PET 上制备了包覆有铂纳米粒的柔性对电极，电池最终转换效率为 4.3%[54]。虽然 Pt 的电催化活性较好，但其价格较昂贵，而且长期使用存在被电解质腐蚀的问题，因而研究人员探索价格更低、催化效率高、导电性能较好的替代材料。碳材料作为一种高化学热稳定性、高导电性以及较好催化活性的材料，是最有潜力的替代材料之一。目前研究较多的是活性炭、碳纳米管、石墨烯等。林原等采用介孔碳/ITO/PEN 为对电极制备了柔性 DSSC，电池效率为 4.79%，但低于相同制备条件下铂对电极参比电池的效率（6.74%）[55]。此外，其他金属或聚合物材料，或者将其与金属 Pt 复合的材料也被研究作为对电极。Ling-Yu Chang 等将镍纳米粒和聚 3,3-乙烯二氧噻吩：聚苯乙烯磺酸酯（PEDOT:PSS）的复合材料沉积在 FTO 基板上制备了对电极，电池效率达到 7.81%，高于 Pt 对电极参比电池

7.63% 的效率[56]。Benlin He 等采用聚偏二氟乙烯（PVDF）植入钴铂合金的对电极制备了 DSSC，电池效率达到 7.61%[57]。Lee 等采用 PProDOT-Et$_2$ 为柔性 DSSC 的对电极，电池效率达到了 5.2%，而相同条件下制备的铂对电极 DSSC 转换效率则为 5.11%[58]。

3.5.3 柔性染料敏化太阳电池光阳极

除了柔性导电衬底以及对电极外，在柔性导电基底上制备高性能的 TiO$_2$ 介孔薄膜光阳极是实现高效柔性染料敏化太阳电池的关键因素。目前的研究重点是如何通过化学或物理手段改善 TiO$_2$ 颗粒与颗粒之间，以及 TiO$_2$ 颗粒与导电基板之间的结合力，同时降低晶界电子传输阻力并减少电子背反应损失。TiO$_2$ 光阳极的制备方法可大致分为低温法及高温法。

当采用塑料柔性衬底时，由于聚合物较低的热稳定性，需要开发低温 TiO$_2$ 介孔薄膜制备工艺。最常见的是通过添加化学助剂制备出适用于刮涂、旋涂或丝网印刷等成膜方法的浆料。研究者将 TiO$_2$ 纳米颗粒粉末与钛的醇盐按一定比例混合制成浆料并刮涂制成电极，电极在干燥后进行水热处理使 TiO$_2$ 颗粒表面的非晶态转变为结晶态，提高颗粒之间的连接，柔性 DSSC 效率达到 2.5%[59]。但是这种方法制备过程较为烦琐。随后有研究者在 TiO$_2$ 浆料中加入结晶态的 TiO$_2$ 溶胶，作为大颗粒间的连接剂，可省略后续水热处理，简化制备过程[60]。此外，通过在 TiO$_2$ 浆料中添加酸或碱，可以改变纳米微粒的相互作用，对电极的成膜特性有很大帮助。电泳沉积法是通过带电 TiO$_2$ 纳米粒子在电场中向带有相反电荷的柔性基底定向移动来实现的。这种方法具有只需要分散性较好的纳米颗粒分散液、薄膜厚度易控制、对基底形状尺寸没有限制等优点，适宜于大规模生产。但在电泳沉积过程中，颗粒与颗粒之间通过静电力相互吸引成膜，结合力相对较弱，需要通过后处理或多次电泳沉积法提高薄膜性能。Grinis 等通过在一次沉积的 TiO$_2$ 纳米颗粒上沉积一层非晶态 TiO$_2$ 颗粒层提高颗粒间的相互连接，进一步沉积一层 MgO 绝缘层抑制电子复合，提高电池开路电压，最终实现电池效率达到 6.2%[61]。由于 TiO$_2$ 薄膜中纳米颗粒在外力作用下相互挤压可以形成有效连接，从而提高电子传输效率，因此通过在电极两端施加一定压力提高电池性能的方法发展非常迅速。Yamaguchi 等采用压力法在 ITO/PEN 塑料基底上制备光阳极，通过优化压力大小、TiO$_2$ 薄膜厚度以及衬底表面处理方式，在 AM1.5 光照下，0.25cm^2 及 1.11cm^2 柔性电池效率分别达到 8.1% 和 7.6%[62]。相比常规机械压力法，冷等静压是通过将样品真空密封后投入液体介质中，对液体施加一定压力，提高材料的致密度。由于冷等静压是不同方向均匀受压，因而适合任意形状的电极，

制备得到的电池效率也较高。此外，电喷涂法、化学气相沉积法、微波处理法也被用于低温 TiO$_2$ 薄膜的制备。图 3-22 列举了低温 TiO$_2$ 薄膜制备方法及电池光电性能。

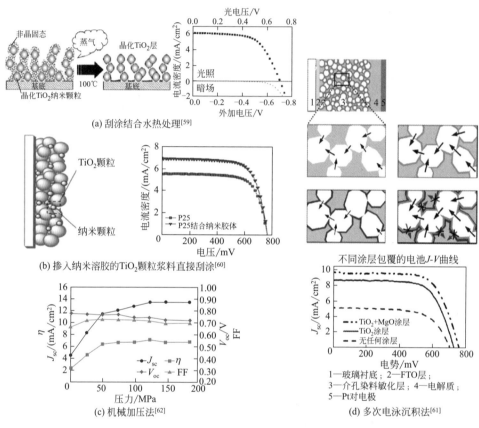

图3-22 低温 TiO$_2$ 薄膜制备方法及电池光电性能

当使用耐高温的金属衬底时就可以采用高温烧结工艺制备 TiO$_2$ 薄膜，使得 TiO$_2$ 纳米颗粒间连接较充分，电子传输效率较高。但是如前所述，由于金属的不透光性，需要从对电极进光，电解质和对电极的吸收对电池效率有一定影响，此外金属 /TiO$_2$ 界面处电子与电解质复合严重，一般需要在金属基底上制备过渡层。Kang 等在不锈钢基底上溅射沉积了 SiO$_x$ 过渡层和 ITO 导电层作为导电基底，采用刮涂法制备 TiO$_2$ 光阳极，并经 470℃ 高温烧结制成电池，柔性电池效率为 4.2%[63]。Park 等制备类似结构的电池，效率达到 8.6%[64]。

为结合金属衬底上高性能 TiO$_2$ 薄膜以及塑料衬底高透光性的特点，研究者提出了转移法。在这个过程中，如何在剥离过程中保持 TiO$_2$ 薄膜的完整性以及实现薄膜与柔性塑料基底间的牢固结合是关键。Dürr 等在镀有 Au 的玻璃上沉积 TiO_2 纳米颗粒并做烧结处理，Au 被溶解后剥离出来的 TiO_2 纳米薄膜转移至事先沉积了作为连接层的小颗粒 TiO_2 的导电基底上，结合后续加压处理和低温烧结制备光阳极（如图 3-23 所示），柔性 DSSC 效率达到 5.8%[65]。Kim 等提出热释法实现 TiO_2 膜从刚性基底的剥离，主要利用脉冲激光作用使 TiO_2 膜受热，与玻璃基底间产生热弹力从而完整剥离下来，剥离下来的 TiO_2 膜在压力作用下转移到导电基底上，构建的柔性 DSSC 效率达到 5.68%，弯曲 500 次未观察到效率的明显下降[66]。

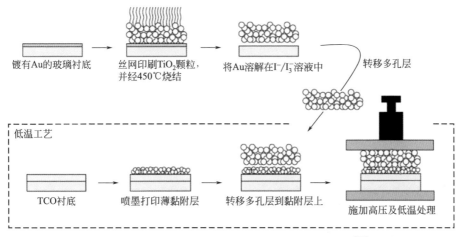

图3-23 剥离转移法制备TiO_2纳米薄膜技术路线图[65]

参考文献

[1] Feurer T, Reinhard P, Avancini E, et al. Progress in thin film CIGS photovoltaics-Research and development, manufacturing, and applications [J]. Prog Photovolt: Res Appl, 2017, 25: 45-667.

[2] Reinhard P, Chirilă A, Blösch P, et al. Review of progress toward 20% efficiency flexible CIGS solar cells and manufacturing issues of solar modules [J]. IEEE Journal of Photovoltaics, 2013, 3: 572-580.

[3] Romeo A, Terheggen M, Abou-Ras D, et al. Development of thin-film Cu(In, Ga)Se$_2$ and CdTe solar cells [J]. Prog Photovolt: Res Appl, 2004, 12: 93-111.

[4] Chirilă A, Buecheler S, Pianezzi F, et al. Highly efficient Cu(In, Ga)Se$_2$ solar cells grown on flexible polymer films [J]. Nature Materials, 2011, 10: 857-861.

[5] Blösch P, Chirilă A, Pianezzi F, et al. Comparative study of different back-contact designs for high-efficiency CIGS solar cells on stainless steel foils [J]. IEEE Journal of Photovoltaics,

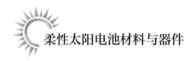
2011, 1: 194-199.

[6] Reinhard P, Pianezzi F, Bissig B, et al. Cu（In，Ga）Se₂ thin-film solar cells and modules——A boost in efficiency due to potassium [J]. IEEE Journal of Photovoltaics, 2015, 5: 656-663.

[7] Efficiency record set for flexible CdTe solar cell [R]. 2011, https: //www. photonics. com/ Article. aspx? AID=47412.

[8] Kranz L, Gretener C, Perrenoud J, et al. Doping of polycrystalline CdTe for high-efficiency solar cells on flexible metal foil [J]. Nature Communications, 2013, 4: 2306.

[9] Mahabaduge H P, Rance W L, Burst J M, et al. High-efficiency, flexible CdTe solar cells on ultra-thin glass substrates [J]. Applied Physics Letters, 2015, 106: 133501.

[10] Yan B, Yue G, Sivec L, et al. Innovative dual function nc-SiO$_x$: H layer leading to a>16% efficient multi-junction thin-film silicon solar cell [J]. Applied Physics Letters, 2011, 99: 113512.

[11] Ichikawa Y, Yoshida T, Hama T, et al. Production technology for amorphous silicon-based flexible solar cells [J]. Solar Energy Materials & Solar Cells, 2001, 66: 107-115.

[12] van den Donker M N, Gordijn A, Stiebig H, et al. Flexible amorphous and microcrystalline silicon tandem solar modules in the temporary superstrate concept [J]. Solar Energy Materials & Solar Cells, 2007, 91: 572-580.

[13] de Jong M M, Sonneveld P J, Baggerman J, et al. Utilization of geometric light trapping in thin film silicon solar cells: simulations and experiments [J]. Prog Photovolt: Res Appl, 2014, 22: 540-547.

[14] Wilken K, Paetzold U W, Meier M, et al. Nanoimprint texturing of transparent flexible substrates for improved light management in thin-film solar cells [J]. Phys Status Solidi RRL, 2015, 9（4）: 215-219.

[15] Leung S F, Tsui K H, Lin Q, et al. Large scale, flexible and three-dimensional quasiordered aluminum nanospikes for thin film photovoltaics with omnidirectional light trapping and optimized electrical design [J]. Energy Environ Sci, 2014, 7: 3611.

[16] Lin Q, Lu L, Tavakoli M M, et al. High performance thin film solar cells on plastic substrates with nanostructure-enhanced flexibility [J]. Nano Energy, 2016, 22: 539-547.

[17] Águas H, Mateus T, Vicente A, et al. Thin film silicon photovoltaic cells on paper for flexible indoor applications [J]. Adv Funct Mater, 2015, 25: 3592-3598.

[18] van der Werf C H M, Budel T, Dorenkamper M S, et al. Amorphous silicon solar cells on nano-imprinted commodity paper without sacrificing efficiency [J]. Phys Status Solidi RRL, 2015, 9（11）: 622-626.

[19] Myong S Y, Jeon L S, Kwon S W. Superstrate type flexible thin-film Si solar cells using flexible glass substrates [J]. Thin Solid Films, 2014, 550: 705-709.

[20] Duan J, Fang X, Wang W, et al. A study of superstrate amorphous silicon thin film solar cells and modules on flexible BZO glass [J]. Phys Status Solidi A, 2017, 214（2）: 1600698.

[21] Plentz J, Andrä G, Pliewischkies T, et al. Amorphous silicon thin-film solar cells on glass fiber textile [J]. Materials Science and Engineering B, 2016, 204: 34-37.

[22] Vijh A, Yang X, Du W, et al. Triple-junction amorphous silicon-based flexible solar

minimodule with integrated interconnects [J]. Solar Energy Materials & Solar Cells, 2006, 90: 2657-2664.

[23] Yu G, Gao J, Hummelen J C, et al. Polymer photovoltaic cells: Enhanced efficiencies via a network of internal donor-acceptor heterojunctions [J]. Science, 1995, 270: 1789-1791.

[24] Zhao B, He Z, Cheng X, et al. Flexible polymer solar cells with power conversion efficiency of 8.7% [J]. J Mater Chem C, 2014, 2: 5077.

[25] Kim N, Kang H, Lee J-H, et al. Highly conductive all-plastic electrodes fabricated using a novel chemically controlled transfer-printing method [J]. Adv Mater, 2015, 27: 2317.

[26] Song W, Fan X, Xu B, et al. All-solution-processed metal-oxide-free flexible organic solar cells with over 10% efficiency [J]. Adv Mater, 2018, 30: 1800075.

[27] Seo J H, Hwang I, Um H D, et al. Cold isostatic-pressured silver nanowire electrodes for flexible organic solar cells via room-temperature processes [J]. Adv Mater, 2017, 29: 1701479.

[28] Kang H, Jung S, Jeong S, et al. Polymer-metal hybrid transparent electrodes for flexible electronics [J]. Nature Communication, 2015, 6: 6503.

[29] Ou Q D, Xie H J, Chen J D, et al. Enhanced light harvesting in flexible polymer solar cells: synergistic simulation of a plasmonic metamirror and a transparent silver mesowire electrode [J]. J Mater Chem A, 2016, 4: 18952.

[30] Park H, Chang S, Zhou X, et al. Flexible graphene electrode-based organic photovoltaics with record-high efficiency [J]. Nano Lett, 2014, 14: 5148-5154.

[31] Kim T, Kim J H, Kang T E, et al. Flexible, highly efficient all-polymer solar cells [J]. Nature Communications, 2015, 6: 8547.

[32] Li H, Liu X, Wang W, et al. Realization of foldable polymer solar cells using ultrathin cellophane substrates and ZnO/Ag/ZnO transparent electrodes [J]. Sol RRL, 2018, 2: 1800123.

[33] Li L, Liang J, Gao H, et al. A solid-state intrinsically stretchable polymer solar cell [J]. ACS Appl Mater Interfaces, 2017, 9: 40523-40532.

[34] Lipomi D J, Tee B C-K, Vosgueritchian M, et al. Stretchable organic solar cells [J]. Adv Mater, 2011, 23: 1771-1775.

[35] Kaltenbrunner M, White M S, Głowacki E D, et al. Ultrathin and lightweight organic solar cells with high flexibility [J]. Nature Communications, 2012, 3: 770.

[36] Zhang Z, Yang Z, Deng J, et al. Stretchable polymer solar cell fibers [J]. Small, 2015, 11: 675-680.

[37] Feng J, Zhu X, Yang Z, et al. Record efficiency stable flexible perovskite solar cell using effective additive assistant strategy [J]. Adv Mater, 2018, 30: 1801418.

[38] Yoon H, Kang S M, Lee J K, et al. Hysteresis-free low-temperature-processed planar perovskite solar cells with 19.1% efficiency [J]. Energy Environ Sci, 2016, 9: 2262.

[39] Jung K, Lee J, Kim J, et al. Solution-processed flexible planar perovskite solar cells: A strategy to enhance efficiency by controlling the ZnO electron transfer layer, PbI_2 phase, and $CH_3NH_3PbI_3$ morphologies [J]. Journal of Power Sources, 2016, 324: 142-149.

[40] Kaltenbrunner M, Adam G, Głowacki E D, et al. Flexible high power-per-weight perovskite

solar cells with chromium oxide-metal contacts for improved stability in air [J]. Nature Materials, 2015, 14: 1032-1039.

[41] Park M, Kim H J, Jeong I, et al. Mechanically recoverable and highly effi cient perovskite solar cells: Investigation of intrinsic flexibility of organic-inorganic perovskite [J]. Adv Energy Mater, 2015, 5: 1501406.

[42] Li Y, Meng L, Yang Y (Michael), et al. High-efficiency robust perovskite solar cells on ultrathin flexible substrates [J]. Nature Communications, 2016, 7: 10214.

[43] Yoon J, Sung H, Lee G, et al. Superflexible, high-efficiency perovskite solar cells utilizing graphene electrodes: towards future foldable power sources [J]. Energy Environ Sci, 2017, 10: 337.

[44] Jin T Y, Li W, Li Y Q, et al. High-performance flexible perovskite solar cells enabled by low-temperature ALD-assisted surface passivation [J]. Adv Optical Mater, 2018: 1801153.

[45] Li H, Li X, Wang W, et al. Highly foldable and efficient paper-based perovskite solar cells [J]. Solar RRL, 2019: 1800317.

[46] Deng J, Qiu L, Lu X, et al. Elastic perovskite solar cells [J]. J Mater Chem A, 2015, 3: 21070.

[47] Qiu L, He S, Yang J, et al. An all-solid-state fiber-type solar cell achieving 9.49% efficiency [J]. J Mater Chem A, 2016, 4: 10105.

[48] Hwang K, Jung Y S, Heo Y J, et al. Toward large scale roll-to-roll production of fully printed perovskite solar cells [J]. Adv Mater, 2015, 27: 1241-1247.

[49] Weerasinghe H C, Dkhissi Y, Scully A D, et al. Encapsulation for improving the lifetime of flexible perovskite solar cells [J]. Nano Energy, 2015, 18: 118-125.

[50] Dkhissi Y, Meyer S, Chen D, et al. Stability comparison of perovskite solar cells based on zinc oxide and titania on polymer substrates [J]. ChemSusChem, 2016, 9: 687-695.

[51] Liu G, Peng M, Song W, et al. An 8.07% efficient fiber dye-sensitized solar cell based on a TiO_2 micron-core array and multilayer structure photoanode [J]. Nano Energy, 2015, 11: 341-347.

[52] Pan S, Yang Z, Li H, et al. Efficient dye-sensitized photovoltaic wires based on an organic redox electrolyte [J]. J Am Chem Soc, 2013, 135: 10622-10625.

[53] 肖尧明, 吴季怀, 程存喜, 等. 低温制备高效透明铂对电极及其在柔性染料敏化太阳能电池中的应用 [J]. 科学通报, 2012, 57: 970-975.

[54] Wei Y H, Chen C S, Ma C C M, et al. Electrochemical pulsed deposition of platinum nanoparticles on indium tin oxide/polyethylene terephthalate as a flexible counter electrode for dye-sensitized solar cells [J]. Thin Solid Films, 2014, 570: 277-281.

[55] 林原, 王尚华, 付年庆, 等. 柔性染料敏化太阳电池的制备和性能研究[J]. 化学进展, 2011, 23: 548-556.

[56] Chang L Y, Li Y Y, Li C T, et al. A composite catalytic film of Ni-NPs/PEDOT: PSS for the counter electrodes in dye-sensitized solar cells [J]. Electrochimica Acta, 2014, 146: 697-705.

[57] He B, Tang Q, Meng X, et al. Poly (vinylidene fluoride) -implanted cobalt-platinum alloy counter electrodes for dye-sensitized solar cells [J]. Electrochimica Acta, 2014, 147: 209-215.

[58]　Lee K M, Hsu C Y, Chen P Y, et al. Highly porous PProDOT-Et$_2$ film as counter electrode for plastic dye-sensitized solar cells [J]. Phys Chem Chem Phys, 2009, 11: 3375-3379.

[59]　Zhang D, Yoshida T, Furuta K, et al. Hydrothermal preparation of porous nano-crystalline TiO$_2$ electrodes for flexible solar cells [J]. Journal of Photochemistry and Photobiology A: Chemistry 2004, 164: 159-166.

[60]　Li Y, Lee W, Lee D K, et al. Pure anatase TiO$_2$ "nanoglue": An inorganic binding agent to improve nanoparticle interconnections in the low-temperature sintering of dye-sensitized solar cells [J]. Applied Physics Letters, 2011, 98: 103301.

[61]　Grinis L, Kotlyar S, Rühle S, et al. Conformal nano-sized inorganic coatings on mesoporous TiO$_2$ films for low-temperature dye-sensitized solar cell fabrication [J]. Adv Funct Mater, 2010, 20: 282-288.

[62]　Yamaguchi T, Tobe N, Matsumoto D, et al. Highly efficient plastic-substrate dye-sensitized solar cells with validated conversion efficiency of 7.6% [J]. Solar Energy Materials & Solar Cells, 2010, 94: 812-816.

[63]　Kang M G, Park N G, Ryu K S, et al. A 4.2% efficient flexible dye-sensitized TiO$_2$ solar cells using stainless steel substrate [J]. Solar Energy Materials & Solar Cells, 2006, 90: 574-581.

[64]　Park J H, Jun Y, Yun H G, et al. Fabrication of an efficient dye-sensitized solar cell with stainless steel substrate [J]. Journal of The Electrochemical Society, 2008, 155: F145-F149.

[65]　Dürr M, Schmid A, Obermaier M, et al. Low-temperature fabrication of dye-sensitized solar cells by transfer of composite porous layers [J]. Nature Materials, 2005, 4: 607-611.

[66]　Kim C, Kim S, Lee M. Flexible dye-sensitized solar cell fabricated on plastic substrate by laser-detachment and press method [J]. Applied Surface Science, 2013, 270: 462-466.

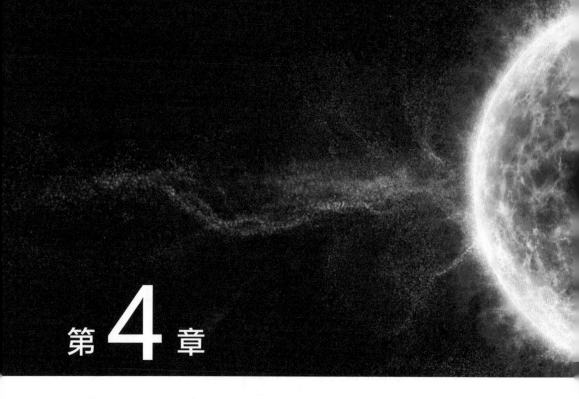

第**4**章

柔性衬底材料

衬底是太阳电池结构中各功能层所依附的唯一载体，刚性太阳电池一般采用玻璃作为主要衬底，可选择性较为单一。相对而言，可用于柔性太阳电池的衬底材料，可选择的种类更多，同时在功能性方面有更大的调控空间。作为柔性太阳电池的基本特征，廉价高效的卷对卷生产工艺是必不可少的。为实现大面积卷对卷、低成本、高量产效率制造，适用于柔性薄膜太阳电池的柔性衬底（或称基底）材料应至少具有如下性能：①足够的强度，能够承受制备过程中外部的机械张拉应力；②良好的热稳定性，能承受制备过程中的退火温度；③良好的化学稳定性，不与电池制备过程中的化学物质进行反应；④热膨胀系数要与电池中核心光电转换材料相匹配；⑤量产型衬底材料的价格应尽量低廉；⑥作为进光面的衬底需要有优异的光学透过率；⑦良好的水汽阻隔性能，有效保护电池的稳定性；⑧良好的环境稳定性，不低于太阳电池的使用寿命；⑨与电池功能层相匹配的良好耐弯折性能，保证机械稳定性[1,2]。

根据衬底材料的材质，目前用于柔性太阳电池生产和研发的柔性衬底材料可分为金属及合金、高分子聚合物、新型柔性玻璃等几大类，另外还有一些像硅胶、纤维素等则处于研发初期。相对于玻璃衬底单纯的物质组成，大部分衬底材料在应用于柔性太阳电池制备中前，都需要严格的前处理工艺，包括清洗、阻挡层制备、力学调节层制备、保证几何平整、表面能调节等。以柔性铜铟镓硒（CIGS）薄膜电池为例，表4-1罗列了几家电池生产企业和科研机构利用不同柔性衬底材料所获得的电池效率。

表4-1　柔性CIGS太阳电池研发现状

国家	机构	吸收层制备技术	基底材料	最高效率（AM1.5）	年份
美国	NREL	共蒸发	不锈钢箔	17.5%	2000
	ISET	溅射后硒化	Mo 箔	11.7%	2003
	IEC	共蒸发	PI	12.1%	2005
	ISET	氧化物离子层后硒化	PI	8.9%	2003
	GSE/ITN	共蒸发	PI	11.3%	2005
	Daystar	共蒸发	不锈钢箔	16.9%	2000
	Global Solar	共蒸发	PI	11.3%	2002
	Global Solar	共蒸发	金属箔	13.2%	2010
	Miasole	溅射后硒化	不锈钢箔	9.3%	2005
中国	南开大学	共蒸发	不锈钢箔	10.6%	2008
	南开大学	共蒸发	PI	9.2%	2008
日本	AIST	共蒸发	钛箔	17.4%	2008
	青山大学	共蒸发	钛箔	17.9%	2009
	青山大学	共蒸发	PI	15.7%	2009
	三菱	共蒸发	不锈钢箔	17%	2003

续表

国家	机构	吸收层制备技术	基底材料	最高效率 （AM1.5）	年份
德国	ZSW	共蒸发	钛箔	14.2%	2005
	HMI	共蒸发	钛箔	16.2%	2005
	IST	电沉积	铜箔	9.1%	2005
	Solarion	离子束辅助共蒸发	PI	13.4%	2009
	Avancis	快速退火	PI	11.3%	2004
	Avancis	快速退火	钛箔	13.9%	2004
	ZSW	共蒸发	PI	10.6%	2005
瑞士	EPMA Flisom	共蒸发	PI	20.4%	2013
	ETH	共蒸发	PI	14.1%	2005

4.1
金属与合金柔性材料

金属与合金柔性材料是目前用于薄膜太阳电池（尤其是 CIGS 薄膜电池）最常见的衬底，由于本身可耐较高的热处理温度，因此这些材料可以适应多种不同的电池制备工艺，同时柔性的特性也有利于实现柔性电池特殊的卷对卷生产工艺，对电池的大面积连续生产具有重大的经济意义。

金属与合金柔性材料主要有不锈钢、铝、钼、钛、镍、锌、铬、多种 Inconel 合金（如 61%Ni，22%Cr，9%Mo，5%Fe）等，其中不锈钢具有耐腐蚀、耐高温、电学性能优异、延展性良好、工艺成熟及成本低廉等优点，成为多种薄膜太阳电池柔性衬底的首选材料。但区别于常规的不锈钢材料，薄膜柔性太阳电池用的不锈钢基底属于精密不锈钢箔，其厚度一般小于 0.3mm，同时还对厚度偏差、表面粗糙度、表面平整度等有更为严格的要求，详见表 4-2，因此这类不锈钢箔具有更高的附加值和更高的技术含量[3]。

表4-2　薄膜太阳电池用不锈钢箔性能指标

性能参数	数值	性能参数	数值
宽度 /mm	5～690	表面粗糙度 Ra/nm	≤500
厚度 /mm	≤0.3	屈服强度 σ_s/MPa	≤200
厚度偏差 /mm	±0.002	表面平整度 /I-Unit	1～2

4.1.1　不锈钢箔

目前，太阳电池用的精密不锈钢箔主要还是依赖国外进口，其生产企业主要集中在美国、韩国、芬兰、日本等国家。美国阿勒格尼路德卢姆公司（Allegheny Ludlum）作为世界上最大的特钢生产商之一，可生产不同宽度、不同厚度、不同硬度级别、不同表面状况的各种牌号精密冷轧不锈钢带材产品，在柔性太阳电池领域占有较大的市场份额。日本的精密不锈钢箔生产技术具有较大的优势，产业也较为发达，如：日本东洋（Toyo Kohan）精箔株式会社可以生产薄至0.01mm、宽度530mm以下的不同宽、厚度的带材，也广泛用于铜铟镓硒薄膜太阳电池生产；日本大同特殊钢株式会社采用不同型号的不锈钢原材料，生产厚度接近0.01mm、宽度为3～530mm的不锈钢箔。芬兰奥托昆普（Outokumpu）的Sheffield钢厂可以生产薄至0.03mm、宽至450mm的超薄不锈钢箔。近几年来，韩国不锈钢薄板商［如韩国现代BNG Steel（B&G）等］亦加大投入改造轧制和平整设备，投入生产更薄的精密不锈钢产品。一些中小批量特殊材料供应商（如Goodfellow等）则可以提供厚度低至0.0075mm的超薄AISI 316不锈钢箔，在厚度上进一步减小。由于受设备和生产水平的限制，之前国产不锈钢箔厚度大部分在0.05mm上下[4]，而且存在表面品质差、厚度偏差大等诸多问题，尤其是生产过程中由受力/受热不均匀造成的边浪、橘皮状波纹等板形缺陷[5]，使得相关产品难以满足用于柔性太阳电池基板的使用要求。近几年，随着各公司在制备工艺上的不断研发，我国超薄不锈钢箔的生产制备技术获得了较大突破。2018年8月，太钢集团精密带钢公司突破了厚度为0.02mm、宽度达600mm的规模化生产。随后，位于上海的FINSEN METAL（卉信金属）整合全球最优质资源，成功开发出高精密度的钢质、合金质及钛质的箔带，最小厚度可以达到0.005mm，并且能保证其超薄带的平坦度及表面精度。

通常，薄膜太阳电池用不锈钢基板的生产工艺流程包括轧制、脱脂、光亮退火、二次轧制、拉伸矫直、切割等多道工序，以此保证不锈钢箔具备满足电池基板用要求的显微组织、表面品质、力学性能及平整度。由于不锈钢本身硬度高、抗变形能力大，目前一般都采用刚性大且具有小工作辊的多辊轧机冷轧得到，其中目前应用最广的是森吉米尔型二十辊轧机。二十辊森吉米尔轧机中的辊系呈塔形上下分布，支承辊系采用多辊三层塔形结构，具有刚性大、稳定性好的特点。森吉米尔轧机还具有"零凸度"的特点，主要利用微机分析牌坊应力和板型偏差，建立数学几何模型，使得牌坊在轧制负荷作用下，对工作辊凸度影响很小或者根本不产生影响，如图4-1所示。

不锈钢基板的轧制是一个复杂的成型过程，在保证基板高平整度要求的同时，对基板表面形貌（包括表面粗糙度、表面纹理）要求更高。在轧制不锈钢基板时，可通过严格控制轧制压力、张力、卷带速度及辊形等，轧制出满足薄膜太

图4-1 森吉米尔型二十辊轧机示意图

阳电池性能要求的不锈钢基板材[6]。根据实际生产经验及相关研究成果，薄膜太阳电池用不锈钢基板在轧制成型中每一道次变形量通常控制在 20% 以内，每一个轧程总变形量不超过 80%，为了控制基板的尺寸精度及平直度，最后道次应采用较小压下率，在整个轧制过程中张力值不应超过基板屈服强度的 40%。

由于基板平整度将直接影响后续溅射薄膜的均匀性，因此用于薄膜太阳电池的不锈钢基板，要求具有良好的平整度。但由于其本身很薄（微米级别），故受轧辊表面粗糙度及带材晶粒变形各向异性的影响非常大，在轧制过程中非常容易出现边浪以及橘皮状波纹等缺陷。研究表明，基板橘皮状波纹主要是布满带材上各点的不均匀变形造成的，采用加大前张力等工艺措施，减小变形区的不均匀变形并起拉伸作用，可以有效消除基板的橘皮状波纹，改善基板的平整度，从而保证溅射薄膜的厚度均匀性。

另外，基体表面粗糙度的改善有利于提高薄膜与基体间的结合性能，同时可有效提高溅射薄膜的致密程度及组织均匀性。周兰英等借助分子动力学方法，对基底形貌与薄膜成核微观过程之间的相互关系进行了模拟分析，结果表明，基底形貌的偏斜度值越低，基底的形貌满型就会越多，沉积粒子参与成团的个数也随之增加，从而成核率也会增加，在一定的范围内，所生长的薄膜与基底之间的结合强度也最高[7]。通常情况下，所轧制基板的表面粗糙度主要受最终道次轧制工作辊表面粗糙度的影响[8]，因此要求电池基板的轧制工作辊具有较高的表面粗糙度。在生产过程中，需要通过优化轧辊使用周期及磨辊工艺，使得基板表面粗糙度得到很好的控制[9]。在工作辊表面粗糙度一定的情况下，可通过控制轧制速度、前后张力、压下量等控制基板的表面粗糙度，控制轧制力是实现基板表面粗糙度控制的唯一手段。

为了增大电池基板与薄膜间电子的有效接触面积，从而达到降低基底与薄膜间的接触电阻，提高电池性能的目的，除了基板表面粗糙度的调控外，还可通过不锈钢基板表面纹理得以实现。为了生产优质的特殊表面纹理的不锈钢基板，需要对工作轧辊表面进行毛化处理。目前，比较成熟的轧辊毛化工艺有喷丸毛化（shot blast texturing，SBT）、电火花加工毛化（electrical discharge texturing，EDT）、电子束毛化（electron beam texturing，EBT）、激光毛化（laser texturing，LT）及电化学腐蚀毛化（electrochemical corrosion texturing，ECT）等[10,11]。喷丸毛化是最传统的毛化方法，主要利用高速旋转的离心轮，将具有尖锐边缘、高硬度的冲击材料加速喷向欲毛化的轧辊，当冲击粒子撞击到轧辊表面时，在轧辊表面切割下细小的金属微粒。轧辊表面的毛化形貌具有随机性和不均匀性，目前冷轧产品已较少使用。激光毛化是采用高能量脉冲激光束作用于轧辊表面，使之加热、熔化并部分气化，当脉冲停止时熔化物快速冷却凝固形成凸缘。通过调节加工毛化工艺参数，可精确控制轧辊表面的毛化坑形及分布。电子束毛化是最新发展且还未形成工业化生产设备的一种轧辊毛化技术，但因其设备十分昂贵，且工艺需要在真空中实现，限制了该技术的推广和实际应用。电火花加工毛化是利用瞬间高能量脉冲电能，在电极与轧辊间形成高温、高压区域，电极瞬时通电时与轧辊之间产生一个电火花，每个电火花在轧辊表面形成一个麻坑而被逐渐毛化。Yun 等[12]利用电化学腐蚀方式提高了不锈钢基板的粗糙度，并将其用于染料敏化太阳电池中，使得 TiO_2 功能层与基底之间出现了一定的粗糙度，这样在开路电压和填充因子不变的情况下，有效提升了短路电流密度，使得整体效率相对值提升了33%。

不锈钢箔在柔性铜铟镓硒太阳电池上的应用最为成熟。2013 年，Bae 等[13]通过原子层沉积（ALD）制造的具有 Al_2O_3 阻挡层的电池显示出更好的平均转换效率和均匀性。同年，Moriwaki 等[14]制备了一种新型的柔性基板，通过在不锈钢箔上阳极氧化形成 Al_2O_3 介电层，这种结构的柔性不锈钢箔满足制造柔性CIGS 器件的关键要求，包括500℃以上的热稳定性、与 CIGS 良好匹配的热膨胀系数、阻碍杂质扩散到CIGS 中、良好的介电性能、可实现卷对卷加工的灵活性、重量轻以及材料成本低等特点。在这种柔性不锈钢箔基板上成功制造了效率高达15.9% 的柔性 CIGS 薄膜电池。

2017 年，Li 等[15]在柔性不锈钢基底上制备 CIGS 太阳电池，研究了在不锈钢衬底上具有和不具有 Mo_2N 阻挡层的柔性 CIGS 太阳电池，发现 Mo_2N 阻挡层不影响 Mo 背接触层的生长。此外，Mo_2N 阻挡层对晶体结构以及 CIGS 膜的形态没有任何影响。Mo_2N 薄膜作为阻挡层表现良好，有效地抑制了 Fe 的扩散，并显著提高了柔性 CIGS 太阳电池的开路电压、短路电流密度、填充因子和转换效率。最后，与没有 Mo_2N 阻挡层的柔性太阳电池（3.45%）相比，具有 Mo_2N 阻挡层的柔性太阳电池获得了 6.86% 的显著提高的转换效率。

2015 年，Li 等[16] 通过直流磁控溅射在不锈钢箔片上沉积一层氮化铝（AlN）薄膜作为柔性铜铟镓硒太阳电池的阻挡层。结果发现，经过高温退火后，200nm 厚的 AlN 薄膜的电阻仍超过 10MΩ，表明了该层作为阻挡层的适用性。另外，发现 AlN 阻挡层的插入不影响 Mo 薄膜的结构。然而，与沉积在纯不锈钢箔片上相比，沉积在 AlN/ 不锈钢箔上的 Mo 背接触层的结晶质量明显得到改善。1μm 厚的 AlN 扩散阻挡层实际上可以减少 Fe 原子从不锈钢箔扩散到 CIGS 吸收体中，AlN 阻挡层显著提高了 CIGS 太阳电池的转换效率。2018 年，Chantana 等[17] 通过"多层前体法"在柔性不锈钢箔上沉积 CIGS 膜，深入研究了 Fe 在 CIGS 吸收层中对电池性能的影响。形成深缺陷状态的 Fe 导致时分荧光（time-resolved photoluminescence，TRPL）载流子寿命的减短，因此对 CIGS 太阳电池的光伏性能具有不利的影响。

除了在铜铟镓硒薄膜电池方面的应用外，不锈钢箔在其他硫属化合物的柔性太阳电池中也有许多应用研究。2014 年，López-Marino 等[18] 通过两步法将 CZTSSe 层沉积到涂有铬扩散阻挡层、Mo 背接触层和 ZnO 中间层的不锈钢基板上，制备了转换效率为 3.5% 的柔性 CZTSSe 太阳电池。2016 年，López-Marino 等[19] 使用真空溅射法，通过优化 Cr 阻挡层的生长工艺以及 Na 元素的掺入方式在不锈钢衬底上成功制备出最高转换效率为 6.1% 的 CZTSSe 柔性太阳电池。同年，Sun 等[20] 在不锈钢箔上采用溅射和后硫化工艺制造柔性 CZTSSe 太阳电池。不同厚度的 NaF 层作为外部钠源，用来解决无 Na 钢基板中 Na 缺乏的问题，并且证明 10nm 的 NaF 层是最佳厚度。钠的掺入诱导 Cu_2ZnSnS_4（CZTS）中金属元素的重新分布，促进 CZTS 膜重结晶并促进相转变，他们的研究表明适当量的钠使器件的光电转换效率从 3.07% 提高到 4.10%，但钠的进一步增加会使得器件的光电转换效率降低。Sun 等[21] 在 2018 年改变了 Na 引入的方式，采用 Na 掺杂 Mo（Mo-Na）背接触层作为 Na 的来源，在柔性不锈钢箔上制备了 CZTS 太阳电池，获得了 6.2% 的转换效率。

4.1.2　金属钛箔

由于钛箔可耐高温烧结、电阻低、耐腐蚀，而且其氧化物 TiO_2 又是染料敏化太阳电池（dye-sensitized solar cell，DSSC）的关键功能层，因此被广泛用于柔性染料敏化太阳电池的基底材料，如图 4-2 所示，所制备的电池效率比导电塑料的要高。通常根据 Ti 箔上 TiO_2 半导体薄膜组成的不同，薄膜（结构）可以分为三类：TiO_2 纳米粒子薄膜、一维 TiO_2 纳米结构（如纳米管、纳米线薄膜）、复合结构薄膜（即同时包含 TiO_2 纳米粒子和一维纳米结构的薄膜）。Ti 箔基底在 450℃ 下烧结后，表面会生成钛氧化物纳米粒子，这层钛氧化物与作为光电转换活性层的 TiO_2 薄膜之间没有能垒，从而光生电子可以向基底迅速传递，并且串联电阻在烧结前后变化很小[22]。在 Ti 基底上可以制备有序的 TiO_2 纳米管或纳米线结构，作为吸附染料的活性层。使用这种一维有序结构作为光阳极活性层，可以减少纳米粒子间的电子陷阱，提高电子的传输速率，从而提高电池的光电转换效率[23,24]。2007 年，Zhu 等[25] 报道了以使用阳极氧化法在基底上制备的 TiO_2 纳米管阵列作为 DSSC 光阳极。制备出的纳米管管壁厚度在 8～10nm，孔径在 30nm 左右，研究发现染料在管内壁和管外壁都有吸附。再与相同膜厚的纳米粒子光阳极的电池相比，纳米管的电子传输更快而电子复合更少。同时，由于具有纳米管光散射效应，纳米管作为光阳极时电流也更大，优化后的纳米管长度在 5.7μm，电池效率达到 3.0%。2008 年，Lin 等[26] 同样用阳极氧化法在 Ti 基底上制备出锥形的 TiO_2 纳米管阵列，将其用于 DSSC 光阳极，获得了 4.3% 的电池效率，比相应纳米粒子的效率高出 30%。Kuang 等[27] 使用阳极氧化方法，通过控制氧化时间得到了长度为 5～14μm 的 TiO_2 纳米管，并且首次使用离子液体作为 Ti 基底 DSSC 的电解质，制备出的电池效率最高达 3.58%。2010 年，Tao 等[28] 通过 H_2O_2 化学氧化法，在 Ti 基底表面制备出不同直径和不同长度的 TiO_2 纳米线阵列，随后使用高度为 2μm 的纳米线阵列制备了效率为 2.22% 的染料敏化太阳电池。Fan 等[29] 通过热液法制备出管径极细（<10nm）的 TiO_2 纳米管，再将其贴合在钛箔基底上，制备出光电转换效率为 6.23% 的柔性 DSSC，比用传统 P25 粒子的 DSSC 效率（3.36%）高出许多。Chen 等[30] 使用直径为 120nm 的 TiO_2 纳米管阵列，结合真空灌注法填充 P90 纳米粒子和纳米石墨混合物，获得了特殊的复合结构。之后的电池性能测试表明，这种复合结构比单纯纳米管和仅填充 P90 纳米粒子的光阳极具有更加优越的性能，填充 P90 和石墨的复合结构 DSSC 获得了 5.75% 的效率，而只有纳米管和仅填充 P90 粒子的效率分别是 4.44% 和 5.14%。2010 年，Chang 等[31] 采用电泳沉积（EPD）的方法在厚度为 0.07mm 的柔性不锈钢和 0.25mm 的钛箔上沉积 TiO_2 纳米薄膜，并采用溅射法在 ITO-PET 上沉积 Pt，比较不同 Pt 厚度的对电极组装的 DSSC 的光电转换效率值，获得了光电转换效率为 2.91% 的柔性染料敏化太阳电池。

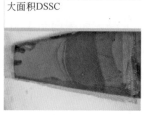

TiO₂/Ti箔　　　敏化TiO₂/Ti箔　　　大面积DSSC

图4-2　基于钛箔的柔性染料敏化太阳电池

也有部分研究将 Ti 箔用于其他柔性太阳电池，诸如 2015 年，Yazici 等[32]展示了磁控溅射技术在钛箔上制造 CZTS 薄膜的应用，该薄膜具有轻质、柔韧的性能，适用于高产量的卷对卷制造。2017 年，Li 等[33] 在 Ti 箔衬底上制备柔性 CZTSSe 薄膜太阳电池。通过在 Ti 箔衬底和 Mo 背接触层之间添加 Ge 缓冲层，CZTSSe 薄膜显示出更好的结晶度和更少的二次相，证实了 Ge 扩散到 CZTSSe 层中并且对 Sn^{4+} 的形成和应力释放具有促进作用。具有 Ge 缓冲层的柔性 CZTSSe 太阳电池显示出 2.00% 的转换效率，较没有 Ge 缓冲层的太阳电池具有非常明显的提升。

4.1.3　其他金属衬底

金属钼箔具有与硫属化合物相似的线性热膨胀系数（$5.2\times10^{-6}K^{-1}$），同时还具有良好的导电性能、优异的力学性能、耐高温性能等，也在柔性太阳电池中具有较多的应用研究。相较于其他金属基底，高纯的钼箔中 Fe 含量较低，因此不需要在基底与功能层之间加入阻挡层来避免杂质对吸收层电学性能的影响。2013 年，Kranz 等[34] 采用高真空蒸发与化学水浴相结合的方法在金属钼基底上制备了 CdS/CdTe 柔性薄膜太阳电池，电池效率达到了 13.6%。生产过程中所需设备简单，材料利用率高，具有较高的沉积速率，所制备的柔性薄膜太阳电池具有较高的光电转换效率。2014 年，Zhang 等[35] 通过硫化在沉积有 Mo 的钼箔上的 Cu-Zn-Sn 预制层制备了柔性 CZTS 太阳电池，小面积电池具有 3.82% 光电转换效率。2016 年，Liu 等[36] 通过真空磁控溅射在柔性钼箔上制备了 CZTS 薄膜，然后在硫蒸气中退火，研究了铜含量对 CZTS 薄膜结构和性能的影响。结果表明，适当增加铜含量可以改善 CZTS 薄膜的结晶度，但过多的铜含量会导致硫化 CZTS 薄膜中存在 Cu_2S 和 Cu_3SnS_4 相，对电池性能有不利的影响。2017 年，Dong 等[37] 通过简单经济的溶胶 - 凝胶和旋涂技术，在柔性钼箔上制备了优质的 CZTS 薄膜，经过 500℃ 退火，CZTS 薄膜具有良好的结晶形态、结构、光学和电学性质。所制备的具有 Mo 箔 /CZTS/CdS/ZnO/AZO/Al 结构的柔性太阳电池的最佳光电转换

效率为 2.25%，短路电流密度为 13.52mA/cm²，开路电压为 370mV，填充因子为
0.45。2018 年，Yang 等[38] 研究了 8 种类型的前驱体，这些前驱体沉积于柔性钼
箔基底上，其中一些还含有一层 NaF。与基于 CIGS 的电池相比，在 CZTSSe 吸
收层中产生的缺陷和缺陷簇导致晶界（grain boundary，GB）处的能带向上带弯，
从而形成了晶粒内（intra grain，IG）的有效载流子通道。通过改善载流子分离，
在 Mo 箔衬底上开发的柔性 CZTSSe 薄膜太阳电池，其光电转换效率为 7.04%。
2019 年，Yan 等[39] 采用绿色溶液法，在柔性钼箔基底上制备 CZTSSe 薄膜，通
过优化硒化条件（硒化时间和温度），在 550℃下 12min 获得致密且结晶良好的
没有微裂纹的 CZTSSe 薄膜，电池的 V_{oc} 和 FF 增强至 390.43mV 和 57.71%，实
现 6.78% 的最佳效率。

除此之外，还有少量的柔性薄膜太阳电池研究利用铝箔来实现，如 2012 年，
Tian 等[40] 使用 CZTS 纳米晶墨水和卷对卷印刷工艺，在沉积有 Mo 层的 Al 箔上
制备 CZTS 膜，然后制备具有 Al 箔 /Mo/CZTS/ZnS/i-ZnO/ITO/Al-Ni 结构的柔性
太阳电池，整体的光电转换效率为 1.94%，其中所有材料都是低成本且环保的。

4.2
高分子聚合物

高分子聚合物薄膜一般具有质量轻、可弯曲、耐冲击等特点，非常适合柔性
太阳电池的轻量化和可弯曲的发展趋势，在太阳电池的制备过程中也可满足大面
积卷对卷制备工艺。除此之外，根据需求通过人工合成的聚合物材料还能具有各
种各样优异的性质，例如具有较高的熔点（如图 4-3 所示）[41]、拉伸强度、光学
透明度和弯折性能，以及耐溶剂腐蚀等特点，已经有不少聚合物塑料作为柔性太
阳电池基底的相关研究 [42-47]。用于柔性太阳电池的聚合物基底材料，通常需要考
虑环境与化学稳定性、水氧阻隔性能、光滑平坦表面、光学透明、耐热导热性能
以及造价成本等因素。可以作为柔性基板的聚合物材料种类繁多，根据聚合物
的结晶状态，可用于柔性太阳电池的基底材料大致可以分为三类：半结晶聚合物
（semi-crystalline polymer）、热塑性非结晶聚合物（non-crystalline polymer）以及
无定形聚合物（amorphous polymer）。

4.2.1 半结晶聚合物

半结晶聚合物（热塑性）的特点是结晶熔融温度远高于玻璃化转变温度，即

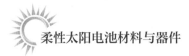

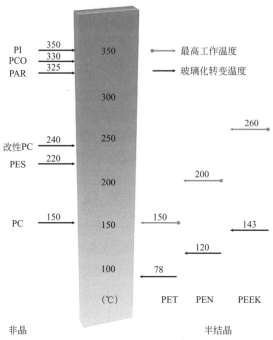

图4-3 部分商用透明聚合物基底的玻璃化转变温度和最高工作温度

使在玻璃化转变温度以上，复合材料仍能保持大部分力学性能，使用温度的上限比玻璃化转变温度高出很多。这类聚合物材料的典型代表是聚萘二甲酸乙二醇酯（polyethylene naphthalate，PEN）、聚对苯二甲酸乙二醇酯（polyethylene glycol terephthalate，PET）、聚醚醚酮（polyetheretherketone，PEEK）、聚苯硫醚（polyphenylene sulfide，PPS）等，其结构式如图4-4所示，由于这类材料不能承受高温，因此必须使用射频（radio frequency，RF）或直流（direct current，DC）磁控溅射在低温（<150℃）下涂覆 ITO，或采用低温涂布方式进行透明导电层的制备。PET 是以乙二醇和对苯二甲酸为原料，通过熔融缩聚获得的一种线性热塑性树脂，在 1941 年，英国人 L. R. Whenfield 等首次获得 PET 材料，并从 20 世

图4-4 常见半结晶聚合物材料的结构式

纪 90 年代开始被制备成薄膜材料来应用。PET 薄膜具有模量高、耐摩擦、良好的化学稳定性和光学性能（透光率大于 90%）等优点，是用来制备柔性透明导电薄膜良好的基底材料，具有非常广泛的应用。PET 和 PEN 材料具有良好的光学性能和耐溶剂性能，较低的热膨胀系数和吸湿性，而且材料价格也较便宜，但是二者在热学性能和表面粗糙度方面性能欠佳。PET 在可见光波段具有很高的透光性能（>90%），但是它的玻璃化转变温度只有 80℃左右，最高能耐受的工艺温度也在 150℃以下，所以这些热性能限制了 PET 的应用范围。PEN 的热性能，相较于 PET 来说有了一定的提升，其玻璃化转变温度（glass-transition temperature，T_g）和最高工作温度分别到了 120℃和 200℃。一般来说，高于 140℃的聚合物材料在熔融过程中都会发生显著降解，但是 PEEK 的 T_g 和 T_m（melting temperature，熔融温度）分别高达约 140℃和 340℃。

聚 2,5- 呋喃二甲酸乙二醇酯 [poly（ethylene 2,5-furandicarboxylate），PEF] 被称为最能替代 PET 的生物基高分子材料，是由生物基材料 2,5- 呋喃二甲酸（2,5-FDCA）与乙二醇（EG）反应生成的生物基聚酯，其合成路线如图 4-5 所示。早在 2009 年，Gomes 等[48] 就采用酯交换法以呋喃二甲酸和乙二醇为原料制备了 PEF。随着合成工艺的不断研究，在 2012 年，中科院长春应用化学研究所的 Jiang 等[49] 采用直接酯化法成功制备了生物基聚 2,5- 呋喃二甲酸乙二醇酯，提高了 PEF 的生产效率。

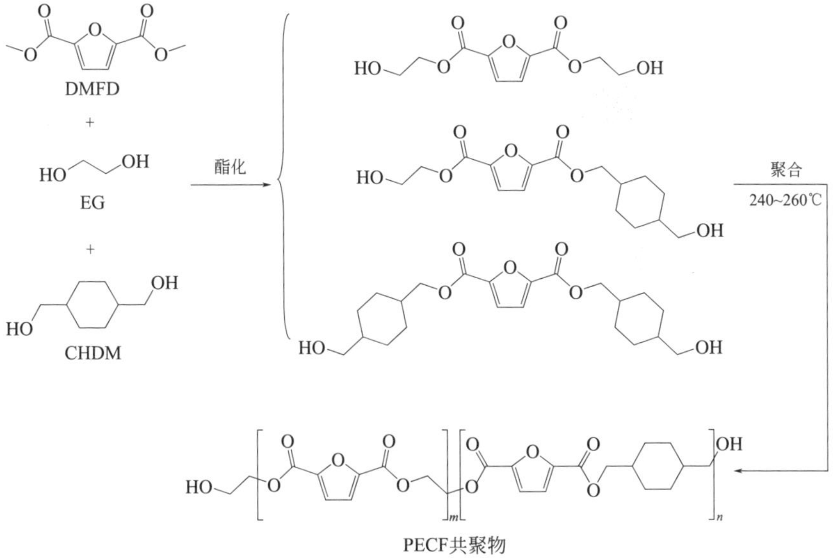

图4-5　PEF 衍生聚合物的结构式及其典型合成路线

PEF 与聚对苯二甲酸乙二醇酯（PET）相比，虽然在结构上存在一定的相似性，但是在力学性能、热性能以及阻隔性等方面存在独特的特点。如 PEF 的玻璃化转变温度高于 PET 的转变温度，其热变形承受温度最高可达 81℃[50]，满足常温下的使用条件，另外 PEF 具有较低的熔点，有利于加工成型和节能制造。在力学性能上，PEF 比 PET 具有更高的模量和拉伸强度，但是断裂伸长率较低 [51,52]。与传统的 PET 相比，生物基 PEF 材料有利于环境保护和可持续发展，有望替代传统的 PET 材料，其在柔性透明导电薄膜中的应用刚刚起步，如在 2018 年，Zhu 等 [53] 采用室温下溅射沉积 ZnO 的方式，制备了高透光率和高雾度的 ZnO/PEF 导电薄膜。最近，有人利用 PEF 衍生物 PECF〔poly（ethylene-co-1, 4-cyclohexanedimethylene 2,5-furandicarboxylate）〕与银纳米线结合 [54]，制备出了高耐弯折的柔性 AgNW/PECF 透明导电薄膜，并且得到了不同厚度情况下薄膜的不同耐弯折性能，100μm 以下的薄膜都具有优异的弯曲性能，如图 4-6 所示，这为该类柔性薄膜在太阳电池中的应用提供了一定的基础。

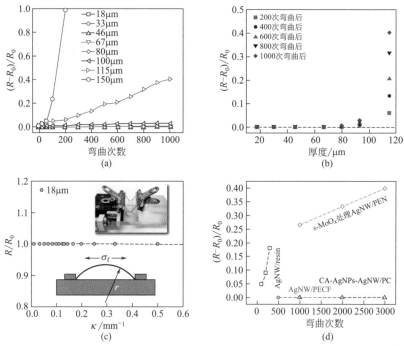

图4-6　AgNW/PECF透明导电薄膜的耐弯折性能（图中 R 为实时电阻，R_0 为初始电阻）

在 2000 年左右，许多研究想在染料敏化太阳电池中引入高分子基底的 ITO 衬底，但它不能承受高温（<150℃）。在 2010 年，Chen 等 [55] 通过丝网印刷和化学还原法在柔性 ITO/PEN 基板上成功制造 Pt 电极。他们首次采用常压水热法进行后处理，在固/液界面通过水热反应在低温下处理 Pt 对电极。这种方法操作方便且便宜，可用于柔性聚合物基材的处理，同时可以去除有机残留物，并且在水热过程之后 Pt 对电极变得机械稳定。通过这种方法制备的 DSSC 光电转换效率为 5.41%。2011 年，Chiu 等 [56] 开发出无黏合剂的 TiO₂ 光阳极多电泳沉

积（electrophoresis deposition，EPD）技术，成功地填充了第一次电泳沉积 TiO$_2$ 膜表面风干后产生的裂缝。室温下随着第二次缓慢的电泳沉积，在柔性 ITO/PEN 基板上获得高质量的 TiO$_2$ 薄膜，并且染料敏化太阳电池的器件效率达到 5.54%，高填充因子为 0.721。2016 年，Wu 等[57]利用 ITO/PEN 柔性基底在室温下获得了具有高质量表面和优异的黏合强度的 TiO$_2$ 薄膜，制备了具有光电转换效率为 3.27% 的染料敏化太阳电池。2015 年，Kim 等[58]利用 ITO/PEN 基底，结合 ALD 方法制的 TiO$_x$ 膜层，制备了效率为 12.2% 的柔性钙钛矿太阳电池，该电池在弯曲半径为 1mm 的时候，可以保持 93% 的效率，在弯曲半径为 10mm 时，弯曲 1000 次以后，性能还能保持 95%。

在 PET 基底利用方面，2014 年，Farinella 等[59]通过同时电沉积具有不同标准电化学势的材料，在柔性基板（ITO/PET）上制备了 CZTS 薄膜。2018 年，Najafi 等[60]使用简单的方法制备了 CZTS 纳米晶体墨水，然后在镀有氧化铟锡（ITO）的 PET 衬底上制备 CZTS 异质结太阳电池。涂覆在 ITO 基板上的 CZTS 纳米晶体和 ZnO 纳米棒的光学带隙分别为约 1.51eV 和 3.32eV。器件的外部量子效率显示出宽的光学吸收，在 532nm 处最大，约 57%。但是没有经过热处理，所制备器件的整体效率仅为 0.83%，开路电压 405mV，短路密度 4.35mA/cm^2 和填充因子 0.469。2013 年，Docampo 等[61]利用 ITO/PET 基底，制备了柔性的平面型钙钛矿太阳电池，获得了超过 6% 的光电转换效率。随后几年，这类电池的性能快速提升。到 2016 年，刘生忠课题组 D. Yang 等[62]利用特殊的离子液体，将基于 ITO/PET 基底的柔性钙钛矿电池效率提升到了 16.09%，且电池在正向测试和反向测试过程中，表现出优异的一致性。2018 年，Subbiah 等[63]在 ITO/PET 与功能层之间加入致密 SnO$_2$ 薄膜，使得柔性钙钛矿太阳电池性能突破了 18.1%，且经过 1000 次弯折之后，效率维持在 90% 左右。随后，Feng 等[64]加入二甲基硫添加剂，有效控制了柔性基底上钙钛矿层的形貌，如图 4-7 所示，将电池整体的光电转换效率进一步提升到了 18.4%。

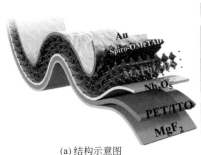
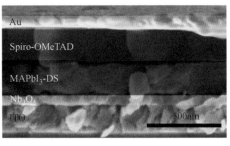

(a) 结构示意图   (b) 电池端面扫描电镜图

图4-7 基于ITO/PET的柔性钙钛矿太阳电池

4.2.2 热塑性非结晶聚合物

热塑性非结晶聚合物材料的典型代表是聚碳酸酯（polycarbonate，PC）和聚醚砜（polyethersulfone，PES），其结构式如图4-8所示。PC不仅具有比PET更高的透光率，它的热学性能也比PET稍好，其 T_g 可以达到约150℃。PC材料的短板在于耐疲劳性差、热膨胀系数大、阻隔性差、耐溶剂性差，而且长期使用时容易变色发黄，所以一般情况下不适于用作透明光电器件的基底。PES材料具有良好的光学性能和较高的耐用温度，但是其耐溶剂性能较差、吸水性强等特点限制了PES材料在柔性光电器件领域的应用，而且材料价格也相对较高。

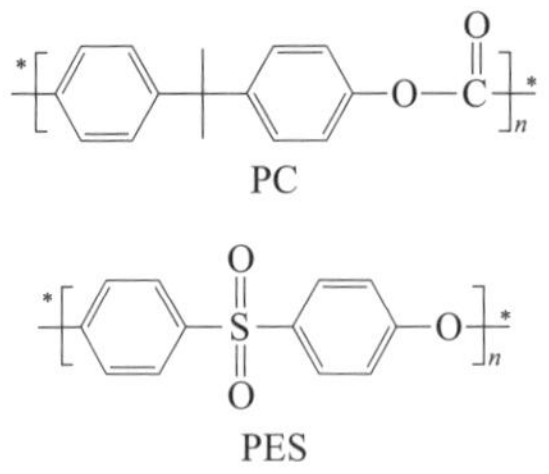

图4-8 PC与PES材料的结构式

2014年，Park等[65]利用RF磁控溅射方式将CdS薄膜沉积于PC膜上，实验表明在低压下沉积的薄膜具有更好的结晶性能和 c 轴取向，但是光学透过率要低。他们将基于玻璃的CdS膜用于CdTe电池，但是未将基于PC膜的样品用于柔性电池的制备。其他也有一些研究是将透明导电氧化物薄膜沉积于PC薄膜上[66,67]，以制备可用于柔性太阳电池的透明导电膜。基于PES基底的柔性太阳电池研究相对较多。2014年，Dong等[68]利用PES作为基底，制备了纳米锥型结构化的a-Si:H柔性太阳电池，获得了4.35%的光电转换效率。2015年，Meng等[69]利用 H_3PO_4 处理基于PES的PEDOT:PSS导电层，来提高薄膜的电导率，避免了传统 H_2SO_4 处理对塑料基底的破坏性，随后采用PES/PEDOT:PSS/PEI/P3HT:ICBA/EG-PEDOT:PSS结构，制备了有机太阳电池，获得了0.84V的开路电压，填充因子为0.60，整体的光电转换效率为3.3%。2016年，Lee等[70]利用RF磁控溅射方式在PES基底上沉积了ATO透明导电层，然后将其用于有机太阳电池中，最终获得了1.98%的光电转换效率。

4.2.3 无定形聚合物

这里所指的无定形聚合物材料的典型代表是聚芳酯（polyaryl ester，PAR）、多环烯烃（polycyclic olefin，PCO）、聚酰亚胺（polyimide，PI）和改性的PC，其结构式如图4-9所示。在这一类材料中，性能最突出的可能要数聚酰亚胺了。素有"黄金薄膜"之称的聚酰亚胺是一类主链中含有酰亚胺环、芳香族基团的一类高性能聚合物。传统的PI材料呈棕色或黄色，具有较高的热分解温度，最高可达600℃，但在可见光波段的透光性能很差，这主要是由于分子中有较强的共轭结构，形成紧密的链间堆积，使电子易于从给体（二胺残基）转移到受体（二

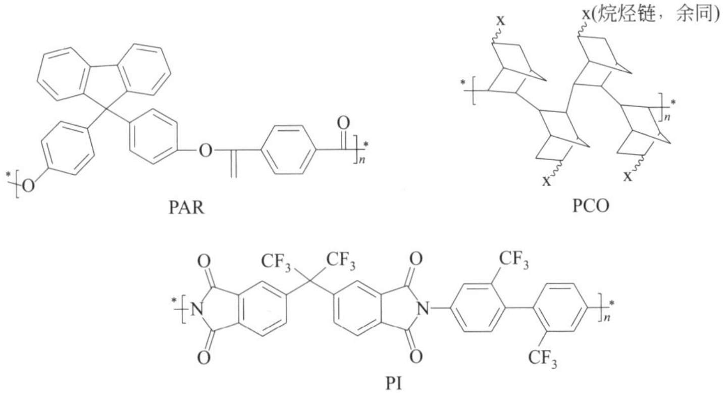

图4-9 典型无定形聚合物材料的结构式

酐残基），诱发其分子链间电荷转移复合物（charge transfer complex，CTC）效应[71-73]。通过合理的分子结构设计，以减弱分子间的CTC作用，可以得到具有良好光学性能的改性PI[74]。常用的改性手段有四大类，主要包括在分子结构中引入含氟取代基[75,76]、引入分子基团扭曲构象[77,78]、引入砜基结构[79]以及在分子主链上引入脂环结构[80,81]等。改性得到的无色CPI（colorless polyimide，CPI）具有良好的透光性能（＞85%）、较高的玻璃化转变温度（T_g＞300℃）、良好的耐溶剂性能和耐辐射性能等。

几十年来，对聚酰亚胺材料的研究已经成了柔性电子行业发展的重要组成部分。最著名的是20世纪60年代美国杜邦公司开发的Kapton系列材料，直到现在依然被广泛应用。在其成功商业化之后，一大批改性的聚酰亚胺材料陆续被开发出来。当前，聚酰亚胺材料由于有极好的热稳定性、高的耐辐射性能、良好的力学性能、较低的热膨胀系数以及耐溶剂性能等优良性能，在柔性电子器件领域具有广泛的应用。

芳香族聚酰亚胺（aromatic polyimide，ArPI）是典型的高性能聚酰亚胺材料，但是其分子链间强的共轭作用和分子链紧密堆积导致的CTC效应使其通常颜色较深，这在一定程度上限制了其在柔性透明电子器件中的应用。通过分子设计和材料改性从材料合成的源头上解决这一难题，制备无色透明PI成了近年来研究界的重点。

聚酰亚胺薄膜材料用作太阳电池的基底可追溯到很早以前。1987年，Vernstrom等[82]就开始开发和优化在聚酰亚胺基板上生产柔性无定形氢化硅（a-Si:H）太阳电池的连续工艺，当时制备的柔性非晶硅薄膜太阳电池的转换效率可达到6.2%，开路电压为0.919V，填充因子达到0.601。2005年，F. Kessler等[83]通过在线共蒸发工艺制造了基于PI柔性基底的小面积CIGS电池，其光电转换效率为11.0%。同年，瑞士联邦材料科学与技术实验室（EMPA）的Rudmann等[84]使用三步法在PI

衬底上制备了面积为 0.595cm^2 的 CIGS 薄膜太阳电池，器件的整体光电转换效率达到了 14.1%。2010 年，Güttler 等[85]在聚酰亚胺衬底上优化了低温制备工艺，使用共蒸技术，使铜铟镓硒薄膜吸收层的晶粒变大而且更致密，最终将电池光电转换效率提高到 17.6%。2011 年，EMPA 实验室的 Chirilă 等[86]研究了 CIGS 吸收层在柔性 PI 膜上的生长工艺，进一步优化薄膜内元素分布，使电池的光电转换效率达到了 18.7%，开路电压为 0.712V，短路电流密度达到 34.8mA/cm^2，填充因子为 0.757。2013 年，同样是 EMPA 实验室的 Chirilă 等[87]通过碱金属氟化物后沉积热处理技术，突破性地将 PI 衬底上的铜铟镓硒薄膜太阳电池的转换效率提高到 20.4%。图 4-10 为瑞士 EMPA 与 Flisom 公司合作开发的基于 PI 的高效 CIGS 太阳电池。

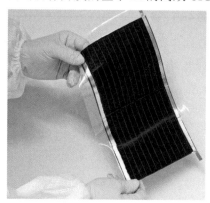

图 4-10 瑞士 EMPA 与 Flisom 公司合作开发的基于 PI 的高效 CIGS 太阳电池（效率为 20.4%）

2001 年，Tiwari 等[88]在聚酰亚胺薄膜上制备柔性 CdTe/CdS 太阳电池，其中聚酰亚胺薄膜作为进光面，研究发现对于 550nm 以上波长的光，大约 10μm 的 PI 薄膜平均光学透射率超过 75%。随后通过热蒸发生长功能层，并用 CdCl$_2$ 进行退火处理以进行重结晶和活化，最终获得了具有 V_{oc}=0.763V，I_{sc}=20.3mA/cm^2，FF=0.557，整体光电转换效率为 8.6% 的太阳电池。2006 年，Romeo 等[89]利用商业化 10μm 薄聚酰亚胺（UpilexTM），沉积在 ITO 导电层上作为顶电极，并使用退火处理来提高顶电极的稳定性，电池在制造过程开始和结束时具有几乎相同的薄层电阻，最终获得了效率为 11.4% 的柔性 CdTe 太阳电池。2011 年，EMPA 实验室在无色聚酰亚胺薄膜上制备柔性 CdTe 薄膜太阳电池，电池效率达到了 13.8%。同年，Perrenoud 等[90]使用基于高真空蒸发的低温（≤420℃）生长工艺制备了 CdTe/CdS 和 CdTe/ZnO 薄膜太阳电池。在玻璃上实现 15.6% 的电池效率，在柔性聚酰亚胺膜上实现 12.4% 的电池效率。2014 年，Xu 等[91]用真空磁控溅射在 PI 基底上溅射 Zn/Sn/Cu 前驱体，然后进行硫化，分析了硫化温度对制备薄膜的结构、组成、形态、电学和光学性质的影响。实验结果表明，硫化后 CZTS

结构在聚酰亚胺衬底上形成。随着硫化温度的升高，CZTS 的结晶度增强，薄膜中的第二相减少。

4.3
超薄玻璃

玻璃的主要成分是二氧化硅，作为基底材料和封装材料，在太阳电池领域中被广泛应用，但是目前商业化应用的大部分都是毫米级的硬质厚玻璃，重量很重。凭借几十年的硅基材料使用经验，工业上很容易使用超薄玻璃片（ultra thin glass）作为柔性电子器件的基底。厚度在 50μm 左右的超薄玻璃片，最小弯曲半径可以到 40mm。国际著名玻璃企业德国 Schott 公司最薄的超薄玻璃为 25μm，如图 4-11 所示。有些公司甚至可以降至 20μm。超薄玻璃具有物理和化学性质稳定、耐热温度高、耐常用试剂甚至酸碱的腐蚀、透光性能高、表面平整、水汽透过率极低 $[10^{-12}g/(m^2 \cdot d)]$ 等特点，但是也具有易碎、价格较高、弯曲半径有限等缺点，限制了其在各种柔性器件中的大规模应用。

图4-11 商业化超薄玻璃样品（Schott公司）

大多数研究都采用钠钙硅玻璃，其含有微量元素 Na^+，这对 CIGS 等硫属化合物薄膜太阳电池中的晶粒取向和成膜效果有非常重要的促进作用，CIGS 薄膜生长过程中 Na 将会从衬底通过钼电极层扩散进入 CIGS 吸收层。钠钙硅玻璃衬底上生长的 CIGS 膜表面更平整，晶粒排列紧密，取向清晰，晶粒尺寸较大，膜的附着性好。2015 年，Gerthoffer 等[92] 在柔软的硼硅酸盐超薄玻璃（厚度为 100μm）上制备 CIGS 太阳电池，如图 4-12 所示，电池的最佳效率达到 11.2%。但电池的性能测试表明，使用相同的制造工艺，柔性玻璃上电池的性能要低于 1mm 厚的钠钙玻璃（SLG）上电池的性能。他们还对电池的力学性能进行原始的研究，利用纳米压痕技术测试了 Mo 和 CIGS 薄膜的杨氏模量和硬度，分别获得 289GPa 和 70GPa 的杨氏模量值，以及 3.4GPa 的 CIGS 硬度。这些值与分析模型相结合，可以计算在超薄玻璃基板和聚酰亚胺基板上制造的太阳电池弯曲过程中薄膜的应变，结果表明使用具有低厚度和低杨氏模量的基板能够降低电池弯曲期间的薄膜应变。

图4-12　基于柔性玻璃的CIGS太阳电池

2014 年，美国宾汉顿大学的 Peng 等[93]采用磁控溅射法制备 CZTS 薄膜并以柔性玻璃为衬底制备了转换效率为 3.08% 的柔性 CZTS 太阳电池，将电池以50mm 为半径进行弯曲后电池的效率下降了 20%。2017 年，Brew 等[94]用 CZTS纳米颗粒油墨在柔性玻璃基板上制备了 CZTSSe 太阳电池，并确定必要的工艺参数，以便将器件性能与使用钠钙玻璃（SLG）制造的标准器件相连。进一步添加10nm 厚的 NaF 层，提高了电池的开路电压，使平均器件效率从（6.2±0.3）% 略微增加到（6.4±0.4）%，电池的最高效率为 6.9%。

2015 年，Sheehan 等[95]在沉积有 ITO 的柔性玻璃上制备了染料敏化太阳电池，测试结果表明，与使用市售 ITO 厚玻璃制备的 DSSC 相比，电池的光电转换效率有所提升，从 3.09% 提高到了 4.53%，主要得益于改进的填充因子。2015年，Formica 等[96]在超薄（140μm）的柔性玻璃上制备了一个多层结构的 TiO$_2$/Ag/AZO 透明电极，并在上面制备了聚合物太阳电池，如图 4-13 所示，获得了接近于在 ITO 玻璃基板上制备的电池的电光性能，并且其在机械柔韧性方面具有额外的优势，在 400 次弯曲之后电池效率仍能保持初始值的 94%（6.6%）。

2014 年，Rance 等[97]采用金属有机化合物化学气相沉淀（metal-organic chemical vapor deposition，MOCVD）的方法在 Corning 公司商业化的 Willow Glass 上制备高效 CdTe 太阳电池，达到了 14.05% 的效率。2015 年，Mahabaduge 等[98]通过高

图4-13 基于柔性超薄玻璃的聚合物太阳电池

温闭合空间升华（CSS）工艺，在超薄玻璃上制备了 CdTe 柔性器件，光电转换效率达到了 16.4%。2016 年，Wolden 等[99] 基于低温物理气相沉积（physical vapor deposition，PVD）的工艺在几种不同的柔性基板（聚酰亚胺、超薄玻璃）上成功制备出高效柔性 CdTe 太阳电池，如图 4-14 所示。同年，Salavei 等[100] 使用低温工艺在超薄玻璃上沉积制备了柔性 CdTe 太阳电池，并与沉积在聚酰亚胺上的 CdTe 电池进行了比较。结果表明，经过 $CdCl_2$ 活化处理后，聚酰亚胺基底的透明度降低，导致器件的寄生光吸收增加。此外，对于沉积在聚合物基底上的电池，还观察到了 CdTe 表面的应变，而超薄玻璃上的电池则没有显示出这些问题，证实柔性玻璃是柔性太阳电池可靠的基板。2017 年，Kopach 等[101] 通过磁控溅射方式，将 CdS 透明窗口层和 CdTe 基层直接沉积在柔性玻璃或聚酰亚胺基底上，并研究它们的晶体结构和光学特性。

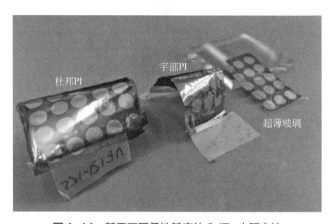

图4-14 基于不同柔性基底的 CdTe 太阳电池

4.4
纤维素

纤维素基材料具有原材料来源广泛、成本低、易于批量生产等优点，并且制备技术较为成熟，在包括柔性太阳电池领域的柔性电子器件领域具有较大应用前景。纤维素的主要来源树木植物是地球上储量大、可再生的环境友好型资源。纸张、箱子、家具、建材等木制产品早已成为人们日常生活中必不可少的生活用品。通过一定的技术手段，木材也可以成为更加先进的纤维素基材料，可以应用到生物工程、柔性电子、清洁能源等领域，如图 4-15 所示[102]。

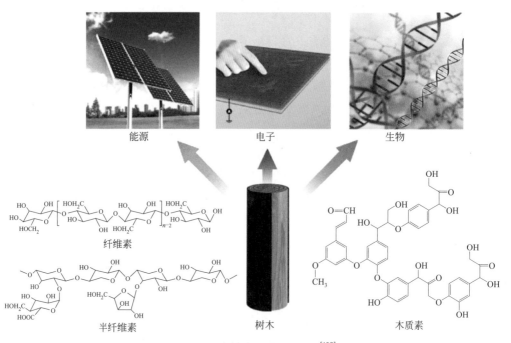

图4-15　木材成分和应用领域[102]

纸张，如复印纸、滤纸、宣纸等，早已成为人们日常生活中必不可少的纤维素材料，具有重量轻、成本低、可弯曲、可折叠、环境友好等特点，近年来，随着柔性光伏器件的发展，其逐渐成为一种良好的基底材料而受到广泛的关注与研究。传统纸张虽然有良好的可折叠性和可弯曲性能，但也存在一些缺点：首先，导电薄膜材料只能做在纸张的表面，从而影响了器件的耐弯折性能；其次，传统纸张的光学性能很差，限制了传统纸张的应用领域。为了改善纸张的这些缺点，研究人员发明了新型的透明纤维素纸张。

除去水分之外，树木主要由纤维素、半纤维素和木质素组成，其中纤维素约占木材总质量的 40%～45%，树木种类不同，占比也不相同[103]。1938 年，Anselme Payen 等首次用硝酸分离出了纤维素[104]，纤维素分子主链由 D- 吡喃葡萄糖单体以 β-1,4- 糖苷键连接而成，其重复单元和分子结构如图 4-16 所示。主链的聚合度一般都在 10000 以上，植物中的每一束基本的纤维素纤维都包含 16～36 个纤维素主链[105,106]。由于在纤维素主链中含有较多的羟基（—OH）基团，所以在纤维素分子主链内部存在大量的氢键。主链中存在氢键区域使得纤维素分子之间连接得更加牢固有序，但是与整个主链的长度相比，这种高度有序的结构区域长度要短得多，所以纤维素分子可以被分成两部分，即高度有序的结构（结晶区域）和无序结构（无定形区域）。结晶区域和无定形区域交替排列组成整个纤维素分子主链，一般是无定形区域包含在两个结晶区域之间，整个纤维素分子的结晶度约在 40%～70% 之间，主要受到纤维素原材料的影响而不同[107]。在纤维素分子的无定形区域，由于链分子之间的距离较大而更加容易与外部的一些分子形成氢键，比如水分子，但是结晶部分由于是高度有序的结构，很难受到外界环境的影响。所以当纤维素放在水中时，无序结构区域倾向于溶解，但是又由于有序结构的存在使得纤维素分子的最终表现为：在水中以及部分有机溶剂中只能溶胀，而不能最终溶解[108]。

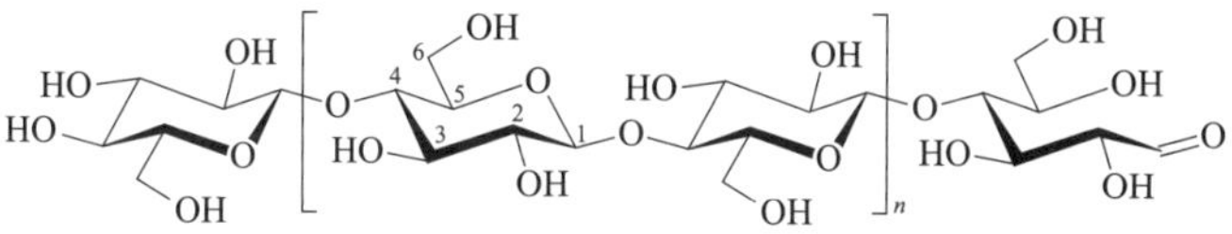

图4-16　纤维素分子结构式

纤维素分子中这种独特的有序与无序交替排列的结构，使得纤维素纤维可以被分解为纳米纤维素，即纤维素的尺寸至少有一维是在纳米级别的。根据长度和结晶度的不同，纳米纤维素又可以分为纳米纤维素晶体（cellulose nano-crystal，CNC）和纳米纤维素纤维（celluouse nanofibers，CNF），图 4-17 展示了两种纳米纤维素的微观形貌。两者在本质上并无差别，都包含有序和无序结构，相比较而言，纳米纤维素晶体长度较短，其中有序结构所占的比重较大。结晶纤维素的杨氏模量和抗拉强度分别为 140GPa 和 7.5GPa，所以纳米纤维素晶体和纳米纤维素纤维都具有优异的力学性能[109]。

纳米纤维素晶体通常指的是长度在 50～500nm 或者聚合度在 100～300 之间，直径在 3～10nm 且拥有一定结晶度的纳米纤维素材料。1949 年，Ranby 等通过在酸性水溶液中水解纤维素纤维的方式，首次制备出了纳米纤维素晶体[111]。到

 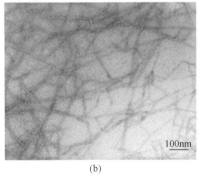

(a)　　　　　　　　　　　　　　　　(b)

图4-17　CNC（a）和CNF（b）的TEM形貌图[109,110]

目前为止，酸水解法仍是制备纳米纤维素晶体的主流方式[112-115]。随着制备技术逐渐成熟，其产量逐渐提高，从最初30%（质量分数）的产量已经提高到目前接近80%（质量分数）的产量，生产效率大幅度提高[116]，这就为CNC的商业化应用提供了坚实的基础。硫酸浓度对纳米纤维素晶体产量的影响如图4-18所示[117]。此外，还可以通过氧化的方式制备纳米纤维素晶体，如过硫酸盐、四甲基哌啶氮氧化物（2,2,6,6-tetramethylpiperidinooxy，TEMPO）等，不同的氧化剂浓度和不同的氧化剂种类对制备过程也有很大影响，纤维素在过硫酸钠、过硫酸钾和过硫酸铵等过硫酸盐水溶液中搅拌可以产生表面羧基化的CNC，其尺寸变化波动较小，长径比更大[118]，而TEMPO氧化得到的纤维素晶体纯净度和效率均有不同程度的改善[119,120]。

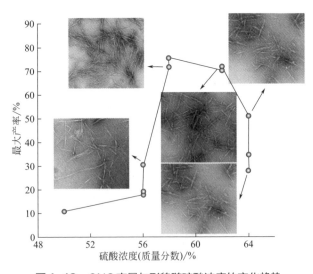

图4-18　CNC产量与形貌随硫酸浓度的变化趋势

纳米纤维素纤维通常指的是直径在 10～100nm 之间，长度在 500nm 到几微米之间的细纤维素纤维。1983 年，Turbak 等采用把软木浆水性悬浊液多次通过孔径尺寸在纳米级的高压均质器的方式，首次制备出了纳米纤维素纤维[121]。虽然这种机械法制备的 CNF 纯净度比较高，但是，在制备过程中耗能太多，所以，为了减少制备过程中的能量消耗，科研人员发明了化学 - 热机械法，即在通过高压均质器之前，用化学试剂对原材料进行预处理，从而降低过滤时的压力，减小能量消耗。目前研究最多的是用四甲基哌啶氮氧化物（TEMPO）进行预处理[122-125]，图 4-19 展示了用 TEMPO/NaCl/NaClO 预处理之后制备 CNF 的过程[126]。此外，还可以通过酶处理的方式来降低高压分离时的能量消耗，但是由于使用的酶不容易从最终产物中分离出去，导致获得的 CNF 纯净度较低[127,128]。另外，纳米纤维素纤维除了可以通过机械法从木浆中分离得到之外，还有一种细菌纤维素纤维，它是由细菌（如醋酸菌属、土壤杆菌属、根瘤菌属等）在含糖的水溶液中培养得到的一种纤维素，这种纤维素和木质纤维素具有相同的化学组成，但是为了和木质纤维素进行区分，通常被叫作细菌纤维素。这种细菌纤维素纤维呈现出长而扁平的纽带的形式，其横截面为（3～4）nm×（70～140）nm，长度约为 2μm，其结晶度比木质纤维素高，约在 80%～90%，但是细菌纤维素的生产周期长达两周左右[129,130]，生产效率低下。

CNC 和 CNF 的出现，打破了传统纤维素纸张光学性能差的弊端。Nogi 等首先报道了用 CNF 制备的纳米纸张，该纳米纸在波长为 600nm 时，具有 71.6% 的透光率[131]。近十年来，随着纳米纤维素材料制备工艺越来越成熟，性能越来越好，由纳米纤维素制备的透明纸张也受到越来越多的重视与研究。由于 CNC 中结晶度高，且形状如棒状，长径比小，所以由 CNC 制备的纳米纸具有一定的脆性。相比较而言，CNF 具有较大的长径比，且结晶度较低，由 CNF 制备的纳米纸具有更好的柔韧性。这种 CNF 纸张具有很多独特的优点：如优异的可折叠性和耐弯曲性能、较低的表面粗糙度、良好的光学透过率（可见光区域大于90%）、优良的力学性能、干燥环境下良好的气体阻隔性以及较低的热膨胀系数等[132-137]，这些独特的性能使得 CNF 纸张成为柔性太阳电池器件领域中优良的基底材料候选者。

由纤维素纳米材料制成的透明柔性基板具有光学雾度可调的特点，这对于高性能太阳电池是非常有吸引力的。通过结构调整，可以将光学雾度提高至 60%，这意味着相当大量的光是从法线方向散射过去的，散射有助于增强有源层中的光程长度，甚至全反射，结果会促进太阳电池中吸收层的光吸收大幅增强。光散射是基于纤维素纳米材料的基板的固有特性，其可以有效消除薄膜太阳电池中的额

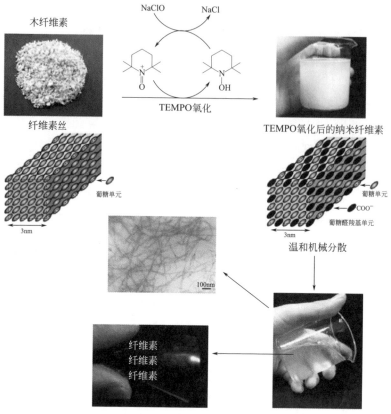

图4-19 用TEMPO/NaCl/NaClO预处理之后制备CNF的过程示意图

外光管理需求。

Vicente和Águas等[138,139]利用等离子体增强化学沉积（plasma enhanced chemical vapor deposition，PECVD）工艺，实现了低温（<155℃）下在纤维素基底上直接沉积a-Si:H，制备了效率分别为4%和3.4%的纸基柔性太阳电池，如图4-20所示。

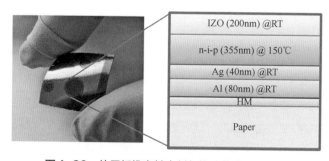

图4-20 使用纤维素基底制备的硅薄膜太阳电池

Hu 等[140] 利用纳米纸基底制造由常规的 P3HT:PCBM 和 PEDOT:PSS 组成的柔性太阳电池［如图4-21（a）所示］，所构造的器件表现出 0.21% 的光电转换效率。但是从图4-21（b）中的测试数据可以看出，该器件具有高串联电阻，这是由大的界面电阻以及透明电极电阻引起的。此外，电池的填充因子较低，表现出较大的并联电阻，这是由器件内的短路引起的。Zhou 等[141] 在透明纸上展示了一种效率更高的有机太阳电池器件。他们首先开发了一种由热蒸发改性 Ag 层制成的有机太阳电池，作为半透明底电极，再通过将 MoO_3/Ag 蒸镀到光活性层上来制备顶部电极。所制备的太阳电池具有 0.65V 的开路电压、7.5mA/cm^2 的电流密度、0.54 的填充因子和 2.7% 的光电转换效率，器件结构如图4-21（c）所示。器件的 I-V 测试和暗电流测试曲线表现出电池优异的重复行为［图4-21（d）］，较好的填充因子表明电池具有较小的串联电阻以及较大的并联电阻。由于透明纸具有一定的可燃性，作者还演示了将器件进行燃烧，结果只剩下一点灰烬，展现了另一种处理太阳电池的途径。Leonat 等[142] 则在含 4%PCE 涂层的纸基材上制造了有机太阳电池，作者以锌薄层作为基底接触电极，以蒸发的半透明 MoO_3/Ag/MoO_3 作为顶部电极，消除了纸张的不平整表面对有机太阳电池性能的影响。

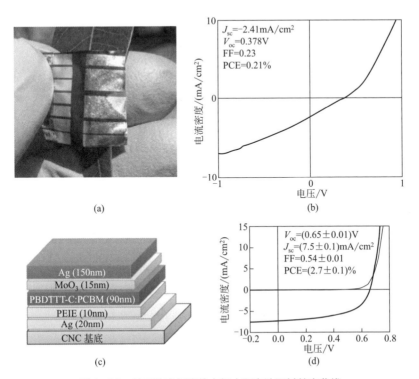

图4-21　基于纳米纸张的有机太阳电池及其效率曲线

Costa 等[143]展示了具有 CNC 和 CNF 基板的倒置有机太阳电池，评估了这些基材的不同性质及其对 OPV 性能的影响。他们通过使用超声波均化器，获得具有更高光学透过率的溶液，随后获得具有优异透明度的膜，如图 4-22 所示。CNC 和 CNF 膜均表现出优异的柔韧性和力学性能。此外，它们的 OPV 器件显示出非常接近的并联电阻，但它们的串联电阻值相当不同。基于 CNC 基底的器件较基于 CNF 的设备具有低的串联电阻，这主要与薄膜的纤维和粗糙表面有关系，因此可以看到基于 NFC 基底和 CNC 基底的太阳电池具有不同的短路电流和填充因子，最终导致光电转换效率分别为 1.4%（CNC）和 0.5%（CNF）。基于 CNC 基板的 OPV 装置中较高的 PCE 主要是由于 CNC 膜更均匀，粗糙度更低。

Nogi 等[144]将 CNF 纳米纸与银纳米线结合作为透明导电层，制备了有机太阳电池，如图 4-23 所示，获得了 3.2% 的光电转换效率，与基于传统的硬质 ITO 基底的电池具有相近的性能。同时，由于 CNF/银纳米线电极具有优异的耐弯折性能，所制备的太阳电池在折叠期间和折叠之后依旧表现出优异的光电转换效率。

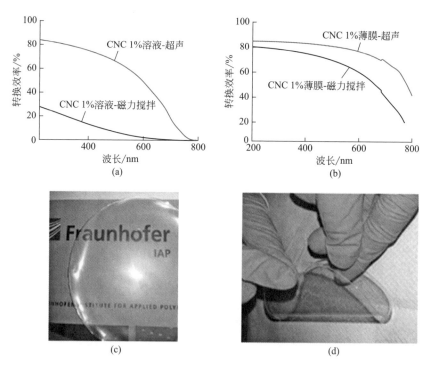

图4-22 CNC和CNF薄膜及其光学透过率

图4-23 基于CNF基底的便携式可折叠有机太阳电池

近年来研究较多的钙钛矿电池也开始利用纤维素作为重要基底进行技术开发。2016 年，Jung 等[145] 将具有雾度的多孔纳米纸与钙钛矿吸收层相结合，将基底在疏水处理后，制备了柔性钙钛矿太阳电池，获得了 6.37% 的整体光电转换效率。图 4-24 展示了钙钛矿电池的结构以及纤维素基底柔性钙钛矿太阳电池的实物照片。2017 年，Castro-Hermosa 等[146] 在纸张基底上，沉积了 $MoO_3/Au/MoO_3$ 的透明导电膜，随后利用该基底制备了钙钛矿太阳电池，获得了 2.7% 的效率。

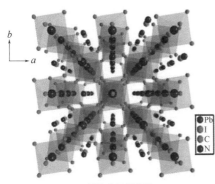

(a) 钙钛矿材料结构

(b) 钙钛矿电池的结构示意图

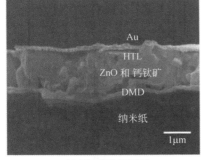

(c) 断面结构SEM图

(d) 纤维素基底柔性钙钛矿电池实物图

图4-24 基于纤维素基底的钙钛矿太阳电池

虽然目前基于纤维素基底的太阳电池是科研界的研究热点，但相关的大规模产业化应用还不具备，仍存在一些问题。由于纤维素的环境友好性，电池的环境稳定性变差，湿度、细菌等外界因素对电池的破坏非常严重，如何平衡电池的环境友好性能以及稳定性能是一项重要的研究内容。另外，有别于传统高分子成膜技术的大面积制备工艺，纤维素基底的批量制备也是有待攻克的技术难题。

4.5
其他衬底

除了上述介绍的柔性衬底材料外，还有一些研究比较少的柔性衬底材料。

聚二甲基硅氧烷（polydimethylsiloxane，PDMS）是一种主链为交替排列的 Si—O 键，侧链由连接在硅原子上的甲基组成的线性聚合物，它具有较好的光学透过率、较低的杨氏模量以及高弹性等优良特性，是用来制备柔性可拉伸器件的优良基底材料。2009 年，Fan 等[147] 以多孔氧化铝为模板制备了一种 CdS/CdTe 三维纳米柱阵列太阳电池。CdS 纳米柱长度为 400～600nm，采用化学气相沉积方法在 CdS 纳米柱的顶端制备一层厚度约为 1μm 的 CdTe 吸收层。所制备的电池在 AM 1.5G、100mW/cm^2 模拟太阳光照射下，开路电压为 0.62V，短路电流密度约为 21mA/cm^2，填充因子为 0.43，电池转化效率达到 6%。随后，作者还将所制得的这种三维结构太阳电池封装到 PDMS 柔性材料中，制备成一种柔性薄膜电池，如图 4-25 所示。

2010 年，Ishizuka 等[148] 研究了对 CuInSe$_2$（CIS）、CIGS 和 CuGaSe$_2$（CGS）层的碱掺杂效应，并利用碱 - 硅酸盐玻璃薄层（alkali silicate glass thin layers，ASTL）相结合的技术，实现了柔性 CIGS 太阳电池在氧化锆片基板上的转换效率达17.7%。研究表明，掺杂到 CIGS 吸收层中的碱（特别是 Na）是提高 CIGS 太阳电池在不含碱元素的柔性基板上效率的重要因素。使用 ASTL 方法，是为了解决碱性化合物在吸收层制备过程中不稳定的问题，通过调节 ASTL 厚度可以可靠地控制 CIGS 层中的 Na 浓度，从而使得电池效率有显著的提升。

纳米纤维薄膜也是一种常见的薄膜材料，但是由于其光学不透明，因此大部分时候被用作背电极来使用，如 2017 年，Song 等[149] 先通过静电纺丝，然后加热处理热稳定化和碳化，成功地制备了高度柔韧的 TiO$_2$/C 纳米纤维膜，TiO$_2$/C 纳米纤维膜用作铂和透明导电氧化物的对电极，用于柔性染料敏化太阳电池。

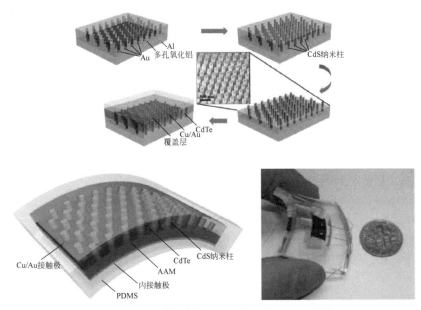

图4-25 三维纳米柱太阳电池及其PDMS封装

丝素蛋白分子来源于蚕丝纤维，它的排列呈直线形，结构紧密，取向度和结晶度较高，通过酸碱等化学处理方式脱胶之后，就可获得具有良好的力学性能、生物相容性和光学性质的丝素蛋白，进一步可以将丝素蛋白溶液制作成薄膜。因其具有良好的力学性能、光学性质、生物相容性和可降解性，在绿色柔性电子器件和光电器件领域中具有较大的应用潜力[150]。2014年，Liu等[151]利用蚕丝蛋白和银纳米线相结合的方式制备透明导电膜，在方阻为 11.0Ω 的情况下，具有80%的可见光光学透过率，再将其用于有机太阳电池，获得了 6.62% 的光电转换效率。同年，Prosa等[152]则利用蚕丝蛋白在荧光下的转换特性，制备了有机太阳电池，同时还有效提高了电池的稳定性。

参考文献

[1] 李荣荣，赵晋津，司华燕，等. 柔性薄膜太阳能电池的研究进展 [J]. 硅酸盐学报，2014，42（7）：878-885.

[2] 王松，谢明，张吉明，等. 柔性衬底铜铟镓硒太阳能电池研究进展 [J]. 真空科学与技术学报，2013，33（12）：1276-1280.

[3] 陶杰，何雪婷，朱建平，等. 柔性薄膜太阳能电池用不锈钢基板的成形技术 [J]. 机械制造与自动化，2011，40（4）：1-4.

[4] 中国第一条精密不锈钢带生产线 [N]. 特殊钢，2000.

[5] 倪履安. 冷轧精密不锈钢带的板形控制 [J]. 轧钢, 2009, 1: 71-72.

[6] 张灵杰. 冷轧极薄带钢轧制工艺研究 [J]. 南方金属, 2008, 3: 12-13.

[7] 周兰英, 和庆娣, 程平. 基体表面形貌对膜基结合强度影响规律的研究 [J]. 表面技术, 2006, 35 (2): 13-14.

[8] 何亮. 冷轧薄板板形与表面粗糙度控制研究 [D]. 重庆: 重庆大学, 2006.

[9] 张建军, 孟昭萍. 冷轧钢板表面粗糙度影响因素分析 [J]. 鞍钢技术, 2008, 5: 51-53.

[10] 张庆华, 江波, 时祖锟, 等. 冷轧辊毛化技术分析与发展 [C]. 2007中国钢铁年会, 四川成都, 2007.

[11] 石栋. 薄膜太阳能电池柔性不锈钢衬底的电化学机械抛光研究 [D]. 金华: 浙江师范大学, 2016.

[12] Yun H G, Jun Y, Kim J, et al. Effect of increased surface area of stainless steel substrates on the efficiency of dye-sensitized solar cells [J]. Applied physics letters, 2008, 93 (13): 3.

[13] Bae D, Kwon S, Oh J, et al. Investigation of Al_2O_3 diffusion barrier layer fabricated by atomic layer deposition for flexible Cu (In, Ga) Se_2 solar cells [J]. Renewable Energy, 2013, 55: 62-68.

[14] Moriwaki K, Nomoto M, Yuuya S, et al. Monolithically integrated flexible Cu (In, Ga) Se_2 solar cells and submodules using newly developed structure metal foil substrate with a dielectric layer [J]. Solar Energy Materials and Solar Cells, 2013, 112: 106-111.

[15] Li L, Zhang X Q, Huang Y X, et al. Investigation on the performance of Mo_2N thin film as barrier layer against Fe in the flexible Cu (In, Ga) Se_2 solar cells on stainless steel substrates [J]. Journal of alloys and compounds, 2017, 698: 194-199.

[16] Li B, Li J, Wu L, et al. Barrier effect of AlN film in flexible Cu (In, Ga) Se_2 solar cells on stainless steel foil and solar cell [J]. Journal of alloys and compounds, 2015, 627: 1-6.

[17] Chantana J, Teraji S, Watanabe T, et al. Influences of Fe and absorber thickness on photovoltaic performances of flexible Cu (In, Ga) Se_2 solar cell on stainless steel substrate [J]. Solar Energy, 2018, 173: 126-131.

[18] López-Marino S, Neuschitzer M, Sanchez Y, et al. Earth-abundant absorber based solar cells onto low weight stainless steel substrate [J]. Solar Energy Materials and Solar Cells, 2014, 130: 347-353.

[19] López-Marino S, Sanchez Y, Espindola-Rodriguez M, et al. Alkali doping strategies for flexible and light-weight $Cu_2ZnSnSe_4$ solar cells [J]. Journal of Materials Chemistry A, 2016, 4 (5): 1895-1907.

[20] Sun K W, Liu F Y, Yan C, et al. Influence of sodium incorporation on kesterite Cu_2ZnSnS_4 solar cells fabricated on stainless steel substrates [J]. Solar Energy Materials and Solar Cells, 2016, 157: 565-571.

[21] Sun K W, Liu F Y, Huang J L, et al. Flexible kesterite Cu_2ZnSnS_4 solar cells with sodium-doped molybdenum back contacts on stainless steel substrates [J]. Solar Energy Materials and Solar Cells, 2018, 182: 14-20.

[22] Kang M G, Park N G, Ryu K S, et al. Flexible metallic substrates for TiO_2 film of dye-

sensitized solar cells [J]. Chemistry letters，2005，34（6）：804-805.

[23] Mor G K，Varghese O K，Paulose M，et al. Transparent highly ordered TiO$_2$ nanotube arrays via anodization of titanium thin films [J]. Advanced functional materials，2005，15（8）：1291-1296.

[24] Liang J，Yang J，Zhang G M，et al. Flexible fiber-type dye-sensitized solar cells based on highly ordered TiO$_2$ nanotube arrays [J]. Electrochemistry communications，2013，37: 80-83.

[25] Zhu K，Neale N R，Miedaner A，et al. Enhanced charge-collection efficiencies and light scattering in dye-sensitized solar cells using oriented TiO$_2$ nanotubes arrays [J]. Nano letters，2007，7（1）：69-74.

[26] Lin C J，Yu W Y，Chien S H. Rough conical-shaped TiO$_2$ nanotube arrays for flexible backilluminated dye-sensitized solar cells [J]. Applied physics letters，2008，93（13）：3.

[27] Kuang D，Brillet J，Chen P，et al. Application of highly ordered TiO$_2$ nanotube arrays in flexible dye-sensitized solar cells [J]. ACS nano，2008，2（6）：1113-1116.

[28] Tao R H，Wu J M，Xue H X，et al. A novel approach to titania nanowire arrays as photoanodes of back-illuminated dye-sensitized solar cells [J]. Journal of power sources，2010，195（9）：2989-2995.

[29] Fan K，Chen J N，Yang F，et al. Self-organized film of ultra-fine TiO$_2$ nanotubes and its application to dye-sensitized solar cells on a flexible Ti-foil substrate [J]. Journal of materials chemistry，2012，22（11）：4681-4686.

[30] Chen Y H，Huang K C，Chen J G，et al. Titanium flexible photoanode consisting of an array of TiO$_2$ nanotubes filled with a nanocomposite of TiO$_2$ and graphite for dye-sensitized solar cells [J]. Electrochimica acta，2011，56（23）：7999-8004.

[31] Chang H，Chen T L，Huang K D，et al. Fabrication of highly efficient flexible dye-sensitized solar cells [J]. Journal of alloys and compounds，2010，504: S435-S438.

[32] Yazici S，Olgar M A，Akca F G，et al. Growth of Cu$_2$ZnSnS$_4$ absorber layer on flexible metallic substrates for thin film solar cell applications [J]. Thin solid films，2015，589: 563-573.

[33] Li J Z，Shen H L，Shang H R，et al. Performance improvement of flexible CZTS Se thin film solar cell by adding a Ge buffer layer [J]. Materials letters，2017，190: 188-190.

[34] Kranz L，Gretener C，Perrenoud J，et al. Doping of polycrystalline CdTe for high-efficiency solar cells on flexible metal foil [J]. Nature communications，2013，4: 7.

[35] Zhang Y Z，Ye Q Y，Liu J，et al. Earth-abundant and low-cost CZTS solar cell on flexible molybdenum foil [J]. RSC advances，2014，4（45）：23666-23669.

[36] Liu Y Q，Xu J X，Yang Y Z，et al. Effects of copper content on properties of CZTS thin films grown on flexible substrate [J]. Superlattices and Microstructures，2016，100: 1283-1290.

[37] Dong L M，Cheng S Y，Lai Y F，et al. Sol-gel processed CZTS thin film solar cell on flexible molybdenum foil [J]. Thin solid films，2017，626: 168-172.

[38] Yang K J，Kim S，Sim J H，et al. The alterations of carrier separation in kesterite solar cells [J]. Nano Energy，2018，52: 38-53.

[39] Yan Q, Cheng S Y, Li H N, et al. High flexible Cu_2ZnSn（S，Se）$_4$ solar cells by green solution-process [J]. Solar Energy，2019，177：508-516.

[40] Tian Q W, Xu X F, Han L B, et al. Hydrophilic Cu_2ZnSnS_4 nanocrystals for printing flexible, low-cost and environmentally friendly solar cells [J]. CrystEngComm/RSC，2012，14（11）：3847-3850.

[41] Choi M C, Kim Y, Ha C S. Polymers for flexible displays: From material selection to device applications [J]. Progress in polymer science，2008，33（6）：581-630.

[42] Gong L, Liu Y Z, Liu F Y, et al. Room-temperature deposition of flexible transparent conductive Ga-doped ZnO thin films by magnetron sputtering on polymer substrates [J]. Journal of Materials Science-Materials in Electronics，2017，28（8）：6093-6098.

[43] Shin D H, Heo J H, Im S H. Recent advances of flexible hybrid perovskite solar cells [J]. Journal of the Korean Physical Society，2017，71（10）：593-607.

[44] Yan K, Hu X, Chen B, et al. Flexible and semi-transparent perovskite solar cells [J]. Chinese Science Bulletin，2017，62（14）：1464-1479.

[45] Pagliaro M, Ciriminna R, Palmisano G. Flexible solar cells [J]. Chem Sus Chem，2008，1（11）：880-891.

[46] Toivola M, Halme J, Miettunen K, et al. Nanostructured dye solar cells on flexible substrates-Review [J]. International Journal of Energy Research，2009，33（13）：1145-1160.

[47] Song H, Yan Q, Zhu X. Progress on the flexible thin film solar cells [J]. Materials Review，2012，26（5A）：138-141.

[48] Gomes M, Gandini A, Silvestre A J D, et al. Synthesis and characterization of poly （2,5-furan dicarboxylate) based on a variety of diols [J]. Journal of Polymer Science Part a-Polymer Chemistry，2011，49（17）：3759-3768.

[49] Jiang M, Liu Q, Zhang Q, et al. A series of furan-aromatic polyesters synthesized via direct esterification method based on renewable resources [J]. Journal of Polymer Science Part a-Polymer Chemistry，2012，50（5）：1026-1036.

[50] Papageorgiou G Z, Papageorgiou D G, Terzopoulou Z, et al. Production of bio-based 2,5-furan dicarboxylate polyesters: Recent progress and critical aspects in their synthesis and thermal properties [J]. European polymer journal，2016，83：202-229.

[51] Sousa A F, Matos M, Freire C S R, et al. New copolyesters derived from terephthalic and 2,5-furandicarboxylic acids: A step forward in the development of biobased polyesters [J]. Polymer，2013，54（2）：513-519.

[52] Gopalakrishnan P, Narayan-Sarathy S, Ghosh T, et al. Synthesis and characterization of bio-based furanic polyesters [J]. Journal of Polymer Research，2013，21（1）：9.

[53] Zhu C T, Zhou J R, Li J, et al. Room temperature sputtering deposition of high-haze Ga-doped ZnO transparent conductive thin films on self-textured bio-based poly（ethylene 2,5-furandicarboxylate）substrates [J]. Ceramics International，2018，44（1）：369-373.

[54] Xu W, Zhong L, Xu F, et al. Ultraflexible transparent bio-based polymer conductive films based on Ag nanowires [J]. Small（Weinheim an der Bergstrasse，Germany），2019：1805094.

[55]　Chen L L, Tan W W, Zhang J B, et al. Fabrication of high performance Pt counter electrodes on conductive plastic substrate for flexible dye-sensitized solar cells [J]. Electrochimica acta, 2010, 55（11）: 3721-3726.

[56]　Chiu W H, Lee K M, Hsieh W F. High efficiency flexible dye-sensitized solar cells by multiple electrophoretic depositions [J]. Journal of power sources, 2011, 196（7）: 3683-3687.

[57]　Wu C C, Chen B, Zheng X J, et al. Scaling of the flexible dye sensitized solar cell module [J]. Solar Energy Materials and Solar Cells, 2016, 157: 438-446.

[58]　Kim B J, Kim D H, Lee Y Y, et al. Highly efficient and bending durable perovskite solar cells: toward a wearable power source [J]. Energy & Environmental Science, 2015, 8（3）: 916-921.

[59]　Farinella M, Inguanta R, Spano T, et al. Electrochemical deposition of CZTS thin films on flexible substrate [J]. Energy Procedia, 2014, 44: 105-110.

[60]　Najafi V, Kimiagar S. Cd-free Cu_2ZnSnS_4 thin film solar cell on a flexible substrate using nano-crystal ink [J]. Thin solid films, 2018, 657: 70-75.

[61]　Docampo P, Ball J M, Darwich M, et al. Efficient organometal trihalide perovskite planar-heterojunction solar cells on flexible polymer substrates [J]. Nature communications, 2013, 4: 6.

[62]　Yang D, Yang R, Ren X, et al. Hysteresis-suppressed high-efficiency flexible perovskite solar cells using solid-state ionic-liquids for effective electron transport [J]. Advanced Materials, 2016, 28（26）: 5206-5213.

[63]　Subbiah A S, Mathews N, Mhaisalkar S, et al. Novel plasma-assisted low-temperature-processed SnO_2 thin films for efficient flexible perovskite photovoltaics [J]. ACS Energy Letters, 2018, 3（7）: 1482-1491.

[64]　Feng J, Zhu X, Yang Z, et al. Record efficiency stable flexible perovskite solar cell using effective additive assistant strategy [J]. Advanced Materials, 2018, 30（35）: 1801418.

[65]　Park Y, Kim E K, Lee S, et al. Growth and characterization of CdS thin films on polymer substrates for photovoltaic applications [J]. Journal of nanoscience and nanotechnology, 2014, 14（5）: 3880-3883.

[66]　Gong L, Lu J G, Ye Z Z. Room-temperature growth and optoelectronic properties of GZO/ZnO bilayer films on polycarbonate substrates by magnetron sputtering [J]. Solar Energy Materials and Solar Cells, 2010, 94（7）: 1282-1285.

[67]　Jung Y S, Choi H W, Kim K H, et al. Properties of AZO thin films for solar cells deposited on polycarbonate substrates [J]. Journal of the Korean Physical Society, 2009, 55（5）: 1945-1949.

[68]　Dong W J, Yoo C J, Cho H W, et al. Flexible a-Si: H solar cells with spontaneously formed parabolic nanostructures on a hexagonal-pyramid reflector [J]. Small（Weinheim an der Bergstrasse, Germany）, 2015, 11（16）: 1947-1953.

[69]　Meng W, Ge R, Li Z F, et al. Conductivity enhancement of PEDOT: PSS films via phosphoric acid treatment for flexible all-plastic solar cells [J]. ACS applied materials & interfaces,

2015, 7 (25): 14089-14094.

[70] Lee J, Kim N N, Park Y S. Characteristics of SnO₂: Sb films as transparent conductive electrodes of flexible inverted organic solar cells [J]. Journal of nanoscience and nanotechnology, 2016, 16 (5): 4973-4977.

[71] Jin X Z, Ishii H. A novel positive-type photosensitive polyimide having excellent transparency based on soluble block copolyimide with hydroxyl group and diazonaphthoquintone [J]. Journal of applied polymer science, 2005, 96 (5): 1619-1624.

[72] Jin X Z, Ishii H. A novel positive-type photosensitive polyimide based on soluble block copolyimide showing low dielectric constant with a low-temperature curing process [J]. Journal of applied polymer science, 2006, 100 (5): 4240-4246.

[73] Hasegawa T, Horie K. Photophysics, photochemistry, and optical properties of polyimides [J]. Progress in polymer science, 2001, 26 (2): 259-335.

[74] Tapaswi P K, Ha C S. Recent trends on transparent colorless polyimides with balanced thermal and optical properties: design and synthesis [J]. Macromolecular chemistry and physics, 2019, 220 (3): 1800313.

[75] Banerjee S, Madhra M K, Salunke A K, et al. Synthesis and properties of fluorinated polyimides. 1. Derived from novel 4,4″-bis (aminophenoxy)-3,3″-trifluoromethyl terphenyl [J]. Journal of Polymer Science Part a-Polymer Chemistry, 2002, 40 (8): 1016-1027.

[76] Liaw D J, Chang F C. Highly organosoluble and flexible polyimides with color lightness and transparency based on 2, 2-bis 4-(2-trifluoromethyl-4-aminophenoxy) -3, 5-dimethylphenyl propane [J]. Journal of Polymer Science Part a-Polymer Chemistry, 2004, 42 (22): 5766-5774.

[77] Choi M C, Wakita J, Ha C S, et al. Highly transparent and refractive polyimides with controlled molecular structure by chlorine side groups [J]. Macromolecules, 2009, 42 (14): 5112-5120.

[78] Chen J C, Liu Y T, Leu C M, et al. Synthesis and properties of organosoluble polyimides derived from 2, 2′-Dibromo- and 2, 2′, 6, 6′-Tetrabromo-4, 4′-Oxydianilines [J]. Journal of applied polymer science, 2010, 117 (2): 1144-1155.

[79] Liu J G, Nakamura Y, Suzuki Y, et al. Highly refractive and transparent polyimides derived from 4, 4′- m-sulfonylbis (phenylenesulfanyl) diphthalic anhydride and various sulfur-containing aromatic diamines [J]. Macromolecules, 2007, 40 (22): 7902-7909.

[80] Matsumoto T, Mikami D, Hashimoto T, et al. Alicyclic polyimides-a colorless and thermally stable polymer for opto-electronic devices [J]. Journal of Physics: Conference Series, 2009, 187: 012005.

[81] Watanabe Y, Sakai Y, Shibasaki Y, et al. Synthesis of wholly alicyclic polyimides from N-silylated alicyclic diamines and alicyclic dianhydrides [J]. Macromolecules, 2002, 35 (6): 2277-2281.

[82] Vernstrom G D, Jacobson R L, Westerberg R K, et al. Continuous-mode fabrication of amorphous-silicon solar-cells on polyimide substrates [J]. Solar Cells, 1987, 21: 141-146.

[83] Kessler F, Herrmann D, Powalla M. Approaches to flexible CIGS thin-film solar cells [J].

Thin solid films, 2005, 480: 491-498.

[84]　Rudmann D, Bremaud D, Zogg H, et al. Na incorporation into Cu (In, Ga) Se$_2$ for high-efficiency flexible solar cells on polymer foils [J]. Journal of applied physics, 2005, 97 (8): 5.

[85]　Güttler D, Chirila A, Seyrling S, et al. Influence of NaF incorporation during Cu (In, Ga) Se$_2$ growth on microstructure and photovoltaic performance [C]. 35th Ieee Photovoltaic Specialists Conference, Ieee: New York, 2010: 3420-3424.

[86]　Chirilă A, Buecheler S, Pianezzi F, et al. Highly efficient Cu (In, Ga) Se$_2$ solar cells grown on flexible polymer films [J]. Nature materials, 2011, 10 (11): 857-861.

[87]　Chirilă A, Reinhard P, Pianezzi F, et al. Potassium-induced surface modification of Cu (In, Ga) Se$_2$ thin films for high-efficiency solar cells [J]. Nature materials, 2013, 12 (12): 1107-1111.

[88]　Tiwari A N, Romeo A, Baetzner D, et al. Flexible CdTe solar cells on polymer films [J]. Progress in Photovoltaics, 2001, 9 (3): 211-215.

[89]　Romeo A, Khrypunov G, Kurdesau F, et al. High-efficiency flexible CdTe solar cells on polymer substrates [J]. Solar Energy Materials and Solar Cells, 2006, 90 (18-19): 3407-3415.

[90]　Perrenoud J, Kranz L, Buecheler S, et al. The use of aluminium doped ZnO as transparent conductive oxide for CdS/CdTe solar cells [J]. Thin solid films, 2011, 519 (21): 7444-7448.

[91]　Xu J X, Cao Z M, Yang Y Z, et al. Fabrication of Cu$_2$ZnSnS$_4$ thin films on flexible polyimide substrates by sputtering and post-sulfurization [J]. Journal of Renewable and Sustainable Energy, 2014, 6 (5): 8.

[92]　Gerthoffer A, Roux F, Emieux F, et al. CIGS solar cells on flexible ultra-thin glass substrates: Characterization and bending test [J]. Thin solid films, 2015, 592: 99-104.

[93]　Peng C Y, Dhakal T P, Garner S, et al. Fabrication of Cu$_2$ZnSnS$_4$ solar cell on a flexible glass substrate [J]. Thin solid films, 2014, 562: 574-577.

[94]　Brew K W, McLeod S M, Garner S M, et al. Improving efficiencies of Cu$_2$ZnSnS$_4$ nanoparticle based solar cells on flexible glass substrates [J]. Thin solid films, 2017, 642: 110-116.

[95]　Sheehan S, Surolia P K, Byrne O, et al. Flexible glass substrate based dye sensitized solar cells [J]. Solar Energy Materials and Solar Cells, 2015, 132: 237-244.

[96]　Formica N, Mantilla-Perez P, Ghosh D S, et al. An indium tin oxide-free polymer solar cell on flexible glass [J]. ACS applied materials & interfaces, 2015, 7 (8): 4541-4548.

[97]　Rance W L, Burst J M, Meysing D M, et al. 14%-efficient flexible CdTe solar cells on ultra-thin glass substrates [J]. Applied physics letters, 2014, 104 (14): 4.

[98]　Mahabaduge H P, Rance W L, Burst J M, et al. High-efficiency, flexible CdTe solar cells on ultra-thin glass substrates [J]. Applied physics letters, 2015, 106 (13): 4.

[99]　Wolden C A, Abbas A, Li J J, et al. The roles of ZnTe buffer layers on CdTe solar cell performance [J]. Solar Energy Materials and Solar Cells, 2016, 147: 203-210.

[100]　Salavei A, Menossi D, Piccinelli F, et al. Comparison of high efficiency flexible CdTe solar cells on different substrates at low temperature deposition [J]. Solar Energy, 2016, 139: 13-18.

[101]　Kopach G I, Mygushchenko R P, Khrypunov G S, et al. Structure and optical properties

CdS and CdTe films on flexible substrate obtained by DC magnetron sputtering for solar cells [J]. J Nano-Electron Phys, 2017, 9（5）: 05035.

[102]   Zhu H L, Luo W, Ciesielski P N, et al. Wood-derived materials for green electronics, biological devices, and energy applications [J]. Chemical reviews, 2016, 116（16）: 9305-9374.

[103]   Zhu J Y, Zhuang X S. Conceptual net energy output for biofuel production from lignocellulosic biomass through biorefining [J]. Progress in Energy and Combustion Science, 2012, 38（4）: 583-598.

[104]   Payen A. Memoire sur la composition du tissu propre des plantes et du ligneux [J]. Comptes Rendus, 1938, 7: 1052-1056.

[105]   Freywyssling A. The fine structure of cellulose microfibrils [J]. Science, 1954, 119（3081）: 80-82.

[106]   Ding S Y, Himmel M E. The maize primary cell wall microfibril: A new model derived from direct visualization [J]. Journal of agricultural and food chemistry, 2006, 54（3）: 597-606.

[107]   Nechyporchuk O, Belgacem M N, Bras J. Production of cellulose nanofibrils: A review of recent advances [J]. Industrial crops and products, 2016, 93: 2-25.

[108]   Kalia S, Dufresne A, Cherian B M, et al. Cellulose-Based bio-and nanocomposites: A review [J]. International journal of polymer science, 2011, 2011: 837875.

[109]   Sturcova A, Davies G R, Eichhorn S J. Elastic modulus and stress-transfer properties of tunicate cellulose whiskers [J]. Biomacromolecules, 2005, 6（2）: 1055-1061.

[110]   Saito T, Kimura S, Nishiyama Y, et al. Cellulose nanofibers prepared by TEMPO-mediated oxidation of native cellulose [J]. Biomacromolecules, 2007, 8（8）: 2485-2491.

[111]   G R B. Aqueous colloidal solutions of cellulose micelles [J]. Acta chemica Scandinavica, 1949, 3（5）: 649-650.

[112]   Bondeson D, Mathew A, Oksman K. Optimization of the isolation of nanocrystals from microcrystalline cellulose by acid hydrolysis [J]. Cellulose（London, England）, 2006, 13（2）: 171-180.

[113]   Chen Y, Liu C H, Chang P R, et al. Bionanocomposites based on pea starch and cellulose nanowhiskers hydrolyzed from pea hull fibre: Effect of hydrolysis time [J]. Carbohydrate polymers, 2009, 76（4）: 607-615.

[114]   Moran J I, Alvarez V A, Cyras V P, et al. Extraction of cellulose and preparation of nanocellulose from sisal fibers [J]. Cellulose（London, England）, 2008, 15（1）: 149-159.

[115]   Hamad W Y, Hu T Q. Stucture-process-yield interrelations in nanocrystalline cellulose extraction [J]. Canadian Journal of Chemical Engineering, 2010, 88（3）: 392-402.

[116]   Wang Q Q, Zhao X B, Zhu J Y. Kinetics of strong acid hydrolysis of a bleached kraft pulp for producing cellulose nanocrystals (CNCs) [J]. Industrial & engineering chemistry research, 2014, 53（27）: 11007-11014.

[117]   Chen L H, Wang Q Q, Hirth K, et al. Tailoring the yield and characteristics of wood

cellulose nanocrystals (CNC) using concentrated acid hydrolysis [J]. Cellulose (London, England), 2015, 22 (3): 1753-1762.

[118] Leung A C W, Hrapovic S, Lam E, et al. Characteristics and properties of carboxylated cellulose nanocrystals prepared from a novel one-step procedure [J]. Small (Weinheim an der Bergstrasse, Germany), 2011, 7 (3): 302-305.

[119] Hirota M, Tamura N, Saito T, et al. Water dispersion of cellulose II nanocrystals prepared by TEMPO-mediated oxidation of mercerized cellulose at pH 4. 8 [J]. Cellulose (London, England), 2010, 17 (2): 279-288.

[120] Peyre J, Paakkonen T, Reza M, et al. Simultaneous preparation of cellulose nanocrystals and micron-sized porous colloidal particles of cellulose by TEMPO-mediated oxidation [J]. Green Chemistry, 2015, 17 (2): 808-811.

[121] Turbak A F, Snyder F W, Sandberg K R. Microfibrillated cellulose, a new cellulose product: properties, uses, and commercial potential [J]. Journal of applied polymer science, 1983, 37: 815-827.

[122] Saito T, Isogai A. TEMPO-mediated oxidation of native cellulose. The effect of oxidation conditions on chemical and crystal structures of the water-insoluble fractions [J]. Biomacromolecules, 2004, 5 (5): 1983-1989.

[123] Saito T, Nishiyama Y, Putaux J L, et al. Homogeneous suspensions of individualized microfibrils from TEMPO-catalyzed oxidation of native cellulose [J]. Biomacromolecules, 2006, 7 (6): 1687-1691.

[124] Okita Y, Saito T, Isogai A. TEMPO-mediated oxidation of softwood thermomechanical pulp [J]. Holzforschung, 2009, 63 (5): 529-535.

[125] Isogai A, Saito T, Fukuzumi H. TEMPO-oxidized cellulose nanofibers [J]. Nanoscale, 2011, 3 (1): 71-85.

[126] Isogai A. Wood nanocelluloses: fundamentals and applications as new bio-based nanomaterials [J]. Journal of Wood Science, 2013, 59 (6): 449-459.

[127] Zhu J Y, Sabo R, Luo X L. Integrated production of nano-fibrillated cellulose and cellulosic biofuel (ethanol) by enzymatic fractionation of wood fibers [J]. Green Chemistry, 2011, 13 (5): 1339-1344.

[128] Wang W X, Mozuch M D, Sabo R C, et al. Production of cellulose nanofibrils from bleached eucalyptus fibers by hyperthermostable endoglucanase treatment and subsequent microfluidization [J]. Cellulose (London, England), 2015, 22 (1): 351-361.

[129] Gatenholm P, Klemm D. Bacterial nanocellulose as a renewable material for biomedical applications [J]. Mrs Bulletin, 2010, 35 (3): 208-213.

[130] Stevanic J S, Joly C, Mikkonen K S, et al. Bacterial nanocellulose-reinforced arabinoxylan films [J]. Journal of applied polymer science, 2011, 122 (2): 1030-1039.

[131] Nogi M, Iwamoto S, Nakagaito A N, et al. Optically transparent nanofiber paper [J]. Advanced Materials, 2009, 21 (16): 1595.

[132] Eichhorn S J, Dufresne A, Aranguren M, et al. Review: current international research into

柔性太阳电池材料与器件

cellulose nanofibres and nanocomposites [J]. Journal of Materials Science, 2010, 45 (1): 1-33.

[133] Nogi M, Kim C, Sugahara T, et al. High thermal stability of optical transparency in cellulose nanofiber paper [J]. Applied physics letters, 2013, 102 (18): 4.

[134] Fukuzumi H, Saito T, Wata T, et al. Transparent and high gas barrier films of cellulose nanofibers prepared by TEMPO-mediated oxidation [J]. Biomacromolecules, 2009, 10 (1): 162-165.

[135] Henriksson M, Berglund L A, Isaksson P, et al. Cellulose nanopaper structures of high toughness [J]. Biomacromolecules, 2008, 9 (6): 1579-1585.

[136] Sehaqui H, Liu A D, Zhou Q, et al. Fast preparation procedure for large, flat cellulose and cellulose/inorganic nanopaper structures [J]. Biomacromolecules, 2010, 11 (9): 2195-2198.

[137] Zheng G Y, Cui Y, Karabulut E, et al. Nanostructured paper for flexible energy and electronic devices [J]. Mrs Bulletin, 2013, 38 (4): 320-325.

[138] Vicente A, Aguas H, Mateus T, et al. Solar cells for self-sustainable intelligent packaging [J]. Journal of Materials Chemistry A, 2015, 3 (25): 13226-13236.

[139] Águas H, Mateus T, Vicente A, et al. Thin film silicon photovoltaic cells on paper for flexible indoor applications [J]. Advanced functional materials, 2015, 25 (23): 3592-3598.

[140] Hu L, Zheng G, Yao J, et al. Transparent and conductive paper from nanocellulose fibers [J]. Energy & Environmental Science, 2013, 6 (2): 513-518.

[141] Zhou Y, Fuentes-Hernandez C, Khan T M, et al. Recyclable organic solar cells on cellulose nanocrystal substrates [J]. Scientific reports, 2013, 3: 1536.

[142] Leonat L, White M S, Głowacki E D, et al. 4% efficient polymer solar cells on paper substrates [J]. The Journal of Physical Chemistry C, 2014, 118 (30): 16813-16817.

[143] Costa S V, Pingel P, Janietz S, et al. Inverted organic solar cells using nanocellulose as substrate [J]. Journal of applied polymer science, 2016, 133 (28): 43679.

[144] Nogi M, Karakawa M, Komoda N, et al. Transparent conductive nanofiber paper for foldable solar cells [J]. Scientific reports, 2015, 5: 17254.

[145] Jung M H, Park N M, Lee S Y. Color tunable nanopaper solar cells using hybrid $CH_3NH_3PbI_{3-x}Br_x$ perovskite [J]. Solar Energy, 2016, 139: 458-466.

[146] Castro-Hermosa S, Dagar J, Marsella A, et al. Perovskite solar cells on paper and the role of substrates and electrodes on performance [J]. IEEE Electron Device Letters, 2017, 38 (9): 1278-1281.

[147] Fan Z Y, Razavi H, Do J W, et al. Three-dimensional nanopillar-array photovoltaics on low-cost and flexible substrates [J]. Nature materials, 2009, 8 (8): 648-653.

[148] Ishizuka S, Yamada A, Matsubara K, et al. Development of high-efficiency flexible Cu (In, Ga) Se₂ solar cells: A study of alkali doping effects on CIS, CIGS, and CGS using alkali-silicate glass thin layers [J]. Current Applied Physics, 2010, 10: S154-S156.

[149] Song L X, Yin X, Xie X Y, et al. Highly flexible TiO₂/C nanofibrous film for flexible dye-sensitized solar cells as a platinum- and transparent conducting oxide-free flexible counter

electrode [J]. Electrochimica acta，2017，255：256-265.

[150]　Zhu B，Wang H，Leow W R，et al. Silk fibroin for flexible electronic devices [J]. Advanced Materials，2016，28（22）：4250-4265.

[151]　Liu Y Q，Qi N，Song T，et al. Highly flexible and lightweight organic solar cells on biocompatible silk fibroin [J]. ACS applied materials & interfaces，2014，6（23）：20670-20675.

[152]　Prosa M，Sagnella A，Posati T，et al. Integration of a silk fibroin based film as a luminescent down-shifting layer in ITO-free organic solar cells [J]. RSC advances，2014，4（84）：44815-44822.

第5章

柔性透明电极

透明电极是一种兼具高透光率和高导电性的薄膜，它是一种重要的光电材料。在自然界中，透明的物质通常是不导电的，而导电性好的物质又往往是不透明的。透明电极正是因为透明与导电性能相结合，成为功能薄膜材料中具有特色的一类薄膜。透明电极既有高导电性，在可见光范围内又有很高的透光性，且在红外线范围内有很高的反射性，在光电器件中起到举足轻重的作用。

近年来，随着柔性电子器件的迅速发展，透明导电薄膜的材料体系及应用研究也获得了相应的进展。

5.1
透明导电薄膜概述

5.1.1　透明电极的历史及材料体系

同时具有光学透过率和导电性的材料体系并不多见，通常在光学透过性和导电性两者之间需要达到性能的折中，同时针对不同的器件应用进行优化。无机类透明导电薄膜有金属膜、氧化物膜以及其他化合物膜，其中以氧化物膜占主导地位。

1907 年，Badeker 发现溅射的金属镉薄膜在空气中热处理氧化后转变成氧化镉（cadmium oxide，CdO）薄膜，这种 CdO 薄膜同时具备透明和导电的特性[1]。随后，各种类型的导电氧化物（transparent conductive oxide，TCO）材料被相继发现，如 1950 年左右出现的 In_2O_3 和 SnO_2 薄膜，1980 年出现的 ZnO 薄膜和 1990 年出现的多元 TCO 薄膜。在最近 30 年来，透明导电薄膜材料体系和制备技术都取得了迅速的发展。目前主流研究的 TCO 包括氧化铟锡（indium tin oxide，ITO）、Sb 掺杂 SnO_2（antimony doped tin oxide，ATO）或者 F 掺 SnO_2（fluorine doped tin oxide，FTO），以及 Al 或 Ga 掺杂的 ZnO（aluminium doped zinc oxide，AZO；gallium doped zinc oxide，GZO）。

ITO 薄膜是商业上应用最为广泛的透明导电氧化物薄膜。其相结构为一种体心立方铁锰矿结构。导电性主要来源于 Sn^{4+} 对于 In^{3+} 的取代作用以及氧空位。制备的 ITO 薄膜通常具有 $10^{20} \sim 10^{21} cm^{-3}$ 的载流子浓度以及 $10 \sim 30 cm^2/(V \cdot s)$ 的迁移率，因此常规 ITO 薄膜的电阻率可达到 $(1 \sim 3) \times 10^{-4}\Omega \cdot cm$。同时，ITO 薄膜还具有高可见光透过率（$T > 85\%$）、易刻蚀、耐摩擦等特性。这些特性使得 ITO 作为透明电极在平板显示领域得到大规模应用。2002 年，H. Hosono 等采用脉冲激光沉积（pulsed laser deposition，PLD）外延技术在钇稳定氧化锆（yttria-stabilized zirconia，YSZ）基底上得到了电阻率为 $7.7×10^{-5}\Omega\cdot cm$、透光率大于 85% 的 ITO 薄膜，该电阻率也是目前所有 TCO 体系中可重复制备的最低电阻率。然而，ITO 薄膜也存在一系列问题，如：作为 OLED 器件的阳极时，薄膜中的 In 元素容易扩散进入有机层导致发光区暗斑的出现[2]；在 H 等还原性氛围中化学稳定性较差[3]；In 本身有毒性，在自然界中储备极低[4]。随着光电器件市场规模的快速发展，In 的消耗量也会越来越大，这势必会导致 In 资源短缺现象加剧。

ATO 或者 FTO 是最具成本效率并且可大面积沉积的 TCO 薄膜，被广泛地用于太阳电池和气体传感器。ATO 中 Sb^{5+} 取代 Sn^{4+} 的位置后提供一个电子。FTO 中 F^- 进入 SnO_2 晶格后，可替代 O^{2-} 位置，也可形成间隙，F^- 提供电子。S. Shanthi 等[5] 采用喷雾热解法在 Sb/Sn 为 9%（原子分数）且衬底温度为 400℃优化条件下得到了最低电阻率为 $9×10^{-4}\Omega\cdot cm$、可见光平均透过率为 80% 的 ATO 薄膜。研究发现，在 ATO 薄膜为［200］取向时具有最低的电阻率。T. Fukano 等[6] 采用间歇性喷雾热解法在 F/Sn 为 0.0074%（原子分数）且衬底温度为 325～340℃下得到了电阻率为 $5.8×10^{-4}\Omega\cdot cm$、通过率为 92% 的 FTO 薄膜。所制备的 FTO 薄膜在 450℃空气环境下热处理 60min 后导电性几乎无变化，显示了极好的热稳定性。

AZO 或 GZO 薄膜以其原料和制备成本低以及可比拟于 ITO 的光电特性等优点，被认为是最有希望取代 ITO 的 TCO 薄膜。未掺杂的 ZnO 薄膜通过间隙 Zn 和氧空位进行导电，但是导电性差且不稳定。因此，需要 Al、Ga、B、In、Y、F 等元素的掺杂来提高导电性。其中，以 Al 和 Ga 元素掺杂所得 TCO 薄膜的光电特性最佳。H. Agura 等[7] 采用 PLD 方法在衬底温度为 230℃下制备得到了电阻率为 $8.5×10^{-5}\Omega\cdot cm$、透光率大于 88% 的 AZO 薄膜。此外，S. M. Park 等[8] 采用 PLD 方法在衬底温度为 300℃下制备得到了电阻率为 $8.1×10^{-5}\Omega\cdot cm$、透光率大于 90% 的 GZO 薄膜。上述结果表明，AZO 和 GZO 在极限光电性能上已经接近 ITO 薄膜。

近期，以已有的 ZnO、SnO、In_2O_3 和 CdO 二元 TCO 为基础的三元 TCO 开始被研究。三元 TCO 如 Zn_2SnO_4、$ZnSnO_3$、$CdSnO_4$、$ZnGa_2O_4$、$GaInO_3$、$Zn_2In_2O_5$、$Zn_3In_2O_6$、$Zn_4In_2O_7$ 等被相继报道[9-16]。然而，Cd 元素及其化合物具有较高毒性，故虽然含 Cd 的 TCO 本身有较高的光电特性，但很少在实际中被应用。

近年来，薄膜光电器件逐渐向柔性化方向发展，这对其中的透明导电薄膜提出了柔性化的需求。传统的氧化物透明导电膜由于氧化物自身脆性的限制，已难以满足柔性电子器件的需求。寻找氧化物透明电极替代材料是柔性光电产业发展的迫切需求，也是当前的研究热点。目前研究得较多的柔性透明导电薄膜材料包括金属薄膜、金属栅格、纳米线、石墨烯、碳纳米管及导电高分子等体系。这些体系各有优缺点，图 5-1 给出几种透明导电薄膜的光电性能对比。

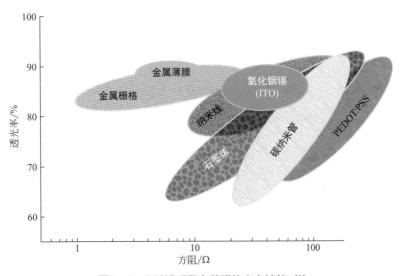

图5-1　几种透明导电薄膜的光电性能对比

5.1.2　透明导电薄膜的光电特性

图 5-2 为透明半导体氧化物材料的典型光谱特性。对长波段而言，可观察到自由电子导致的高反射率，对于短波区域，本征吸收占主导地位，并可以通过吸收边计算带隙的宽度。TCO 的禁带宽度通常大于 3eV，红外反射截止边小于 1.5eV，使得薄膜在可见光区域打开了一个透明区域。然而，这种透明与导电结合的特性在化学计量比平衡的本征材料中几乎不可能实现，一般需要通过非化学计量比成分或者引入合适的掺杂元素实现。

传统的氧化物 TCO 中的金属 s 态（Ms）和氧 p 态（Op）相互作用，形成宽禁带（$E_g > 3\text{eV}$），使得可见光范围及以下的光子可以透过去。其中，价带是由氧 2p 态组成的，而导带是由 Ms-Op-Ms 之间的相互重叠形成的。这种 Ms-Op-Ms 之间的相互重叠形成了一个高度离散的能带。在离散能带中，电子的迁移率 μ 取决于电子电荷 e、有效质量 m_e' 和平均弛豫时间 τ，表达式如下：

$$\mu = \frac{e\tau}{m_e'} \tag{5-1}$$

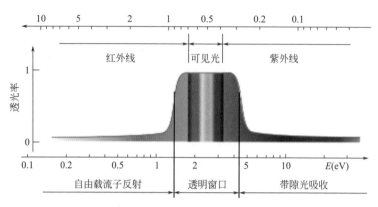

图5-2 透明半导体氧化物材料的典型光谱特性

其中弛豫时间受各种散射机制的影响。为了增加 TCO 薄膜中的自由电子迁移率，则需要有一个较低的有效质量、低的自由载流子密度和缺陷。典型的 TCO 材料的电子迁移率在 $10\sim200\mathrm{cm^2/(V\cdot s)}$ 范围内。多晶和非晶的 TCO 的电子迁移率比较相近。Ms-Op-Ms 的重叠（阳离子和氧的轨道杂化）对 TCO 的电子传输起到了关键的作用。CdO 的电子迁移率最高，大约为 $100\sim200\mathrm{cm^2/(V\cdot s)}$，这是由 CdO 中氧原子的八面体配位导致的。

透明导电薄膜的电导率 σ 取决于薄膜的载流子浓度 N_e 和迁移率 μ，表达式如下：

$$\sigma = e\mu N_e \tag{5-2}$$

根据式（5-2），TCO 中的 N_e（载流子浓度）可以通过掺杂来提高，一般用外来掺杂元素或者内部的氧空位的控制来实现。而根据 Brustein-Moss 效应（莫斯-布尔斯坦效应，即蓝移效应），TCO 的禁带宽度和载流子浓度 N_e 有如下关系：

$$\Delta E_g \approx N_e^{2/3} \tag{5-3}$$

尽管提高 N_e 有利于提高紫外-可见光区域的光学透过率（更宽的 E_g），但 N_e 的增加对近红外-红外部分的光谱透过率有负面的效应，因为导带中的自由载流子会带来更多的寄生光吸收，这种现象称为自由载流子吸收（free carrier absorption，FCA），这可以从德鲁特（Drude）方程中得到：

$$a = \frac{\lambda^2 e^3 N_e}{4\pi^2 \varepsilon_0 c^3 n (m_e')^2 \mu_{opt}} \tag{5-4}$$

$$A_{FCA} = 1 - e^{-\alpha d} \tag{5-5}$$

式中，a 为光学吸收系数；c 为光速；ε_0 为真空介电常数；n 为载流子浓度；m_e' 为电子的有效质量；d 为薄膜的厚度；A 为吸收系数。在式（5-4）中，μ_{opt} 为光学迁移率，不同于霍尔迁移率，因为光学迁移率是不受宏观散射效应的影响的，例如晶界或者缺陷等影响。对于多晶膜，μ_{opt} 通常是指晶粒内部的迁移率。薄膜的 FCA 吸收会随着 N_e 和 d 的增加而增加，为了减少 FCA，N_e 就要尽可能地小，而 μ 需要尽可能地大。

除了上述提到的 N 型半导体透明导电膜体系外，还有一类基于 P 型半导体的透明导电薄膜。但是 P 型半导体透明导电薄膜较难获得，它们的电子结构由高度局域的氧 2p 价带组成，且空穴的有效质量非常大 $[m_h' > m_0$，而对于 N 型半导体来说电子的有效质量是 $(0.2\sim0.3)m_0]$，且由此导致空穴迁移率非常低。此外，P 型半导体中价带最大边比真空能级低很多，导致离化势很高，这阻止了 P 型掺杂的实现。同时，为了将 P 型半导体的迁移率提高，需要提高结晶的纯度，降低散射，这势必需要高的合成温度，从而限制了其在器件上的应用。

$CuAlO_2$ 是第一个 P 型 TCO 材料，于 1997 年被合成出来。它是通过将宽禁带金属氧化物和 Cu^+ 形成合金，将其中的 Cu^+ 的 3d 电子与 O 2p 轨道进行杂化。得到的空穴浓度为 $N_h = 1.3 \times 10^{17} cm^{-3}$，空穴迁移率 $\approx 10 cm^2/(V\cdot s)$，电导率 $< 1S/cm$。此外，还有一些 P 型透明导电薄膜是非氧化物材料，如 CuI。1907 年，德国的 Karl Baedeker 首次发现透明导体 CuI。具有 P、S、N 阴离子的宽禁带半导体是 P 型材料很好的备选材料，因为它们的价带局域化更为强烈，导致空穴有效质量更低。大多数氧化物的 P 型半导体具有低的载流子浓度（$10^{17}\sim10^{19} cm^{-3}$），导电机制是通过载流子受激传输或者跃迁来实现。因此，要提高导电性需要增加电子浓度和迁移率[17]。

为了综合评价透明导电薄膜的透光率和导电性能，研究人员引入了品质因子这个概念。1976 年，Haacke 首次提出了品质因子的公式：

$$\phi_H = \frac{T^q}{R_s} = T^q \sigma d \tag{5-6}$$

式中，T 为透光率；R_s 为方阻；d 为薄膜厚度；σ 为电导率；q 为一个指数，它决定特殊用途所需的透光率。通常我们选取 $q=10$，因为 0.9（99%）的透光率对于大多数应用来说已经足够。图 5-3（a）中画出了根据这一公式计算的不同类型的透明导电薄膜的品质因子值，图中显示，透明导电氧化物体系具有比导电金属薄膜更高的品质因子。

此外，品质因子也有另外的表达式：

$$T = \frac{1}{\left(1 + \dfrac{Z_0 \sigma_{opt}}{2R_s \sigma_{d.c.}}\right)} \tag{5-7}$$

式中，Z_0 为真空阻抗，$Z_0=1/(\varepsilon_0 c)=377\Omega$；$\sigma_{opt}$ 和 $\sigma_{d.c.}$ 分别为材料的光学和直流电导率；T 通常为 550nm 处的透光率，人眼对该波长最为敏感。根据式（5-7），对于特定的方阻，当透光率高时，$\sigma_{d.c.}/\sigma_{opt}$ 可达到最大化。虽然这一公式在文献中经常使用，但存在一定的局限性。根据 Barnes 等的分析，这个方程只适用于不附着在基底上的自由薄膜，但实际上大多数薄膜的透过率是在玻璃或塑料基底上测得的。因此，当考虑到折射率为 n_{sub} 的基底上的折射率为 n_{film} 的薄膜，且厚度满足 $d\ll\lambda/(2\pi n_{film})$ 时，式（5-7）变为：

$$T = \frac{16n_{sub}^2}{(1+n_{sub})^4} \times \frac{1}{\left[1 + \dfrac{Z_0}{R_s} \times \dfrac{1}{(1+n_{sub})} \times \dfrac{\sigma_{opt}}{\sigma_{d.c.}}\right]^2} \tag{5-8}$$

根据式（5-8）拟合的数据如图 5-3（b）所示，其中材料的不同及制备方法的不同导致了数据的发散。对于 $\sigma_{d.c.}/\sigma_{opt}$ 的值，金属结构（金属膜及纳米线）和 ITO 薄膜的比较高，石墨烯薄膜的稍低，最低的是单壁碳纳米管薄膜。通常在这些公式里面，我们计算时使用的透光率为 550nm 处的透光率。但是对于薄膜太阳电池来说，通常透光率 T 需要考虑 400～1000nm 的平均透光率，甚至是将太阳能光谱强度考虑进去的加权平均透光率。总之，这一半经验的 T（R_s）可以对透明导电薄膜在薄膜电池中的应用起到参考作用。

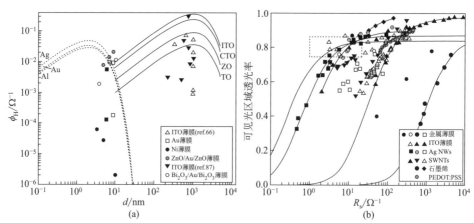

图5-3　透明导电薄膜品质因子、厚度及光电特性之间的关系[18]

（a）$\phi_H=d\sigma T^{10}$ 随薄膜厚度 d 的变化关系（金属为左边虚线，TCO 为右边实线，
理论曲线是根据文献中光吸收和电导率的实验数据的计算而绘得的）；
（b）可见光区域的透光率 T 随着方阻 R_s 的变化曲线［其中虚线方框
中的区域为实现应用透明导电薄膜 T-R_s 应该达到的目标区域。
图中的拟合线由式（5-7）及式（5-8）拟合而得］

5.1.3　柔性透明导电薄膜的要求及挑战

用于柔性光电器件的透明导电薄膜必须满足以下条件：

（1）与ITO可比拟的光电性能　ITO的流行主要得益于其优良的光电性能，方块电阻（简称方阻）为10Ω时透光率可达90%（玻璃基底）。柔性透明导电薄膜在降低成本、简化生产的同时必须具备与ITO相当的光电性能，才能使器件性能达到最佳。而在银纳米线、金属网格、金属纳米纤维的研究中已经获得了与ITO相当的光电性能。例如美国Cambrios公司在聚对苯二甲酸乙二醇酯（polyethylene terephthalate，PET）上制备的Ag纳米线薄膜，方块电阻为70Ω时透光率高达98%，同时雾度<0.2%。苏州纳米所崔铮教授课题组通过印刷制造技术可得到方阻低至0.1Ω、透光率高于90%的金属网格，性能已能与ITO薄膜相媲美。但是在碳纳米管、石墨烯及导电高分子等新型透明导电薄膜的研究中，实现大规模柔性制备并获得与ITO相当的性能，还面临许多理论和技术的挑战。

（2）基底材料超薄价廉　纸或者塑料（PET等）是最常用的柔性基底材料，其价格低廉并且超薄，制备的透明导电薄膜厚度可以降低到<100μm，极大地节省了器件空间，相较于传统的玻璃等刚性基底在价格和重量上均有较大优势。

（3）低温低损伤制备　当透明电极用于柔性电池中时，需要同时考虑制备的相容性，即加工温度、化学惰性及薄膜制备方法的低损伤性。例如，基于硅异质结、铜铟镓硒和钙钛矿的太阳电池，能承受的最高温度不超过200℃。同时，在PET等塑料柔性基板上制备的透明电极的制备温度也需要低于150℃。非晶态的氧化物体系的导电膜，例如铟锌氧，通常可以在室温下沉积，不需要进行后沉积退火，在硅异质结和钙钛矿太阳电池制造中显示出了它们的价值。

此外，在透明电极制备过程中，溅射方法制备的透明电极会对某些柔性电池，如钙钛矿或有机电池造成损伤，因此开发相对温和的薄膜制备方法，使之适合于卷对卷连续生产也十分有必要。在低温下，采用滚涂、刮涂、电子打印等方式大规模生产，可有效避免传统TCO薄膜在高温、高真空条件下制备的缺点，大大节约生产时间和降低工艺难度，从而有效地降低生产成本。

（4）良好的相容性　在器件中，与相邻层形成良好的电学及化学匹配是电极材料选择和优化的一个重要的标准。在电池器件中，为了载流子更有效地注入和提取，透明电极和活性层之间最好形成欧姆接触。接触电阻的产生主要是界面处费米能级钉扎及相邻层功函数失配造成界面势垒导致的。通常改变功函数的做法包括对透明电极进行掺杂，或者进行表面处理（紫外线或者氧等离子体），抑或

插入缓冲层的方法。对于金属纳米线或者石墨烯等电极，调控功函数相对而言较为困难，通常采用覆盖表面层或者制备成杂化电极的方法来改善。

（5）优良的力学性能　在折叠或变形时，透明导电薄膜的电阻需要保持稳定不致使器件失效。传统 ITO 薄膜在数十次弯折后会产生大量裂纹，致使薄膜电阻升高数倍。开发具有优良机械柔韧性的导电电极，是获得柔性电池的必要前提。而针对柔性薄膜电池不同的使用场景，对力学性能的要求也不尽相同。

（6）优良的环境稳定性　在器件中，透明电极的环境稳定性也十分重要。业界通常采用双 85 测试（温度 85℃及湿度 85% 条件下处理 1000h）来评价透明电极的湿热稳定性。同时需要评价透明电极在温度下的稳定性，例如，在温度改变的条件下电极的载流子浓度、微结构和表面形貌会发生变化。通常，多元化合物或非晶氧化物材料，如铟锌氧或锌锡氧具有较好的热稳定性。此外，对于纳米线结构，温度的改变会影响电极的表面粗糙度，从而可能导致器件短路。另外，化学稳定性及与器件制备工艺相结合的工艺稳定性也需要被考量。

5.2
金属网格

金属网格是指在基底上沉积的相互交错的网格状金属结构。该结构可以是任意一种几何形状，如方形、六边形、菱形或无规则形状。当金属线足够细，线与线之间的距离足够大时，金属网格薄膜开始变得透明。通过调节线的宽度和线之间的距离，可以改变金属网格的光学透过率，以适应不同应用的需求[19]，如图5-4 所示分别为规则及无规则金属网格的扫描电镜图。

金属网格薄膜可以通过多种制备方法获得。周期性金属网格通常由光刻法、印刷法制备。最常用的金属网格材料是铜和银，它们具有较高的电导率，分别为 $5.96 \times 10^7 S/m$ 和 $6.30 \times 10^7 S/m^{[20]}$，两种金属制成的金属网格方块电阻均优于 ITO 薄膜。

5.2.1　金属网格的理论研究

Peter B. Catrysse 等[19]采用有限频域差分法（finite-difference frequency-domain method，FDFD）研究了光在一维和二维金属网格中传播的物理现象和机理，并且研究了网格几何参数对透过现象的影响，旨在不增加薄膜电阻的前提下提高薄膜的透光率，如图 5-5 所示。研究发现，一维网格具有偏振特性，可以高效透过

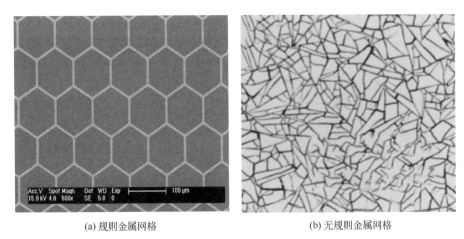

(a) 规则金属网格　　　　　　　　　(b) 无规则金属网格

图5-4 金属网格的扫描电镜图

TM 偏振光，而对 TE 偏振光具有截止效应。降低薄膜厚度到小于金属的趋附深度时，可提高 TE 偏振光透过率，而当薄膜厚度降低后，TM 偏振光的透光率由于等离子体共振的产生而受到严重影响。从图 5-5（b）中可以看到当电阻为定值时，垂直透光率（T）随线宽的变化。在电阻一定时，更窄更高的金属线具有更高的透光率，为金属网格透明导电薄膜的设计提供了理论依据。

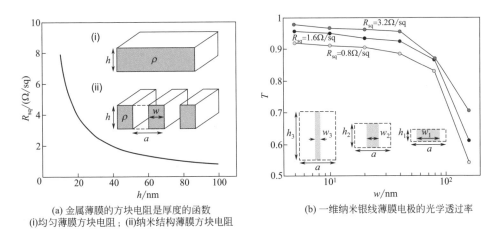

(a) 金属薄膜的方块电阻是厚度的函数　　　　　(b) 一维纳米银线薄膜电极的光学透过率
(i)均匀薄膜方块电阻；(ii)纳米结构薄膜方块电阻

图5-5 金属网格结构与光电性能的关系

Groep 等 [21] 在 Catrysse 等工作的基础上进一步研究了二维金属网格对光的传播机制，设计并制备了线宽为 45～110nm，周期为 500nm、700nm 和 100nm 的二维金属网格透明导电薄膜。他们通过 FDTD 法模拟了金属网格的光学透过率并和实验结果进行对比，得出了主导光在金属网格中传播的四种物理机制：①单个金属线上的局域表面等离子体共振;②瑞利异常的衍射耦合;③金属线形成的金属-绝缘体-金属波导中基本 TE 波传播模式的截止效应;④平行于电场方向的金属线上的表面等离子体耦合。并且他们分析指出,这四种现象是由局部表面等离子体和表面等离子体共振在金属线上的激发所致,为低电阻、高透光率的金属网格透明导电薄膜的设计提供了理论指导。

Afshinmanesh 等[22]采用有限元模拟和实验结合的方法,通过对一维栅线、二维方格和希尔伯特曲线金属电极的对比研究,进一步探索了光对不同结构金属网格的透过现象,制备出具有不依赖偏振光特性和高透光率的透明导电薄膜。

另有文章研究了基底对一维金属网格透明电极透光率的影响[23]。作者应用FDTD 模拟了不同周期、线宽的一维金属网格在无基底和有 SiO$_2$ 基底时的透光率,指出基底对周期为微米尺度的金属网格的透光率没有影响,但会降低纳米尺度的金属网格的透光率。

虽然不少研究人员对金属网格的光透过现象做了大量研究,但仍局限于简单的结构和图案,要提高金属网格的设计,还需要更多的理论研究。

5.2.2　金属网格的制备方法

制备金属网格常见的方法主要有激光烧结法、喷墨打印及书写法、晶界印刷法、模板法、光刻法和纳米压印法。

2013 年,韩国学者 S. Hong 和 J. Yeo 首次提出激光烧结法,利用激光直接烧结柔性基底上的金属颗粒墨水使之固化成型,得到金属网格。工艺流程图如图 5-6 所示。首先在柔性基底上旋涂银纳米颗粒墨水,然后以波长 532nm 的激光为热源有选择地将银纳米颗粒墨水烧结,得到连续的银线,之后将未烧结的银颗粒墨水清洗去除得到金属网格透明导电薄膜。制得薄膜的金属线宽为 10～15μm,方块电阻和透光率分别为 30Ω 和 85%[24]。Lee 等采用同样的方法制备出 Ni 金属网格,获得透光率 87% 的金属网格。

该方法的主要优点如下:无需真空和模板,大大降低了工艺难度;可以通过绘图设计金属网格结构,控制激光器行走,得到所需结构的网格;可以通过调节线宽和线间距改变光学性能。但该方法的主要缺点是生产率低,不利于大规模生产。同时大量未烧结的 Ag 颗粒墨水被清洗,为了减少原料浪费必须加以回收,这又增加了生产的成本和工艺复杂程度。

喷墨打印是柔性电子产业常用的方法,将银纳米颗粒墨水以打印方式沉积在柔性基底上制备银线网格透明电极。Maichael Layani 等[25]于 2009 年首次报道了

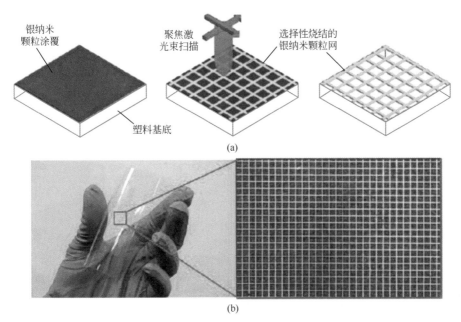

银纳米
颗粒涂覆

聚焦激
光束扫描

选择性烧结的
银纳米颗粒网

塑料基底

(a)

(b)

图5-6　激光烧结Ag颗粒制备金属网格工艺流程图（a）和
PEN基底上生长透明电极图（b）[24]

利用"咖啡环效应"制备透明电极的工作。通过在 PET 基底上打印相互连接的
环状银颗粒墨水，咖啡环效应使得溶剂不断在线边缘蒸发，导致银颗粒向中间聚
集成一条线，形成连续的环状银线网络。银线宽约为 5μm，线圈直径在 150μm
左右，测得样品的方块电阻低至 4Ω，透光率为 95%，优于 ITO 透明导电薄膜。
除了性能优异外，喷墨打印更容易实现大规模低成本柔性制备，相较于 ITO 高温
高真空制备，优点明显 [26,27]。Zhang 等通过进一步研究，制备出方格状金属网格
透明导电薄膜。如图 5-7 所示，在玻璃基底上打印 Ag 墨水，由于咖啡环效应使
Ag 颗粒聚集形成两条线，烧结后得到交联导电的银网格，透光率可达 91%[28]。
随后，Zhang 将该技术应用到 PET 基底上制备出柔性透明导电薄膜，在方块电
阻为 30Ω 时透光率高达 94%[29]。但是该方法受限于喷嘴尺寸，制得的银线较宽
（5～10μm），同时银线容易脱落。

　　光刻法是制备金属网格透明导电薄膜的常用方法，也是工业上制备金属网格
的主流方法之一。Lim 等 [30] 在玻璃上制备出三种图案的银网格。首先在玻璃基
底上旋涂光刻胶，通过掩膜板掩膜曝光后显影去除未曝光的光刻胶，采用磁控溅
射法沉积 Ag 金属，最后用丙酮玻璃得到银网格透明电极，如图 5-8 所示。制得
的网格线宽 5μm，并将电极用于制备有机太阳电池。

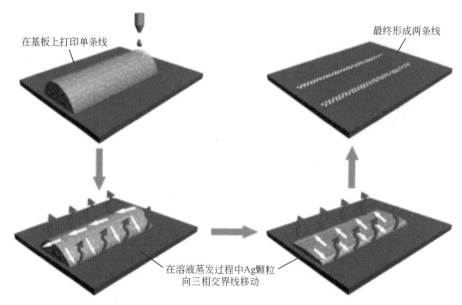

在基板上打印单条线

最终形成两条线

在溶液蒸发过程中Ag颗粒
向三相交界线移动

图5-7 利用咖啡环打印银颗粒墨水网格示意图[28]

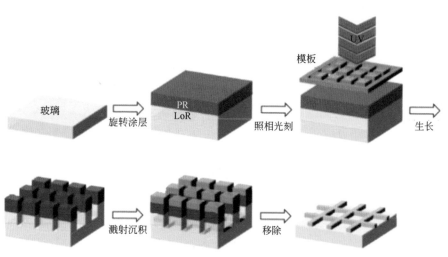

玻璃 旋转涂层 PR LoR 照相光刻 UV 模板 生长

溅射沉积 移除

图5-8 光刻法制备金属网格示意图[30]

最新的研究报道了 Kim 等[31]的工作，他们用光刻法在柔性基底上制备出 Cu 网格透明电极，该电极的光学透过率为 90.6%，相应的方块电阻为 6.19Ω，性能非常优异。然而，光刻法的主要缺点是金属线较宽（主流线宽＞4μm），制备的规则金属网格容易产生莫瑞干涉条纹，使得金属网格无法应用在高分辨数码相机和平板电脑上，通过引入新技术降低线宽尺寸是各生产厂家重点发展的方向，但引入新技术并降低线宽无疑会使成本增加，从而降低金属网格的竞争力。

纳米压印技术是实现纳米尺度金属网格透明导电薄膜制备的主要方法。自从2004 年华裔科学家 Stephen zhou 发明纳米压印技术以来，各国科学家在短短几年内开发出紫外压印[32]、步进式压印[33]、翻转压印[34]、复合压印[35]、3D 纳米压印[36] 等多个新技术，并且将纳米压印技术应用到电子、光电子、半导体等多个领域。在透明导电薄膜领域，纳米压印技术于 2007 年由密歇根大学郭凌杰教授首次引入，他通过两次压印在玻璃上制备出线宽为 200nm 的金属网格，如图 5-9 所示，该网格透光率在 60% 左右[37]。减小线宽可以提高光学透过率，但电阻会相应增加，文章提到将线宽降低到 120nm 时，Au 网格的透光率提高到 75%，而方块电阻相应地从 7.7Ω 升高到 11.6Ω。Guo L J 等[38] 随后又结合转印的方式实现了柔性金属 Cu 网格的制备。2008 年，Guo L J 等[39] 提出了采用纳米压印技术卷对卷生产金属网格透明电极的方案，期待可以大规模制备金属网格透明电极，推进纳米压印透明导电薄膜产业化。即便如此，要实现大尺寸大规模制备仍面临诸多挑战，最大的挑战是成本高昂。同时，大面积压印容易引发压印变形和剥离困难等问题，难以保证产品优良率。该技术高成本的现状在短期内很难得到改善，并且随着银纳米线薄膜技术的不断突破，目前纳米压印制备纳米级别金属网格的技术方案获得资本市场认可的可能性很低。

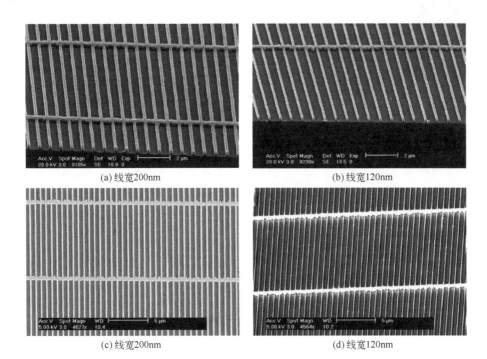

(a) 线宽200nm

(b) 线宽120nm

(c) 线宽200nm

(d) 线宽120nm

图5-9　矩形截面栅线压印模板及相应的半透明金属电极的扫描电镜图像

无规则模板法是制备无规则金属网格的重要手段，受到材料晶粒形貌的启发，Guo 等[40]通过腐蚀 In 晶界，在晶界处沉积 Au 得到晶界状金属网格。随后 Han 等[41]进一步改进了该方法，在 PET 基底上旋涂 TiO$_2$ 溶胶，加热使溶胶开裂，并以此为模板在 TiO$_2$ 溶胶裂缝中沉积 Ag，最后去除 TiO$_2$ 得到银网格。其光学透过率为 88%，方块电阻为 10Ω。该方法主要的缺点是重复性差，裂纹大小和网格大小不易控制。

与后面提到的金属纳米线电极相比，基于金属网格的电极有效地避免了金属结电阻的问题，保证了导电性及柔韧性。尽管传统光刻方法制备的金属网格已经商用化了，但用在薄膜电池中还存在一定的问题。例如，传统的金属网格的线宽一般在 100μm 的量级，这会带来遮光损失的问题。同时，金属网格的表面粗糙度也会造成电池效率的损失。通过改进的纳米压印和转印方法制备的金属网格电极，方阻及透光率分别可达到 15Ω 及 88%，在倒置的有机电池中效率可达到 7.15%[41]。此外，通过在金属网格上覆盖有机导电层 PEDOT:PSS，可有效降低薄膜粗糙度，获得 6.9% 的电池效率[42]。

5.3
超薄金属电极

超薄金属导电薄膜是指厚度低于趋附深度的金属薄膜[43]。金属良好的导电性和延展性赋予其薄膜较低的方阻和较好的柔性，同时通过降低薄膜厚度可以提高透光率，因而超薄金属导电薄膜是一种理想的柔性透明导电膜。

超薄金属导电薄膜的光电特性主要取决于薄膜材料和厚度。Au、Ag、Cu 等过渡金属在可见光和近红外波段具有较高的光学透过率，是常见的超薄金属薄膜材料。Ag 在可见光波段的光学损耗最低且具有最低的电阻率（1.62×10^{-8}Ω·m），因而受到最多关注。过渡金属在异质衬底表面生长初期通常形成岛状的纳米团簇。一方面，纳米团簇形貌使电子在薄膜晶界和表面被过多散射，电子迁移率受到抑制，从而导致较高的电阻率。另一方面，离散的纳米团簇也会引起局域表面等离子体共振（localized surface plasmon resonance，LSPR），使超薄金属薄膜的透光率曲线在特定波长处明显下降。因而要获得良好的光电性能，超薄金属薄膜的厚度需达到阈值厚度（薄膜开始连续的厚度）以上以呈现连续状态。尽管进一步增加薄膜厚度可以降低电阻率，然而薄膜厚度的增加会使透光率下降。因此，要使超薄金属导电薄膜同时具有低电阻和高透过率，关键是要降低金属薄膜的阈值厚度。

单层超薄金属导电薄膜的可见光透过率往往不足以满足器件的使用需求，根据计算，10nm 厚度的 Ag 金属膜可达到的理论可见光透过率约为 70%[44]，其反射率较高。通过将金属层插入具有高折射率的介电层之间形成介电层/金属层/介电层（dielectric/metal/dielectric，D/M/D）结构是提高金属薄膜可见光透过率的有效途径。D/M/D 结构透明导电膜的透光率和电阻率可以通过分别调节介电层和金属层的厚度来优化，其中，透光率由介电层与金属层间不同折射率的匹配决定，电阻率主要取决于金属层的厚度。同时，介电层用以提高金属层的黏附性以及对金属层起保护作用。D/M/D 多层结构透明导电膜可采用磁控溅射、原子层沉积、热蒸镀等方法制备，并与卷对卷生产工艺兼容，从而实现大规模制备。因此，超薄金属导电薄膜在柔性光电领域展现出良好的应用前景。

5.3.1　超薄金属导电薄膜的生长机制和光电特性

薄膜的生长主要表现为三种模式：岛状生长模式（Volmer-Weber）、层状生长模式（Frank-van der Merwe）和先层状后岛状的复合生长模式（Stranski-Krastanov）。如图 5-10 所示[45]，当薄膜表面能 γ_m、衬底表面能 γ_s 与界面能 γ_i 满足 $\gamma_s<\gamma_m+\gamma_i$ 时，为了降低系统总能量，薄膜有自发减小总面积的趋势，因此薄膜颗粒会相互团聚形成岛状形貌，即按岛状模式生长；当 $\gamma_s>\gamma_m+\gamma_i$ 时，为了降低衬底表面积，薄膜会自发平铺于衬底表面，即按层状模式生长；对于先层状后岛状的生长模式，其形成原因主要是随着薄膜厚度（t）增加，γ_i 逐渐增大，当 $\gamma_m+\gamma_i$ 逐渐大于 γ_s 时，薄膜生长也由层状模式转变为岛状模式。此外，Bauer 等也从动力学角度指出，在热力学上倾向于岛状生长模式的情况下，若薄膜原子与衬底间具有足够大的作用力以束缚原子在衬底表面的扩散，薄膜在衬底表面也可按照非岛状模式生长，表明薄膜与衬底间的作用力也会对薄膜的生长模式产生影响。与 SiO_2（0.26J/m²）等电介质衬底相比，金属普遍具有较大的表面能，如 Ag 的表面能为 1.2～1.42J/m²，因而金属薄膜在衬底表面通常按照岛状模式生长。Yun 通过观察 ZnO 薄膜表面不同厚度 Ag 薄膜的表面形貌，验证了 Ag 在氧化物表面按照岛状模式生长。同时，其观察结果也表明随着生长过程中薄膜核密度和团簇密度的减少，薄膜团簇的聚集成为影响薄膜形貌的关键因素。

金属薄膜的电阻率主要受表面散射和晶界散射所影响[46]。在尺寸效应理论中，最具影响力的主要是 Fuchs-Sondheimer（FS）理论和 Mayadas-Shatzkes（MS）理论。Fuchs[47] 和 Sondheimer[48] 在假设金属薄膜表面对电子平均自由程有重要影响的基础上，基于自由电子的量子效应和块体金属中电子平均自由程的统计分布，提出 FS 理论模型，其表达式如下：

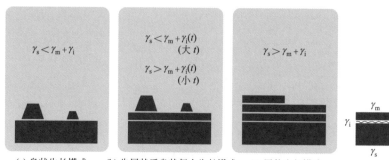

(a) 岛状生长模式　　(b) 先层状后岛状复合生长模式　　(c) 层状生长模式

图5-10　薄膜的三种生长模式[11]

γ_m—薄膜表面能；γ_s—衬底表面能；γ_i—界面能；t—薄膜厚度

$$\frac{\rho_{FS}}{\rho_0} = \left[\frac{3}{2k^2}(1-p)\int_1^\infty \left(\frac{1}{t^3} - \frac{1}{t^5}\right)\frac{1-e^{-kt}}{1-pe^{-kt}}\,dt\right]^{-1} \tag{5-9}$$

式中，ρ_{FS} 为受表面散射影响的薄膜电阻率；ρ_0 为块体电阻率；$k=t/\lambda_0$（λ_0 为块体中电子平均自由程，t 为薄膜厚度）；p 为薄膜表面弹性散射的电子分数。

随后，Mayadas[49] 和 Shatzkes[50] 提出金属薄膜电阻率还与晶界散射有关，在假设平均晶粒尺寸是最大分散因素的基础上提出 MS 理论模型，对 FS 理论做了进一步完善，其表达式如下：

$$\frac{\rho_{MS}}{\rho_0} = 1 - \frac{2}{3}\alpha + 3\alpha^2 - 3\alpha^3 \ln\left(1 + \frac{1}{\alpha}\right) \tag{5-10}$$

$$\alpha = \frac{\lambda_0}{D}\left(\frac{R}{1-R}\right) \tag{5-11}$$

式中，ρ_{MS} 为受晶界散射影响的薄膜电阻率；ρ_0 为块体电阻率；λ_0 为块体中电子平均自由程；D 为平均晶粒尺寸；R 为晶界反射系数（0～1）。

O'Connor 等[51] 利用 FS 和 MS 模型推导出金属薄膜方阻 - 厚度关系曲线，如图 5-11 所示，结果表明：当厚度大于 10nm 时，薄膜方阻随厚度降低呈缓慢增大趋势；当厚度小于 10nm 时，薄膜方阻随厚度降低呈快速增大趋势。实验测得的金属薄膜方阻基本符合这一变化趋势。Zhang 等[52] 提出，当薄膜厚度远小于电子平均自由程时，薄膜晶界及表面对电子的散射会使电子迁移受到强烈抑制，而当薄膜厚度达到阈值厚度时，连续平整的薄膜形貌使得散射极大降低。

目前，已有大量关于金属纳米颗粒或团簇引起 LSPR 的研究。局域表面等离子体共振吸收是指当入射光照射金属纳米颗粒或团簇使自由电子与一定频率入射光共振时，金属纳米颗粒或团簇对该频率入射光的吸收和散射增强的现象[53]。

通过经典的 Drude 模型可以确定等离子体频率，其表达式如下 [17]：

$$\omega_p = \sqrt{\frac{ne^2}{m'\varepsilon}} \qquad (5\text{-}12)$$

式中，n 为载流子浓度；m' 为载流子的有效质量；ε 为材料的介电常数。

对于厚度低于阈值厚度的金属薄膜而言，其离散纳米团簇形貌导致产生 LSPR，从而使特定频率的入射光被强烈吸收和散射。Lee 等 [54] 在玻璃衬底上直接沉积厚度小于阈值厚度的 Ag 薄膜，通过理论模拟与实验测量分别得出 Ag 薄膜透光率的理论值与实际值，如图 5-11（b）所示。研究发现，薄膜表面存在的团簇与孔隙使理论值与实际值相差较大。对于厚度小于阈值厚度的 Ag 薄膜，其在 500nm 波长附近处的透光率明显低于其他波长处，表明 Ag 薄膜的等离子体波长为 500nm 左右。另外，Sugimoto 等 [55] 测得 SiO$_2$ 衬底上直接沉积的不同厚度 Ag 薄膜的透光率曲线，指出当薄膜厚度达到阈值厚度时可以避免产生 LSPR，但随着薄膜厚度的进一步增加，入射光在较长传播路径中被较多吸收，仍然会使薄膜的透光率下降。

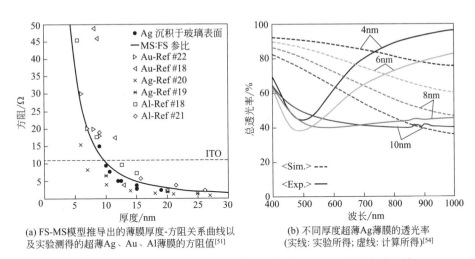

(a) FS-MS模型推导出的薄膜厚度-方阻关系曲线以及实验测得的超薄Ag、Au、Al薄膜的方阻值[51]

(b) 不同厚度超薄Ag薄膜的透光率（实线：实验所得；虚线：计算所得）[54]

图5-11 理论模拟与实验测量得到的Ag薄膜透光率的理论值与实际值

5.3.2 超薄金属导电薄膜的制备方法

几乎所有常用的薄膜生长技术都可用来制备超薄金属薄膜，包括磁控溅射法、原子层沉积法、热蒸镀法以及脉冲激光沉积法等，其制备难点在于如何降低阈值厚度。因而此节主要总结阐述降低超薄金属薄膜（特别是超薄 Ag 薄膜）阈值厚度的方法及原理。

5.3.2.1 氧化物缓冲层

金属薄膜在氧化物缓冲层表面的润湿程度主要取决于金属与氧化物界面间的结合强度。较大的结合强度可以有效抑制金属原子的扩散。结合强度主要受界面物理化学性质影响，如氧化物表面的吸附位点类型、氧化物与金属原子间化学键的性质、金属原子的氧化态以及相邻金属原子间的结合强度。常用的氧化物缓冲层一般是高度透明的导体或半导体，如 ITO、ZnO、MoO_3、WO_3 以及 ZnS 等。

Sahu 等[56]以 20nm ZnO 为氧化物缓冲层，在其表面制得阈值厚度低至 6nm 的超薄 Ag 薄膜，如图 5-12（a）所示。当厚度为 6nm 时，所得超薄 Ag 薄膜的最大透光率为 95%，方阻小于 5Ω。Yun[57]对比多晶 ZnO 和非晶 TiO_2 表面相同厚度 Ag 薄膜的表面形貌，发现 ZnO 对 Ag 薄膜具有更好的润湿效果，如图 5-12（b）所示。与 Ti—O 键相比，Zn—O 键的结合强度更弱，吸附在 ZnO 表面的 Ag 原子可以与 O 原子形成较强的键合作用，从而提高 Ag 薄膜与 ZnO 的界面结合强度。另外，多晶 ZnO 薄膜的（0001）取向也有助于 Ag 薄膜形成相对稳定的（111）取向。

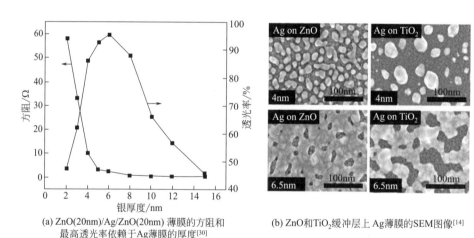

(a) ZnO(20nm)/Ag/ZnO(20nm) 薄膜的方阻和最高透光率依赖于 Ag 薄膜的厚度[30]

(b) ZnO 和 TiO_2 缓冲层上 Ag 薄膜的 SEM 图像[14]

图5-12　不同厚度及不同种子层材料对银薄膜光电特性的影响

Schubert 等[58]通过观察 MoO_3、WO_3 和 V_2O_5 表面 Ag 薄膜的形貌，发现 Ag 薄膜在 MoO_3 表面的浸润性最好。最近，Kim 等[59]又发现 Ag 薄膜在 ZnS 表面比在 MoO_3 表面具有更好的润湿效果，其原因主要是 ZnS 具有比 MoO_3 更高的表面能，ZnS 与 Ag 薄膜之间较小的表面能差使得 Ag 的扩散速率较小。

由于目前已有的氧化物缓冲层种类丰富，制备工艺简单且成本较低，尤其是对金属薄膜的性能无不利影响，因此引入氧化物缓冲层是制备超薄金属薄膜最普遍采用的方法。

5.3.2.2 金属种子层

Schwab 等[60] 通过引入 MoO_3-Au 种子层体系，利用热蒸镀法在玻璃表面制备得到 7nm 光滑连续的超薄 Ag 薄膜。如图 5-13（a）所示，直接沉积于玻璃表面的 7nm Ag 薄膜具有较低的透光率以及较高的方阻，而采用 MoO_3-Au 种子层体系沉积所得的 Ag 薄膜在厚度为 7nm 时具有与玻璃上直接沉积的 ITO 薄膜相比拟的光电性能。由于 Au 的表面能（$\gamma=1.5J/m^2$）大于 Ag 的表面能，Ag 在 Au 表面具有更好的润湿效果，因此 Au 种子层的引入有助于形成阈值厚度较低且光滑连续的超薄 Ag 薄膜。

Formica 等[61] 利用 1nm Cu 种子层，在 SiO_2/Si 衬底表面制得阈值厚度低至 3nm 且表面光滑的超薄 Ag 薄膜。采用 Cu 种子层降低 Ag 薄膜阈值厚度的原理在于一方面 Cu 的表面能（$\gamma=1.96J/m^2$）大于 Ag 的表面能，有利于随后沉积的 Ag 薄膜的润湿，另一方面在于 Ag 与 Cu 之间较高的结合能使 Ag 更倾向于与 Cu 结合，部分抑制了 Ag 在 Cu 种子层表面的迁移。如图 5-13（b）所示，引入 1nm Cu 种子层制备所得的超薄 Ag 薄膜在厚度为 3nm 时，电阻率约为 $4\times10^{-7}\Omega\cdot m$，远低于相同厚度下直接沉积所得的 Ag 薄膜的电阻率值。

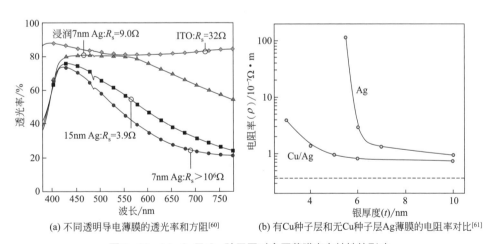

(a) 不同透明导电薄膜的透光率和方阻[60]　　(b) 有Cu种子层和无Cu种子层Ag薄膜的电阻率对比[61]

图5-13 MoO_3及Cu种子层对金属薄膜光电特性的影响

Chen 等[62] 在 1nm Ge 种子层表面制得阈值厚度为 3nm 的超薄 Ag 薄膜。不同于 Au、Cu 等具有较高的表面能，Ge 具有比 Ag 更低的表面能（$\gamma=0.748J/m^2$）。利用 Ge 种子层降低 Ag 薄膜阈值厚度的原理主要是 Ge 在初期生长过程中所形成的密度较大、尺寸较小的团簇为随后 Ag 的生长提供了有利的形核位点。且 Ag 在 Ge 表面的扩散激活能（约 0.45eV）大于其在 SiO_2 表面的扩散激活能（约 0.32eV）。

尽管引入金属种子层是一种有效地提高金属薄膜润湿性的方法，然而，金属层的引入仍然在一定程度上降低了金属薄膜的光学透过率。目前常用的低光学损耗的金属种子层主要是 Al、Au 和 Cu 等。

5.3.2.3　表面处理

利用表面处理制备超薄金属薄膜的方法通常是在衬底表面引入聚合物分子层，利用聚合物分子层的官能团与金属原子间的键合作用抑制金属原子的扩散。

Stec 等[63]在玻璃表面引入（3- 氨基丙基）三甲氧基硅烷 [（3-aminopropyl) trimethoxysilane，APTMS] 和（3- 巯基丙基）三甲氧基硅烷 [（3-mercaptopropyl) trimethoxysilane，MPTMS] 的混合层，得到 8nm 的超薄 Au 薄膜，如图 5-14 所示。混合层对 Au 原子扩散的抑制作用主要通过 APTMS 中的 N 原子与 Au 原子间的配位作用以及 MPTMS 中的硫醇与 Au 原子形成强的共价键来实现。另外，Huang 等[64]利用 APTMS 实现了玻璃和 PET 衬底上 9nm Ag 薄膜的连续生长。Zou 等[65]在引入 ZnO 缓冲层的基础上，进一步利用 11- 巯基十一烷酸对 ZnO 进行表面处理，获得表面更加光滑平整、方阻更低的超薄 Ag 薄膜。通过 11- 巯基十一烷酸上的羧基与 ZnO 表面的羟基反应形成酯基，巯基与 Ag 原子键合，ZnO 与 Ag 原子间的结合强度进一步增强，从而达到抑制 Ag 原子扩散的效果。

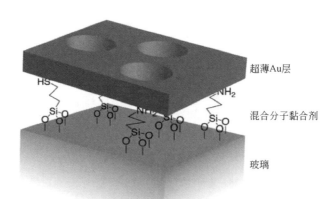

超薄Au层

混合分子黏合剂

玻璃

图 5-14　生长于分子单层表面活性剂上的超薄 Au 薄膜的示意图[63]

不同于金属种子层的引入会带来薄膜光学损耗的问题，聚合物分子层对薄膜光学性能的影响较小，且其易涂布于聚合物衬底上的特点使其成为制备柔性超薄金属薄膜的理想方法。

5.3.2.4　掺杂

Gu 等[66]通过共溅射在 Ag 薄膜中掺入原子分数为 4% 的 Al，制得 SiO_2/Si（100）衬底上阈值厚度为 6nm 且表面均方根粗糙度为 0.37nm 的 Ag-Al 薄膜。制得的 Ag-Al 薄膜在 550nm（人眼敏感的波长）处的透光率接近 80%，但由于在生长过程中，自环境气氛中扩散到薄膜中的 O 原子与自薄膜中扩散出来的 Al 原子结合，在薄膜表层形成包含 Al—O 键的覆盖层，导致薄膜方阻偏大，为 73.9Ω。近来，Huang 等[67]分别在玻璃和 PET 衬底上制得 Ag-Cu（6%，原子分数）薄膜，阈值厚度为 6nm，表面均方根粗糙度仅为 0.19nm。在 6nm 厚度下，Ag-Cu 薄膜的透光率为 80%，方阻值为 14.1Ω（图 5-15）。金属掺杂的方法可有效降低超薄金属薄膜的阈值厚度。在薄膜成核过程中，掺杂的金属原子更容易被固定在衬底表面，增加薄膜生长所需的非均相成核位点，从而提升薄膜生长连续性。通过掺入少量其他金属来制备超薄金属薄膜是一种制备工艺简单、成本较低的方法，然而，其他金属的掺入可能会引起薄膜光学损耗的问题。

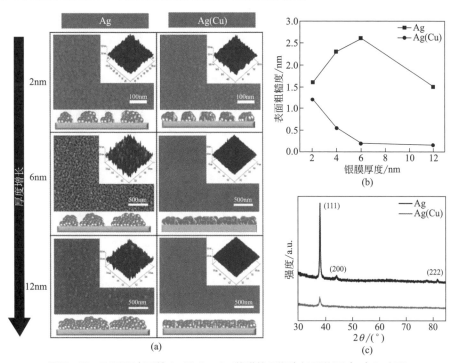

图5-15　不同厚度下纯Ag及Ag-Cu薄膜的早期生长形貌图（a）和表面粗糙度值曲线（b）以及纯Ag及Ag-Cu薄膜的XRD图（厚度为50nm）（c）[67]

此外，目前也有关于制备过程中掺入少量气体的研究，使用较多的气体通常含有 O、S、N 和 C 等元素。通过掺入气体提高金属薄膜的浸润性主要是依靠气体使金属原子状态发生变化，降低金属原子表面能，从而提高金属薄膜的稳定性。Riveiro 等[68] 通过实验证明少量 O_2 的掺入可以使 Ag 薄膜的形貌更加光滑，且几乎不会对 Ag 薄膜的电阻率产生不利影响。Zhao 等[69] 通过采用 Ar：N_2=50：0.2 的溅射气氛在 ZnO 表面制得阈值厚度低至 6.5nm 的 CuN_x 薄膜。N_2 对 Cu 薄膜生长过程的影响主要在于 N 原子与 Cu 原子间的弱键合在削弱 Cu 原子间作用力的同时，提高了 Cu 原子与 ZnO 表面的键合作用。值得注意的是，通过掺入气体制备超薄金属薄膜需要将气体含量控制在一定范围内，既要使气体达到提高薄膜浸润性的效果，又要避免过多气体的掺入使金属薄膜导电性下降，目前，这在技术上仍然具有挑战性。此方法的另一个弊端是在溅射过程中气体的掺入可能会导致靶中毒。

5.3.2.5 低温沉积

低温沉积也是一种有效制备超薄金属薄膜的方法。低温可以有效抑制金属原子在衬底表面的扩散，使初期生长过程中形成较多尺寸较小的金属团簇，从而增加薄膜的形核位点。另外，Park 等[70] 提出高沉积速率也有助于提高金属薄膜的浸润性。Sergeant 等[71] 通过控制衬底温度和沉积速率来达到提高 Ag 薄膜浸润性的目的。探究所得的最佳工艺参数为 -5℃ 的衬底温度和 5.5～6Å/s（1Å=10^{-10}m）的沉积速率。尽管低温沉积可以达到降低金属薄膜阈值厚度的目的，但在实际操作过程中，对温度精确控制的要求和昂贵的设备仍然使该方法的推广面临挑战。

近年来，超薄金属透明导电薄膜被广泛应用于有机及钙钛矿薄膜太阳电池中。超薄金属电极在有机太阳电池中可实现共振微腔效应，通过优化膜层的折射率和光学厚度，调控器件内部的光场分布，增强光捕获和吸收，提升器件性能。超薄 Ag/TeO_2 导电膜被用作阳极和背反射阴极来形成共振微腔，调控器件内部光场的空间分布。所采用的 TeO_2 插入层一方面作为超薄 Ag 膜连续生长的种子层，实现优异光电性能超薄 Ag 膜的制备，另一方面，利用其高折射率和适当的厚度来充当光学间隔层，将电磁场限制于活性层内。相比于基于 ITO 电极的有机电池器件 5.6% 的效率，采用超薄 Ag/TeO_2 作为电极的器件展现出更高的能量转换效率，即 5.78%[72]。Zhao 等[73] 也报道了超薄 Ag（Al）/Ta_2O_5 作为透明电极实现有机太阳电池中共振光吸收，可获得 8.5% 的电池效率。基于超薄 Ag 膜的氧化物/金属/氧化物三明治结构，比如 $MoO_3/Ag/MoO_3$[74]、$TiO_2/Ag/ITO$[75] 等，也被应用于有机太阳电池中构筑共振微腔，提高器件光吸收，最高可获得 8.34% 的效率。

此外，超薄银基透明电极因其低电阻、宽光谱透过等独特优势，开始纷纷被应用于（半透明）钙钛矿太阳电池及其叠层器件中。Chang 等采用超薄 Ag 膜作为透明底电极，设计实现了大面积（1.2cm²）器件，其转换效率达到 16.2%，同时具有良好的稳定性。Ou 等 [76] 采用超薄 Au 膜作为阳极、超薄 Ag 膜作为阴极来制备半透明钙钛矿电池，器件在 500～2000nm 波长范围内的平均透光率达到 15.94%，电池效率达到 8.67%。此外，器件展现出优良的弯曲柔韧性，在弯曲 1000 次后器件转换效率仍保持 88%。

5.4
银纳米线

5.4.1　银纳米线二维网络的电学和光学特性

金属纳米线透明导电膜具有良好的导电性和宽波长范围内的高透光率，因而具有良好的应用前景。尽管 Au、Cu 等金属也可用作金属纳米线，但由于块体 Ag 优异的电学性能，Ag 纳米线（Ag nanowires，AgNWs）一直是该领域的研究热点。2002 年，Xia 等 [77] 采用多元醇法合成银纳米线，粒径 30nm，长度大于 50μm，使得银纳米线的大规模制备成为可能。图 5-16 为 Ag 纳米线合成基本过程：乙二醇在 PVP（聚乙烯吡咯烷酮）存在的情况下还原 Ag⁺ 生成 Ag，Ag 形核长大成为晶种，晶种经过奥斯特瓦尔德熟化，生成形状和结构各异的纳米晶 [78]。

低方块电阻和高光学透过率是银纳米线基透明电极应当具备的性能指标。对于银纳米线透明电极，其长度和直径对透光率和方阻将产生影响。早在 20 世纪 50～80 年代，研究人员已从理论上研究了单根金属纳米线的电阻率与其直径和粗糙度的关系。计算结果表明，减小纳米线的直径，或增大其表面粗糙度，均会导致纳米线电阻率的增大，降低其导电性能。实验结果也表明：在表面粗糙的纳米线中，电子在表面的反射导致其漂移速度变小，因而纳米线的电阻率变大。另外，当金属纳米线的直径小于其块体金属电子自由程时，电阻率将会随直径减小呈指数级增长。因此，制备较大长径比的银纳米线透明导电薄膜是银纳米线薄膜面临的主要问题。

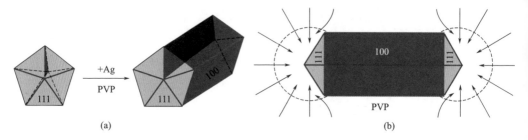

(a)

(b)

图5-16 多元醇法制备银纳米线的原理示意图[79]

此外，银纳米线导电电极的电学性能不仅和单根纳米线的电阻有关，也与纳米线之间的结电阻有关。纳米线导电网络要能够导电，纳米线之间必须互相连接在一起。Pike 和 Seager 使用 Monte Carlo 模拟计算显示，纳米线的长度 L 和临界渗流数量密度 N_c 符合以下方程式[81]：

$$N_c L^2 = 5.71 \qquad\qquad (5\text{-}13)$$

此方程表明，使用较长的纳米线能显著降低其 N_c，从而降低纳米线之间结点的密度，最终降低透明导体的方块电阻。现有合成 AgNWs 的方法采用聚乙烯吡咯烷酮（polyvinylpyrrolidone，PVP）作为稳定剂来合成 AgNWs。因为包覆在银纳米线表面的 PVP 为绝缘体，所以纳米线联结点处的结电阻远大于纳米线本身的电阻（$R_{c\_effective} \gg R_{rod}$）。换言之，AgNWs 基透明导体的方块电阻主要来源于 AgNWs 之间的结电阻，示意图如图 5-17 所示[80]。从以上分析可以得出，除了使用长纳米线外，还可以通过降低纳米线之间的结电阻来达到降低透明导体方块电阻的目的。

AgNWs 的长度和直径不仅影响透明导体的方块电阻，也决定其光学透过率。显然，光线的阻碍与纳米线在透明导体表面的单位面积覆盖比例（AF）有关，

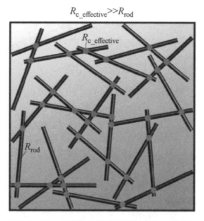

图5-17 银纳米棒的渗流网络示意图

（图中点 $R_{c\_effective}$ 处为纳米线之间的结电阻，R_{rod} 为单根纳米线的电阻）[80]

可以用以下关系式表示[78]：

$$AF = NLD \quad (5\text{-}14)$$

式中，N 为单位面积中纳米线的数量；L 为纳米线的长度；D 为纳米线的直径。另外，单根纳米线的消光也影响透明导体的透光率。其消光效率 Q_{ext} 可由式（5-15）给出：

$$Q_{\text{ext}} = \frac{C_{\text{ext}}}{DL} \quad (5\text{-}15)$$

式中，C_{ext} 为纳米线的消光量，即纳米线吸收和散射光的总量；Q_{ext} 为纳米线消光量和它几何截面的比值。于是，纳米线网络阻碍光的总量为 NC_{ext}，即 $AF \times Q_{\text{ext}}$，其透光率（T，%）由式（5-16）给出：

$$T = e^{-AF \times Q_{\text{ext}}} \quad (5\text{-}16)$$

由式（5-16）可知，提高透光率，可通过降低 AF 和 Q_{ext} 来实现。上文已经提及，要降低透明导体的电导率，纳米线越长越好。因此，出于兼顾电学性能和光学性能的考虑，要降低 AF 值，可通过减小纳米线的直径来实现。另外，Q_{ext} 是直径决定的函数，可由 Mie 理论算出[79]。从图 5-18 中可看出，在同样的纳米线 AF 下，纳米线直径越小，透明导体的透光率越高。这是因为，直径越小的纳米线，其消光截面越小。

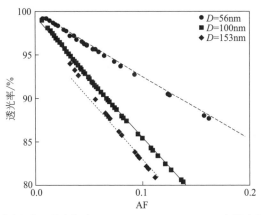

图5-18　光学透过率随不同直径（56nm、100nm、153nm）纳米线AF的变化图[79]

基于以上理论，统筹考虑 AgNWs 的方块电阻和光学透过率，Mutiso 等[80] 分别计算并绘制了 AgNWs 的方块电阻和光学透过率随纳米线长径比变化曲线，与实验结果吻合得很好，如图 5-19 所示。由图 5-19（a）可以看出，在给定的 AF 下，纳米线的长径比越大，透明导体的方块电阻越小；当方块电阻一定时，长径比越大的纳米线所需的 AF 越小。由图 5-19（b）可以看出，当透明导体的方块电阻一定时，透明导体的透光率随长径比增大而提高；当透明导体的透光率一定时，方块电阻随长径比增大而降低。

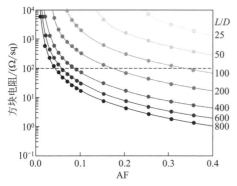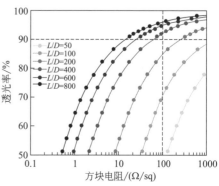

(a) AgNWs基透明导体方块电阻随长径比和面积的模拟计算图(平均结电阻 $R_{c\_effective}$ 设定为2kΩ，直径 D_{rod} 设定为50nm，虚线为高性能透明导体的方块电阻所允许的最高值100Ω)

(b) 不同长径比 AgNWs 基透明导体方块电阻与透光率关系图(平均结电阻 $R_{c\_effective}$ 设定为2kΩ，直径 D_{rod} 设定为40nm，虚线为高性能透明导体的方块电阻所允许的最高值100Ω和透光率所允许的最低值90%)[80]

图5-19 AgNWs方块电阻和光学透过率随纳米线长径比的变化规律

综上所述，AgNWs 表面越平滑，长径比越大（直径没有显著低于块体银的电子自由程），AgNWs 之间的结电阻越小，则银纳米线透明导电薄膜的方块电阻越低，透光率越高。

5.4.2 银纳米线的合成及后处理

在高产率的前提下实现高长径比银纳米线的合成，具有重要的理论意义和应用价值。AgNWs 的合成方法中，考虑到产率、长度、直径和反应条件，最适于规模化合成的方法为多元醇法[82]，由孙玉刚和夏幼男等于 2002 年开创。此方法在热的乙二醇（ethylene glycol，EG）中使用 PVP 作为稳定剂还原 Ag^+。一般而言，先将 EG 预热至 160℃ 左右，然后在搅拌条件下使用进样泵缓慢注入银前驱体（通常为 $AgNO_3$）和 PVP 的 EG 溶液，继续在此温度下反应至完全[83]。当温度高于 150℃ 时，EG 在空气中会被氧化成乙醇醛，乙醇醛是还原 $AgNO_3$ 的主要物质[84]。反应式如下：

$$2HOCH_2CH_2OH + O_2 \longrightarrow 2HOCH_2CHO + 2H_2O \tag{5-17}$$

银具有面心立方结构，在热力学上具有各向同性生长的内在动力。而此方法能在动力学上诱导其各向异性生长，生成具有五重孪晶结构的 AgNWs。此反应中银的各向异性生长机理尚未明晰，但被认为与诱导剂 PVP[85]、痕量的 Cl^- 存在有关[86]。在惰性气体保护下，加入适量 PVP（重均分子量通常为 55000）和痕量 Cl^-，能够得到高产率的 AgNWs[87]。向反应体系引入 Fe^{3+}/Fe^{2+} 或 Cu^{2+}/Cu^+，便可避免银孪晶粒子被氧化,从而得到高产率的 AgNWs[88]。通过控制反应温度、硝酸银注入速率和反应时间,能够影响 AgNWs 的增长速率和进程,进而控制 AgNWs 的长度、宽度以及产率。此外,通过采用多步连续增长法,以一步合成的 AgNWs 为晶种,可进一步合成长度更长、长径比更大的银纳米线。

除了获得更长的 AgNWs 外,研究人员还合成了更细的纳米线。Hu 等通过简单添加微量 Br⁻,在不改变纳米线长度的情况下,便将纳米线的直径从 50nm 以上降至 50nm 以下 [89]。Kim 等在添加 Br⁻ 的基础上,通过溶剂热法,在高压下合成了直径小于 25nm 的银纳米线 [90]。然而,此方法却同时降低了银纳米线的长度,长度不超过 20μm。Wiley 课题组在 Br⁻ 存在下,通入惰性气体,去除反应体系中的氧气,合成了直径 20nm、长径比达 2000 的产物 [91]。然而,上述反应体系中由于加入 Br⁻,大大降低了银纳米线的产率,难以得到高纯度的银纳米线。综上所述,目前 AgNWs 的合成在高产率、超长、超细这三方面难以兼得。

银纳米线可以很好地分散在去离子水、异丙醇、乙醇或甲醇中,所以银纳米线透明导电膜的主要制备方法包括:旋涂、滚涂、喷涂和真空抽滤转印等。旋涂是将银纳米线溶液滴在高速旋转的基底上,通过控制转速和时间,得到相应厚度和质量的银纳米线薄膜。由于操作简便,实验室多用此方法。滚涂法也是一种在实验室中常用的涂膜方法,该法制备出的银纳米线薄膜更加均匀,且可以大面积制备,适合卷对卷工业化生产。喷涂法不需要直接接触基底,这种方法成膜率高、工艺简单、可大面积制膜、可在任意形状的基底上制膜。真空抽滤转印法可以减少溶液的浪费,但导电网络在转移过程中可能会被破坏掉,从而影响薄膜的电学性能,且不适合大面积制备。

Ag 纳米线间的结电阻是影响薄膜导电性的另一关键因素。正如前文所述,透明导体的方块电阻主要来源于 AgNWs 之间的结电阻。理论上而言,如能直接去除银纳米线节点处的 PVP,那么在降低透明导体的方块电阻的同时,将不仅不会降低其光学透过率,还反而能够提升其光学透过率。这是因为,如能去除 AgNWs 表面的 PVP,由于纳米材料的高表面能,AgNWs 之间将会自动融合,那么结电阻就会显著降低;排除 PVP 的遮光作用,透明导体的透光率自然就会提升。因此,后处理是银纳米线透明导电薄膜制备的一个重要步骤。通常采用的后处理方法包括:热退火、等离子体焊接、机械按压、石墨烯涂层、盐水洗涤等。Lee 等用迈耶棒法制备了 Ag 纳米线透明导电膜,并对其进行机械和化学焊接,随后采用 NaCl 溶液和 FeCl₂ 溶液对薄膜进行处理,所得 Ag 纳米线薄膜的方阻为 5Ω,550nm 处的透光率为 92%。

随着纳米线工艺的研发，金属纳米线透明导电薄膜也逐渐被用于有机电池及染料敏化电池中。但在研究初期，受制于纳米线电极的结电阻、高表面粗糙度及稳定性等问题，电池的效率相对较低。在提升金属纳米线稳定性方面，研究人员也采用了多种方法，例如通过 ALD 方法沉积 AZO 或 Al_2O_3 作为钝化层。除了氧化物之外，稳定性更好的金属也可以作为保护层，如 Ni、Zn、Sn 及 In 等金属对于 Cu 纳米线的保护，可有效提升 Cu 纳米线的湿热稳定性。近期，研究人员发现在金属纳米线表面包裹一层石墨烯可有效保护纳米线，经过石墨烯包裹的 Cu 纳米线在异质结有机电池中可获得 4.04% 的效率，比仅用 Cu 纳米线作电极的电池效率提升 113%[92]。但总的来说，金属纳米线作为电极在电池中的使用仍有许多问题需要克服，金属纳米线更多地被用于和其他导电材料形成复合透明电极以提高电池中的应用效果。

5.5
碳基透明电极

碳纳米管透明导电薄膜被视为具有竞争力的新型透明导电膜之一。作为一种新型一维碳纳米材料，碳纳米管自 20 世纪 90 年代至今的几十年里一直受到广泛的关注。碳纳米管有多种类型。单壁碳纳米管是由单层碳原子通过 sp^2 键合组成的纳米圆柱体，直径为 1～2nm，长度通常在几微米左右。根据碳原子的层数，还存在双壁碳纳米管和多壁碳纳米管。双壁碳纳米管相对较粗，直径为 2nm，长度和单壁碳纳米管类似。由于多壁碳纳米管通常存在较多缺陷，其导电性较差，因而碳纳米管透明导电膜主要使用单壁碳纳米管和双壁碳纳米管。碳纳米管具有良好的机械强度和热稳定性，同时还具有较好的导电性能。单根碳纳米管的电导率可以高达 $2×10^5$S/cm，载流子迁移率更是超过了 $1×10^5$cm^2/(V・s) [93]。此外，碳纳米管的逸出功在 4.8～5.1eV 之间，非常适合在以太阳电池为代表的柔性电子器件上应用。图 5-20 为单壁碳纳米管和碳纳米管透明导电薄膜图像。

碳纳米管透明导电薄膜的制备方法可大致分为干法及湿法两大类。1998 年，研究人员提出一种基于化学气相沉积再转移至透明衬底上形成透明导电薄膜的方法，经过工艺改进后可得到透光率 90% 左右的薄膜 [94]。此外，还可以从碳纳米管高度规整的阵列中牵引出碳管形成薄膜。单个碳纳米管通过桥连的方式与另外一个碳纳米管相连接，从而形成均匀的碳纳米管薄膜，方阻和透光率可分别达到

53Ω 及 80%[95]。尽管干法制备可以获得较好的薄膜质量，但制备成本、批量生产可行性等方面仍需要考量。

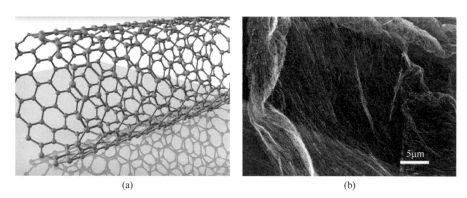

(a)   (b)

图5-20 单壁碳纳米管（a）和碳纳米管透明导电薄膜（b）示意图

湿法工艺一般是指将碳纳米管的水溶液或者有机溶液通过喷墨印刷、提拉、喷雾、棒涂、真空抽滤、电泳沉积等方法最后形成薄膜的一种工艺。湿法工艺应用的难点是制备分散性良好的高浓度碳纳米管分散液。由于范德华力的存在，碳纳米管通常会聚集成束或者绳索状，使得制备均匀的薄膜存在一定困难。采用超声的方法可以将碳纳米管进行分散，但会把碳纳米管打断，降低薄膜的电导率。目前，分散碳纳米管的方法主要有三种[96]：①将碳纳米管分散于有机溶剂中；②使用分散剂如表面活性剂等将碳纳米管分散于水性溶液中；③在溶液中添加有助于吸引碳纳米管的官能团。对第一种方法，已有的分散未官能团化的碳纳米管最有效的溶剂为二甲基甲酰胺、氯仿、二氯苯和 N- 甲基 -2- 吡咯烷酮，然而碳纳米管在这些溶剂中的最大浓度仅为 0.1～0.2mg/mL[97]。通过添加分散剂可以减弱碳纳米管间的静电吸引力，促进碳纳米管在溶液中的分散，延缓碳纳米管团聚胶化。常用的表面活性剂包括十二烷基硫酸钠，或聚（3- 己基噻吩）[poly（3-hexylthiophene），P3HT]、聚乙烯吡咯烷酮、羧甲基纤维素钠（sodium carboxymethyl cellulose，CMC）等聚合物。然而，表面活性剂在成膜之后很难去除，活性剂的存在会降低碳纳米管薄膜的电学性能。利用官能团对碳纳米管表面进行化学修饰可以获得高浓度和分散良好的碳纳米管溶液，然而官能团与碳原子间的共价键合作用破坏了碳纳米管的 sp^2 结构，使其成为碳纳米管的结构缺陷，从而导致电导率下降[98]。由于以上三种分散方法各有优缺点，因而有必要了解导电性、表面活性剂和分子结构之间的关系，为在保持碳纳米管薄膜良好导电性的同时获得浓度可控的稳定碳纳米管溶液提供指导。目前报道的采用湿法工艺可

达到的最优方阻和透光率分别为60Ω及90.9%[99]。

目前，已分别有碳纳米管透明导电薄膜在有机电池和染料敏化电池中应用的报道，但电池效率普遍偏低。如采用气溶胶化学气相沉积的方法制备透明单壁碳纳米管导电膜，沉积在PET基底上。将这一碳纳米管透明导电膜应用于有机太阳电池中，获得了3.91%的电池效率[100]。对于溶液法制备的经CMC分散并采用硝酸处理的单壁碳纳米管导电薄膜，其方阻可达50Ω及150Ω，其对应的在400~1800nm范围内的透光率分别为77%及85%。将这一碳纳米管透明导电膜应用于有机太阳电池中，得到的电池效率为3.1%[101]。综上可以看出，通常仅采用碳纳米管透明导电膜作为电极，很难在太阳电池器件中表现出好的效果，即转换效率较低。这主要是由于该导电膜的低表面粗糙度和网络结构的形貌，从而引起碳纳米管电极与电池有源层之间的电接触问题。此外，采用P3HT:PCBM材料作为有源层时，会与碳纳米管电极之间产生相互扩散使情况进一步恶化。为了进一步改进这些问题，通常的办法是将碳纳米管电极嵌入导电聚合物体系中，形成复合电极材料。

石墨烯是一种碳原子按蜂窝状晶格紧密堆积的二维材料，可以认为是石墨的单原子层。自2004年从理论研究到实验研究取得重大突破，石墨烯引起了极大关注，并被尝试应用到多个领域。与碳纳米管相似，石墨烯的所有碳原子均为sp^2杂化，由于所有价电子在整个片层上处于离域状态，单层石墨烯片具有高面电导率［电子迁移率约为20000cm^2/(V·s)］。此外，石墨烯也表现出优异的光学性能：单层石墨烯的理论透光率为97.7%（反射率＜0.1%，吸收率约2.3%）[102]。除了优异的导电性和光学透过性外，良好的热稳定性和化学稳定性、优异的力学性能（高柔性及可拉伸性）以及与有机材料间具有良好接触等性能，均促使石墨烯成为理想的柔性透明导电膜材料。

尽管石墨烯薄膜在作为柔性透明导电膜时具有诸多良好的性能，但在实际应用时仍面临诸多挑战。如何获得高质量的石墨烯薄膜是最大的应用难点之一。目前已有的制备石墨烯薄膜的方法包括机械剥离法、外延生长法、CVD法和氧化石墨烯还原法等，其中常用的制备大尺寸、高质量石墨烯薄膜的方法主要是CVD法和氧化石墨烯还原法。如CVD法与卷对卷方式相结合，可制备出尺寸为30in（1in=0.0254m）的多层石墨烯薄膜，其透光率约为90%，方阻约为30Ω[103]。采用氧化石墨烯还原法在PET表面制备出长为1m、宽为25cm的石墨烯薄膜，薄膜透光率为82.9%，方阻为800Ω[104]。表5-1总结了几种石墨烯薄膜制备方法的优缺点。

表5-1　几种石墨烯薄膜制备方法的优缺点

制备方法	优点	缺点
机械剥离法	易于维持石墨烯的原始特性，成本较低	仅限于小尺寸、小规模生产
外延生长法	薄膜生长质量高，适合大尺寸制备	薄膜难以与SiC分离，成本较高
CVD法	薄膜结构完整、质量高，适合大尺寸制备，便于器件集成	难以控制薄膜厚度和避免二次再结晶，成本较高
氧化石墨烯还原法	制备周期短，适合大尺寸制备，成本较低	石墨烯片层和晶界有较多缺陷

石墨烯薄膜应用的另一难点在于其导电性。尽管单层石墨烯片的方阻小于 100Ω，然而由于石墨烯片层间的结构缺陷及接触电阻，石墨烯薄膜的方阻通常达到 $1k\Omega$ 量级[105]。实验值与理论值之间的差异主要来自石墨烯片层中的缺陷和晶界，这些缺陷和晶界形成势垒阻碍载流子的传输。对于通常由几层石墨烯片层构成的石墨烯导电薄膜来说，片层与片层之间的电阻也最终影响了薄膜的导电性。一般采用 $AuCl_4$、HNO_3 和亚硫酰氯等化学物质对石墨烯进行掺杂，使薄膜在保持高透光率的同时具有低电阻率。例如，采用 CVD 法生长的石墨烯薄膜在掺杂 HNO_3 后具有低至 30Ω 的方阻，同时保持高达 90% 的透光率[103]。

目前，有关于石墨烯透明导电薄膜在柔性有机太阳电池及钙钛矿电池中应用的报道，但与基于碳纳米管薄膜电极的电池类似，电池效率普遍不高。表 5-2 总结了近期报道的几篇文章中关于石墨烯导电薄膜光电性能及有机电池效率的内容。一方面是由于获得高性能的石墨烯透明导电膜还存在一定问题，另一方面，由于石墨烯具有疏水性，在石墨烯薄膜上直接旋涂 PEDOT:PSS 薄膜存在一定困难。为此，除了采用掺杂的方法提高石墨烯薄膜的光电性能外，也可采用界面缓冲层的材料来改善石墨烯薄膜的表面亲水性。如通过增加一层 2nm 的 MoO_3 界面层材料可大大改善 PEDOT:PSS 薄膜在石墨烯薄膜表面的润湿性，从而使得基于此的钙钛矿电池效率达到 17.1%[113]。

表5-2　石墨烯导电薄膜光电性能及有机电池效率

石墨烯电极制备方法	透光率/%	方阻/Ω	电池效率/%	参考文献
CVD法	72	230	1.18	[106]
氧化石墨烯还原法	55	1600	0.78	[107]
CVD法	90	450	2.54	[108]
氧化石墨烯还原法	44	700	1.10	[109]
CVD法	83	36.6	4.33	[110]
CVD法	92	300	7.10	[111]
氧化石墨烯还原法	59	565	3.05	[112]

5.6
导电聚合物

导电聚合物作为一种有望替代 ITO 的技术在 20 世纪 80 年代左右得到了重视。自 1977 年白川英树发现导电乙炔，导电高分子就引起了科学家们的广泛关注。大多数导电聚合物属于芳香族，例如聚苯胺、聚吡咯、聚对亚苯基和聚噻吩及其取代衍生物。其中，PEDOT:PSS[poly（3,4-ethylenedioxythiophene）polystyrene sulfonate]由于其优异的成膜性、透光性、热稳定性以及可调的导电性而成为研究最成功、应用最为广泛的透明导电聚合物之一，成为柔性电极材料的强有力竞争者。

导电聚合物的导电性是基于共轭 π 电子，其能够通过聚合物主链上的离域电子进行电荷传输。因此，导电聚合物的电学性能在很大程度上取决于聚合物主链的化学结构。PEDOT 是正掺杂导电聚合物，PSS 在稳定正电荷以及增加 PEDOT 低聚物可溶性方面起着关键作用。PEDOT:PSS 溶液呈现蓝色，PEDOT:PSS 薄膜均匀，雾度低，表面粗糙度低至几纳米。而且作为一种环境友好型透明导电薄膜材料，它无毒且储量丰富。PEDOT:PSS 用作透明电极的主要优点是加工方便，该体系适用于许多沉积技术，包括喷墨打印、湿法涂布及喷雾涂布等方法，相较于真空溅射沉积，这些方法可以实现低能耗大规模生产，可实现卷对卷生产。从透明电极的观点来看，基于溶液的聚合物具有许多有吸引力的商业用途。聚合物薄膜的非易碎性可以最大限度地减少设备制造和终端用户（跌落等）操作过程中产生的缺陷。同时，PEDOT:PSS 配方具有很好的通用性，其水溶剂载体允许添加涂层助剂、交联剂和树脂聚合物。

原始的 PEDOT:PSS 薄膜电导率很差，一般在 0.1～10S/cm 范围内，比 ITO 基透明导电薄膜小大约 3 个数量级[114]，因此需要大幅度提高 PEDOT:PSS 薄膜的电导率。通过使用高沸点溶剂（例如乙二醇、二甘醇、二甲基亚砜、N,N-二甲基甲酰胺或山梨醇）配制或后处理，PEDOT:PSS 的电导率可以提高三个数量级左右。例如，采用不同的共溶剂处理的 PEDOT:PSS 的电导率可达到 300～600S/cm。共溶剂可以作为增塑剂，促进 PEDOT 链的重排和更好地填充。此外，据报道，用某些盐、两性离子和离子液体处理 PEDOT:PSS 可引起薄膜电导率的类似增加。这是由离子的电荷屏蔽效应解释的，它削弱了 PEDOT:PSS 的相互作用，并导致聚合物链的重排。例如，用甲基碘化铵处理 DMF，可将 PEDOT:PSS 薄膜的电导率提升至 2200S/cm。然而，这一方法带来的问题是：在电场作用下，残留在薄膜中的潜在残余离子会在薄膜中移动，从而影响器件的性能。另一种提高 PEDOT 导电性的方法是用强酸对 PEDOT:PSS 薄膜进行后处理。经硫酸反复冲洗的 PEDOT:PSS 薄膜，电导率可大于 3000S/cm，在室温下呈现类金属导电行为[115]。但是，由于强酸的腐蚀性，强酸处理的方法会损坏工艺中涉及的其他材料，并在加工过程中引发安全问题，不适合大规模成膜工艺。最近，也有研究表明，其他阴离子聚电解质可以取代 PSS，用于在水溶液中掺杂和分散 PEDOT，得到的薄膜具有较高的透光率及中等性能的电导率。

近年来，有一些将 PEDOT:PSS 薄膜用于有机太阳电池电极的报道。例如，在玻璃基底上经过硫酸处理的 PEDOT:PSS 薄膜，电导率可高达 4380S/cm，作为有机电池的阳极材料，电池效率可达 6.6%，与 ITO 电极性能相当[116]。对于柔性基底上的有机电池，将经过甲醇/甲磺酸处理的 PEDOT:PSS 薄膜作为电极，在柔性塑料基底上可达到 3560S/cm 的电导率，同时可获得 3.92% 的电池效率[117]。但在电池器件中，导电聚合物更多的是被用于和其他导电材料形成复合透明电极，起到连接各导电材料的桥梁作用，同时降低透明导电薄膜的表面粗糙度。例如，导电聚合物通常与 ITO 进行复合，作为一薄层覆盖于 ITO 薄膜之上。由于 ITO 具有脆性，在柔性器件中，当 ITO 薄膜表面产生裂纹的时候，聚合物薄膜可以起到维持电极导电连续性的作用。同时，对于一些新兴的纳米结构电极，导电聚合物涂层可作为导电平滑层，以降低薄膜的粗糙度。如采用纳米压印方法制备的金属网格透明电极，PEDOT 被用来填平网格间隙以提高电极均匀性和降低粗糙度。

导电聚合物广泛应用于透明电极的一个关键问题是材料的电稳定性。当受到各种应力（热、化学等）及暴露于潮湿或紫外线环境下时，其导电性会迅速降低。高电稳定性是对电子器件的一个关键要求。毫无疑问，这种不稳定性是导电聚合物没有在显示器、触摸板和其他设备上得到广泛商业应用的主要原因之一。

5.7
柔性电极在电池中的应用展望

本章概述了用于取代传统 ITO 透明导电薄膜的几种类型的柔性透明导电薄膜的基本原理及近期进展。在过去的几十年间，尽管上述所有提到的柔性透明导电薄膜体系都经历了快速发展，并在商业应用中取得了不同程度的成功，但并不是所有上述各类导电薄膜体系在薄膜电池中的应用与 ITO 相比都具有竞争优势。基于金属的柔性导电膜，例如超长的纳米线、静电纺丝法制得的纳米凹槽、自开裂的网格，通常都表现出优异的导电性、透光率和机械柔韧性，优于传统 ITO

电极。其中，金属纳米线体系与大面积卷对卷制备工艺具有良好的兼容性，可采用相对较低成本的溶液法获得。但是，其化学稳定性和表面粗糙度问题限制了其在柔性电池中的应用，还有待改进。基于碳的柔性电极材料如碳纳米管和石墨烯具有较好的化学稳定性，但要获得高质量且具有良好光电性能的碳纳米管或石墨烯通常需要采用化学气相沉积技术来实现，成本高且大面积均匀性还存在问题。PEDOT:PSS 与低成本的卷对卷工艺相容，在薄膜电池中作为界面缓冲层得到了广泛的应用，但要取代 ITO 电极，其导电性和化学稳定性仍然需要提高。总体而言，以上提到的各个导电膜体系都具有自身的独特优势，但相互间还不能完全替代。在寻找可替代 ITO 且综合性能优异的柔性导电膜的进程中，还有很长的路要走。将两种或两种以上不同的导电材料集成在一起，可以获得彼此的互补优势。例如，涂有导电聚合物的金属网可以有效地降低其表面粗糙度，涂有石墨烯的金属网可以大大提高其化学稳定性。通过将两种及两种以上导电膜进行复合，可获得性能更为优异的薄膜电池。

在不同种类的柔性薄膜电池器件中，近年来，有机电池的研究非常火热，例如采用卷对卷打印方式制备的基于金属网格电极的有机电池组件效率可以达到3.2%，这充分说明了大面积、具有一定环境稳定性的有机电池的可能性[118]。此外，钙钛矿电池仍处于早期研究阶段，但其快速发展的态势使之可能成为下一代柔性、低成本、高效率的柔性电池中的重要一员，不过其稳定性问题还需要进一步克服。对于基于纤维的电池，它们特殊的结构使其非常适合于未来可穿戴应用。但同时，稳定性、安全性和大面积制备问题仍限制了其商业化应用。

综上所述，随着柔性导电膜材料的技术不断突破，以及对材料和器件的新功能的开发，我们相信新型的柔性导电膜体系会在未来柔性太阳电池的应用中占据越来越多的市场。

参考文献

[1] Ginley D S, Hosono H, Paine D C. Handbook of transparent conductors [M]. Springer, 2010.

[2] Fortunato E, Ginley D, Hosono H, et al. Transparent conducting oxides for photovoltaics [J]. MRS Bulletin, 2007, 32 (3): 242-247.

[3] Tak Y H, Kim K B, Park H G, et al. Criteria for ITO (indium-tin-oxide) thin film as the bottom electrode of an organic light emitting diode [J]. Thin Solid Films, 2002, 411 (1): 12-16.

[4] Minami T. Present status of transparent conducting oxide thin-film development for Indium-Tin-Oxide (ITO) substitutes [J]. Thin Solid Films, 2008, 516 (17): 5822-5828.

[5] Shanthi S, Subramanian C, Ramasamy P. Growth and characterization of antimony doped tin

oxide thin films [J]. Journal of Crystal Growth, 1999, 197（4）: 858-864.

[6] Fukano T, Motohiro T. Low-temperature growth of highly crystallized transparent conductive fluorine-doped tin oxide films by intermittent spray pyrolysis deposition [J]. Solar Energy Materials and Solar Cells, 2004, 82（4）: 567-575.

[7] Agura H, Suzuki A, Matsushita T, et al. Low resistivity transparent conducting Al-doped ZnO films prepared by pulsed laser deposition [J]. Thin Solid Films, 2003, 445（2）: 263-267.

[8] Park S M, Ikegami T, Ebihara K. Effects of substrate temperature on the properties of Ga-doped ZnO by pulsed laser deposition [J]. Thin Solid Films, 2006, 513（1）: 90-94.

[9] Young D L, Moutinho H, Yan Y, et al. Growth and characterization of radio frequency magnetron sputter-deposited zinc stannate, Zn_2SnO_4, thin films [J]. Journal of Applied Physics, 2002, 92（1）: 310-319.

[10] Choi Y Y, Choi K H, Lee H, et al. Nano-sized Ag-inserted amorphous $ZnSnO_3$ multilayer electrodes for cost-efficient inverted organic solar cells [J]. Solar Energy Materials and Solar Cells, 2011, 95（7）: 1615-1623.

[11] Howson R P, Bishop C A, Ridge M I. Preparation of transparent conducting thin films [J]. Thin Solid Films, 1982, 90（3）: 296.

[12] Minami T, Maeno T, Kuroi Y, et al. High-luminance green-emitting thin-film electroluminescent devices using $ZnGa_2O_4$: Mn phosphor. Japanese Journal of Applied Physics [J], 1995, 34（6A）: L684.

[13] Phillips J M, Kwo J, Thomas G A, et al. Transparent conducting thin films of $GaInO_3$ [J]. Applied Physics Letters, 1994, 65（1）: 115-117.

[14] Minami T, Sonohara H, Kakumu T, et al. Highly transparent and conductive $Zn_2In_2O_5$ thin films prepared by RF magnetron sputtering [J]. Japanese Journal of Applied Physics, 1995, 34（8A）: L971.

[15] Naghavi N, Rougier A, Marcel C, et al. Characterization of indium zinc oxide thin films prepared by pulsed laser deposition using a $Zn_3In_2O_6$ target [J]. Thin Solid Films, 2000, 360（1）: 233-240.

[16] Aleman B, Garcia J A, Fernandez P, et al. Luminescence and Raman study of $Zn_4In_2O_7$ nanobelts and plates [J]. Superlattices and Microstructures, 2013, 56: 1-7.

[17] Monica M M, Stefaan D W, Rachel W R, et al. Transparent electrodes for efficient optoelectronics [J]. Advanced Electronics Materials, 2017, 3: 1600529.

[18] Klaus E. Past achievements and future challenges in the development of optically transparent electrodes [J]. Nature Photonics, 2012, 6: 809-817.

[19] Catrysse P B, Fan S. Nanopatterned metallic films for use as transparent conductive electrodes in optoelectronic devices [J]. Nano Letters, 2010, 10: 2944-2949.

[20] Hu L B, Wu H, Cui Y. Metal nanogrids, nanowires, and nanofibers for transparent electrodes [J]. Mrs Bulletin, 2011, 36: 760-765.

[21] van de Groep J, Spinelli P, Polman A. Transparent conducting silver nanowire networks [J]. Nano Letters, 2012, 12: 3138-3144.

[22] Afshinmanesh F, Curto A G, Milaninia K M, et al. Transparent metallic fractal electrodes for semiconductor devices [J]. Nano Letters, 2014, 14: 5068-5074.

[23] Lee K, Ahn J. Substrate effects on the transmittance of 1D metal grid transparent electrodes [J]. Optics Express, 2014, 22: 19021.

[24] Hong S, Yeo J, Kim G, et al. Nonvacuum, maskless fabrication of a flexible metal grid transparent conductor by low-temperature selective laser sintering of nanoparticle ink [J]. ACS Nano, 2013, 7: 5024-5031.

[25] Layani M, Gruchko M, Milo O, et al. Transparent conductive coatings by printing coffee ring arrays obtained at room temperature [J]. ACS Nano, 2009, 3: 3537-3542.

[26] Perelaer J, de Gans B J, Schubert U S. Inkjet printing and microwave sintering of conductive silver tracks [J]. Advanced Materials, 2006, 18: 2101-2104.

[27] Soltman D, Subramanian V. Inkjet-printed line morphologies and temperature control of the coffee ring effect [J]. Langmuir, 2008, 24: 2224-2231.

[28] Zhang Z, Zhang X, Xin Z, et al. Controlled inkjetting of a conductive pattern of silver nanoparticles based on the coffee-ring effect [J]. Advance Materials, 2013, 25: 6714-6718.

[29] Jang S, Jeon H J, An C J, et al. 10nm scale nanopatterning on flexible substrates by a secondary sputtering phenomenon and their applications in high performance, flexible and transparent conducting films [J]. Journal of Materials Chemistry C, 2014, 2: 3527-3531.

[30] Lim J W, Lee Y T, Pandey R, et al. Effect of geometric lattice design on optical/electrical properties of transparent silver grid for organic solar cells [J]. Optical Express, 2014, 22: 26891-26899.

[31] Kim W K, Lee S, Lee D H, et al. Cu mesh for flexible transparent conductive electrodes [J]. Scientific Reports, 2015, 5: 814-820.

[32] Kang M G, Park H J, Ahn S H, et al. Toward low-cost, high-efficiency, and scalable organic solar cells with transparent metal electrode and improved domain morphology [J]. IEEE Journal of Selected Topics in Quantum Electronics, 2010, 16: 1807-1820.

[33] Ahn S H, Guo L J. High-speed roll-to-roll nanoimprint lithography on flexible plastic substrates [J]. Advanced Materials, 2008, 20: 2044-2049.

[34] Qin D, Xia Y, Whitesides G M. Soft lithography for micro-and nanoscale patterning [J]. Nature Protocols, 2010, 5: 491-502.

[35] Cheng X, Jay Guo L. One-step lithography for various size patterns with a hybrid mask-mold [J]. Microelectronic Engineering, 2004, 71: 288-293.

[36] Guo L J. Nanoimprint lithography: Methods and material requirements [J]. Advanced Materials, 2007, 19: 495-513.

[37] Kang M G, Guo L J. Nanoimprinted semitransparent metal electrodes and their application in organic light-emitting diodes [J]. Advanced Materials, 2007, 19: 1391-1396.

[38] Kang M G, Park H J, Guo L J. Transparent Cu nanowire mesh electrode on flexible substrates fabricated by transfer printing and its application in organic solar cells [J]. Solar Energy Materials and Solar Cells, 2010, 94: 1179-1184.

[39] Ahn S H, Guo L J. Large-area roll-to-roll and roll-to-plate nanoimprint lithography: a step toward high-throughput application of continuous nanoimprinting [J]. ACS Nano, 2009, 3: 2304-2310.

[40] Guo C F, Sun T, Liu Q, et al. Highly stretchable and transparent nanomesh electrodes made

by grain boundary lithography [J]. Nature Communications, 2014, 5: 3121.

[41] Myungkwan S, Han-Jung K, Chang S K, et al. ITO-free highly bendable and efficient organic solar cells with Ag nanomesh/ZnO hybrid electrodes [J]. Journal of Materials Chemistry A, 2015, 3: 65-70.

[42] Wanjung K, Soyeon K, Iljoong K, et al. Hybrid silver mesh electrode for ITO-free flexible polymer solar cells with good mechanical stability [J]. ChemSusChem, 2016, 9: 1042-1049.

[43] Ghosh D S, Martinez L, Giurgola S, et al. Widely transparent electrodes based on ultrathin metals [J]. Optics Letters, 2009, 34 (3): 325-327.

[44] Hong K, Son J H, Kim S, et al. Design rules for highly transparent electrodes using dielectric constant matching of metal oxide with Ag film in optoelectronic devices [J]. Chemical Communications, 2012, 48 (86): 10606-10608.

[45] Rahe P, Lindner R, Kittelmann M, et al. From dewetting to wetting molecular layers: C_{60} on $CaCO_3$ (1014) as a case study [J]. Physical Chemistry Chemical Physics, 2012, 14 (18): 6544-6548.

[46] Munoz R C, Arenas C. Size effects and charge transport in metals: Quantum theory of the resistivity of nanometric metallic structures arising from electron scattering by grain boundaries and by rough surfaces [J]. Applied Physics Reviews, 2017, 4 (1): 011102.

[47] Fuchs K. The conductivity of thin metallic films according to the electron theory of metals [J]. Mathematical Proceedings of the Cambridge Philosophical Society, 1938, 34 (1): 100-108.

[48] Sondheimer E H. The mean free path of electrons in metals [J]. Advances in Physics, 1952, 1 (1): 1-42.

[49] Mayadas A F, Shatzkes M, Janak J F. Electrical resistivity model for polycrystalline films: The case of specular reflection at external surfaces [J]. Applied Physics Letters, 1969, 14: 345-347.

[50] Mayadas A F, Shatzkes M. Electrical-resistivity model for polycrystalline films: the case of arbitrary reflection at external surfaces [J]. Physical Review B, 1970, 1: 1382-1389.

[51] O'Connor B, Haughn C, An K H, et al. Transparent and conductive electrodes based on unpatterned, thin metal films [J]. Applied Physics Letters, 2008, 93: 223304.

[52] Zhang W, Brongersma S H, Richard O, et al. Influence of the electron mean free path on the resistivity of thin metal films [J]. Microelectronic Engineering, 2004, 76: 146-152.

[53] Coronado E A, Encina E R, Stefani F D. Optical properties of metallic nanoparticles: manipulating light, heat and forces at the nanoscale [J]. Nanoscale, 2011, 3: 4042-4059.

[54] Lee I, Lee J L. Transparent electrode of nanoscale metal film for optoelectronic devices [J]. Journal of Photonics for Energy, 2015, 5: 057609.

[55] Sugimoto Y, Igarashi K, Shirasaki S, et al. Thermal durability of AZO/Ag (Al)/AZO transparent conductive films [J]. Japanese Journal of Applied Physics, 2016, 55: 04EJ15.

[56] Sahu D R, Lin S Y, Huang J L. ZnO/Ag/ZnO multilayer films for the application of a very low resistance transparent electrode [J]. Applied Surface Science, 2006, 252: 7509-7514.

[57] Yun J. Ultrathin metal films for transparent electrodes of flexible optoelectronic devices [J]. Advanced Functional Materials, 2017, 27: 1606641.

[58] Schubert S, Hermenau M, Meiss J, et al. Oxide sandwiched metal thin-film electrodes for

long-term stable organic solar cells [J]. Advanced Functional Materials, 2012, 22: 4993-4999.

[59] Kim D Y, Han Y C, Kim H C, et al. Highly transparent and flexible organic light-emitting diodes with structure optimized for anode/cathode/cathode multilayer electrodes [J]. Advanced Functional Materials, 2015, 25: 7145-7153.

[60] Schwab T, Schubert S, Hofmann S, et al. Highly efficient color stable inverted white top-emitting OLEDs with ultra-thin wetting layer top electrodes [J]. Advanced Optical Materials, 2013, 1: 707-713.

[61] Formica N, Ghosh D S, Carrilero A, et al. Ultrastable and atomically smooth ultrathin silver films grown on a copper seed layer [J]. ACS Applied Materials & Interfaces, 2013, 5: 3048-3053.

[62] Chen W Q, Thoreson M D, Ishii S, et al. Ultra-thin ultra-smooth and low-loss silver films on a germanium wetting layer [J]. Optics Express, 2010, 18: 5124-5134.

[63] Stec H M, Williams R J, Jones T S, et al. Ultrathin transparent Au electrodes for organic photovoltaics fabricated using a mixed mono-molecular nucleation layer [J]. Advanced Functional Materials, 2011, 21: 1709-1716.

[64] Huang J H, Lu Y H, Wu W X, et al. Amino-functionalized sub-40 nm ultrathin Ag/ZnO transparent electrodes for flexible polymer dispersed liquid crystal devices [J]. Journal of Applied Physics, 2017, 122: 195302.

[65] Zou J, Li C Z, Chang C Y, et al. Interfacial engineering of ultrathin metal film transparent electrode for flexible organic photovoltaic cells [J]. Advanced Materials, 2014, 26: 3618-3623.

[66] Gu D, Zhang C, Wu Y K, et al. Ultrasmooth and thermally stable silver-based thin films with subnanometer roughness by aluminum doping [J]. ACS Nano, 2014, 8: 10343-10351.

[67] Huang J H, Liu X H, Lu Y H, et al. Seed-layer-free growth of ultra-thin Ag transparent conductive films imparts flexibility to polymer solar cells [J]. Solar Energy Materials and Solar Cells, 2018, 184: 73-81.

[68] Riveiro J M, Normile P S, Andres J P, et al. Oxygen-assisted control of surface morphology in nonepitaxial sputter growth of Ag [J]. Applied Physics Letters, 2006, 89: 201902.

[69] Zhao G Q, Kim S M, Lee S G, et al. Nitrogen-mediated growth of silver nanocrystals to form ultra thin, high-purity silver-film electrodes with broad band transparency for solar cells [J]. ACS Applied Materials & Interfaces, 2018, 10: 40901-40910.

[70] Park J H, Ambwani P, Manno M, et al. Single-crystalline silver films for plasmonics [J]. Advanced Materials, 2012, 24: 3988-3992.

[71] Sergeant N P, Hadipour A, Niesen B, et al. Design of transparent anodes for resonant cavity enhanced light harvesting in organic solar cells [J]. Advanced Materials, 2012, 24: 728-732.

[72] Salinas J F, Yip H L, Chueh C C, et al. Optical design of transparent thin metal electrodes to enhance in-coupling and trapping of light in flexible polymer solar cells [J]. Advanced Materials, 2012, 24: 6362-6367.

[73] Zhao D W, Zhang C, Kim H, et al. High-performance Ta_2O_5/Al-Doped Ag electrode for resonant light harvesting in efficient organic solar cells [J]. Advanced Energy Materials, 2015, 5: 1500768.

[74] Sergeant, N P, Hadipour A, Niesen B, et al. Design of transparent anodes for resonant cavity

enhanced light harvesting in organic solar cells [J]. Advanced Materials, 2012, 24: 728-732.

[75] Ghosh D S, Liu Q, Mantilla-Perez P, et al. Highly flexible transparent electrodes containing ultrathin silver for efficient polymer solar cells [J]. Advanced Functional Materials, 2015, 25: 7309-7316.

[76] Ou X L, Xu M, Feng J, et al. Flexible and efficient ITO-free semitransparent perovskite solar cells [J]. Solar Energy Materials and Solar Cells, 2016, 157: 660-665.

[77] Sun Y, Xia Y. Shape-controlled synthesis of gold and silver nanoparticles [J]. Science, 2002, 298: 2176-2179.

[78] Bergin S M, Chen Y H, Rathmell A R, et al. The effect of nanowire length and diameter on the properties of transparent, conducting nanowire films [J]. Nanoscale, 2012, 4: 1996-2004.

[79] Khanarian G, Joo J, Liu X Q, et al. The optical and electrical properties of silver nanowire mesh films [J]. Journal of Applied Physics, 2013, 114: 024302.

[80] Mutiso R M, Sherrott M C, Rathmell A R, et al. Integrating simulations and experiments to predict sheet resistance and optical transmittance in nanowire films for transparent conductors [J]. ACS Nano, 2013, 7: 7654-7663.

[81] Pike G E, Seager C H. Percolation and conductivity: A computer study [J]. I Physical Review B, 1974, 10: 1421-1434.

[82] Sun Y, Gates B, Mayers B, et al. Crystalline silver nanowires by soft solution processing [J]. Nano Letters, 2002, 2: 165-168.

[83] Sun Y G, Xia Y N. Large-scale synthesis of uniform silver nanowires through a soft, self-seeding, polyol process [J]. Advanced Materials, 2002, 14: 833-837.

[84] Skrabalak S E, Wiley B J, Kim M, et al. On the polyol synthesis of silver nanostructures: Glycolaldehyde as a reducing agent [J]. Nano Letters, 2008, 8: 2077-2081.

[85] Sun Y G, Mayers B, Herricks T, et al. Polyol synthesis of uniform silver nanowires: A plausible growth mechanism and the supporting evidence [J]. Nano Letters, 2003, 3: 955-960.

[86] Wiley B, Sun Y G, Xia Y N. Polyol synthesis of silver nanostructures: Control of product morphology with Fe (Ⅱ) or Fe (Ⅲ) species [J]. Langmuir, 2005, 21: 8077-8080.

[87] Korte K E, Skrabalak S E, Xia Y. Rapid synthesis of silver nanowires through a CuCl-or CuCl$_2$-mediated polyol process [J]. Journal of Materials Chemistry, 2008, 18: 437-441.

[88] Coskun S, Aksoy B, Unalan H E. Polyol synthesis of silver nanowires: An extensive parametric study [J]. Crystal Growth & Design, 2011, 11: 4963-4969.

[89] Hu L B, Kim H S, Lee J Y, et al. Scalable coating and properties of transparent, flexible, silver nanowire electrodes [J]. Acs Nano, 2010, 4: 2955-2963.

[90] Lee E J, Chang M H, Kim Y S, et al. High-pressure polyol synthesis of ultrathin silver nanowires: Electrical and optical properties [J]. APL Materials, 2013, 1: 42118.

[91] Li B, Ye S, Stewart I E, et al. Synthesis and purification of silver nanowires to make conducting films with a transmittance of 99% [J]. Nano Letters, 2015, 15: 6722-6726.

[92] Ahn Y, Jeong Y, Lee D, et al. Copper nanowire-graphene core-shell nanostructure for highly stable transparent conducting electrodes [J]. ACS Nano, 2015, 9: 3125-3133.

[93] Shim B S, Tang Z, Morabito M P, et al. Integration of conductivity, transparency and mechanical strength into highly homogeneous layer-by-layer composites of single-walled

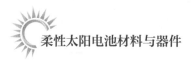

carbon nanotubes for optoelectronics [J]. Chemistry of Materials, 2007, 19: 5467.

[94]   Cheng H M, Li F, Sun X, et al. Bulk morphology and diameter distribution of single-walled carbon nanotubes synthesized by catalytic decomposition of hydrocarbons [J]. Chemical Physics Letters, 1998, 289: 602-610.

[95]   Feng C, Liu K, Wu J S, et al. Flexible, stretchable, transparent conducting films made from super aligned carbon nanotubes [J]. Advanced Functional Materials, 2010, 20: 885-891.

[96]   Niu C. Carbon nanotube transparent conducting films [J]. MRS bulletin, 2011, 36 (10) : 766-773.

[97]   Bergin S D, Nicolosi V, Streich P V, et al. Towards solutions of single-walled carbon nanotubes in common solvents [J]. Advanced Materials, 2008, 20: 1876-1881.

[98]   Yu L, Shearer C, Shapter J. Recent development of carbon nanotube transparent conductive films [J]. Chemical Reviews, 2016, 116: 13413-13453.

[99]   Hecht D S, Heintz A M, Lee R, et al. High conductivity transparent carbon nanotube films deposited from superacid [J]. Nanotechnology, 2011, 22: 169501.

[100] Jeon I, Cui K, Chiba T, et al. Direct and dry deposited single-walled carbon nanotube films doped with MoO$_x$ as electron-blocking transparent electrodes for flexible organic solar cells [J]. Journal of the American Chemistry Society, 2015, 137: 7982-7985.

[101] Tenent R C, Barnes T M, Bergeson J D, et al. Ultrasmooth, large-area, high-uniformity, conductive transparent single-walled-carbon-nanotube films for photovoltaics produced by ultrasonic spraying [J]. Advanced Materials, 2009, 21: 3210-3216.

[102] Kim K S, Zhao Y, Jang H, et al. Large-scale pattern growth of graphene films for stretchable transparent electrodes [J]. Nature, 2009, 457: 706-710.

[103] Bae S, Kim H, Lee Y, et al. Roll-to-roll production of 30-inch graphene films for transparent electrodes [J]. Nature Nanotechnology, 2010, 5: 574-578.

[104] Ning J, Hao L, Jin M, et al. A facile reduction method for roll-to-roll production of high performance graphene-based transparent conductive films [J]. Advanced Materials, 2017, 29: 1605028.

[105] Eda G, Fanchini G, Chhowalla M. Large-area ultrathin films of reduced graphene oxide as a transparent and flexible electronic material [J]. Nature Nanotechnology, 2008, 3: 270-274.

[106] Arco L G D, Zhang Y, Schlenker C W, et al. Continuous, highly flexible, and transparent graphene films by chemical vapor deposition for organic photovoltaics [J]. ACS Nano, 2010, 4: 2865-2873.

[107] Yin Z, Sun S, Salim T, et al. Organic photovoltaic devices using highly flexible reduced graphene oxide films as transparent electrodes [J]. ACS Nano, 2010, 4: 5263-5268.

[108] Lee S, Yeo J S, Ji Y, et al. Flexible organic solar cells composed of P3HT: PCBM using chemically doped graphene electrodes [J]. Nanotechnology, 2012, 23: 344013.

[109] Kymakis E, Savva K, Stylianakis M M, et al. Flexible organic photovoltaic cells with In situ nonthermal photoreduction of spin-coated graphene oxide electrodes [J]. Advanced functional materials, 2013, 23: 2742.

[110] Kim H, Bae S H, Han T H, et al. Organic solar cells using CVD-grown graphene electrodes [J]. Nanotechnology, 2014, 25: 014012.

[111] Park H, Chang S, Zhou X, et al. Flexible graphene electrode-based organic photovoltaics

with record-high efficiency [J]. Nano Letters，2014，14：5148-5154.

[112] Konios D，Petridis C，Kakavelakis G，et al. Reduced graphene oxide micromesh electrodes for large area，flexible，organic photovoltaic devices [J]. Advanced Functional Materials，2015，25：2213-2221.

[113] Sung H，Ahn N，Jang M S，et al. Solar cells：transparent conductive oxide-free graphene-based perovskite solar cells with over 17% efficiency [J]. Advanced Energy Materials，2016，6：1501873.

[114] Ha Y H，Nikolov N，Pollack S K，et al. Towards a transparent，highly conductive poly（3，4-ethylenedioxythiophene）[J]. Advanced Functional Materials，2004，14：615-622.

[115] Xia Y，Sun K，Ouyang J. Solution-processed metallic conducting polymer films as transparent electrode of optoelectronic devices [J]. Advanced Materials，2012，24：2436-2440.

[116] Kim N，Kee S，Lee S H，et al. Transparent electrodes：highly conductive PEDOT：PSS nanofibrils induced by solution-processed crystallization [J]. Advanced Materials，2014，26：2109.

[117] Fan X，Wang J，Wang H，et al. Bendable ITO-free organic solar cells with highly conductive and flexible PEDOT：PSS electrodes on plastic substrates [J]. ACS Applied Materials & Interfaces，2015，7：16287-16295.

[118] Hosel M，Angmo D，Sondergaard R R，et al. High-volume processed，ITO-free superstrates and substrates for roll-to-roll development of organic electronics [J]. Advanced Science，2014，1：1400002.

第 **6** 章

柔性薄膜沉积技术

6.1
物理气相沉积方法

物理气相沉积方法（physical vapor deposition，PVD）是指在真空条件下，利用蒸发或溅射等物理方式，把固体材料转化为原子、分子或者离子态的气相物质，然后使这些携带能量的粒子沉积到基体表面，形成膜层的镀膜制备方法。

物理气相沉积方法主要分为真空蒸镀、溅射镀膜和离子镀这三类，其主要特点和差别见表 6-1[1]。

表6-1 物理气相沉积方法（PVD）的薄膜制备技术[1]

方式	真空蒸镀	溅射镀膜	离子镀
气氛压力/Pa	$<10^{-2}$	0.1～10	0.2～10
材料供给	蒸发	受荷能离子碰撞而逸出	蒸发（Ar）
沉积粒子能量/eV	0.1～1	1～10	0.1～1
靶材温度	蒸发温度	可控水冷	蒸发温度
基板温度	任意	任意	任意
基板材料	任意	任意	耐热，耐蚀
膜面积	大	大	大
膜厚/μm	0.1～10	0.001～10	0.1～100
膜厚控制	容易	容易	容易
沉积速率/（μm/min）	0.1～70	0.01～0.05	0.1～50
薄膜附着力	良	优	优
可应用的对象	金属（单质、合金），几乎所有的无机化合物及少数有机物	金属（单质、合金），几乎所有的无机化合物及少数有机物	金属（单质、合金），几乎所有的无机化合物

真空蒸镀法是将蒸镀靶材在真空中加热、蒸发，使蒸发的原子或原子团在温度较低的基板上析出，形成薄膜。这与水壶烧开水时冒出的水蒸气使玻璃窗蒙上一层模糊水汽的原理相似。所以，真空蒸镀法需要相当于水壶的坩埚、加热坩埚的热源和附着被蒸发材料的基片。蒸镀靶材的加热方法主要有两种：一种是利用钨等高熔点金属通电加热，即电阻加热法；另一种是采用电子束加热，即电子束法。为了防止高温热源的燃烧和蒸发靶材以及膜层的氧化，必须把蒸镀腔室抽成真空。蒸发源相对基片而言面积较小，类似于一个点发射源，一般来说，距离蒸发源近的地方所镀的膜要厚些。要镀出厚度均匀的膜，则需要采取各种措施。

溅射镀膜法是指在真空中，利用靶材周围等离子区形成的荷能粒子轰击靶材表面，使被轰击出的粒子在基片上沉积形成薄膜的技术。等离子区是在靶材周围

处于 $10^{-4}\sim10$Pa、基片和真空容器（接地）与靶之间加上数百或者数千伏电压而形成的。由于靶材的面积相对较大，类似于面发射源，就可以在基片上形成厚度均匀的膜层。最初的溅射法只在靶上加负电压，而后的高速溅射法则是利用与电场正交的磁场来提升镀膜沉积速率。施加射频电压，可以实现对绝缘靶材的溅射镀膜。溅射镀膜的优点在于：膜层与基底的附着力强；可方便地制备高熔点物质的薄膜；在大面积连续基板上可以沉积均匀的膜层；容易控制膜层的成分，实现不同成分和配比的膜层制备；可以进行反应溅射，制备多种化合物薄膜，可方便地沉积多层膜；便于工业化生产，易于实现连续化、自动化操作等。由于溅射方法可以"在任何材料的基板上沉积任何材料的薄膜"，因此在包括薄膜太阳电池在内的多个行业得到迅速推广和普及应用，目前已经发展成为薄膜制备中的核心技术。

离子镀是在真空条件下，应用气体放电实现镀膜，即在真空室中使气体或被蒸发物质电离，在气体离子或被蒸发物质离子的轰击下，将蒸发物或气相反应产物蒸镀在基片上。离子镀介于真空蒸镀与溅射法之间，但要求沉积速率大于溅射速率，否则难以成膜。由于在成膜之前、成膜过程中和成膜之后基片都受离子的轰击作用，离子在清洗表面的同时，使表面的温度升高，从而明显提高膜层的附着强度。离子镀有各种不同的方式：一般把基片上加直流电压的方法叫 DC 法；把在基片和坩埚之间放一高频线圈，在低电压下进行离子镀的方法叫高频（RF）法等。

本节将针对铜铟镓硒（CIGS）薄膜太阳电池的制备过程，进一步说明真空蒸发沉积以及磁控溅射镀膜沉积等物理气相沉积手段在薄膜太阳电池中的应用。目前 CIGS 的吸收层的制备过程分为三种：第一种是采用共蒸发的方法制备 CIGS 吸收层；第二种是采用先磁控沉积 CuInGa 后高温硒化（硫化）的方法制备 CIGS 吸收层；第三种是采用多元材料直接共溅射的方式制备 CIGS 吸收层。其中前两种得到更为广泛的应用，是目前高效率 CIGS 电池的主流制备手段。

（1）共蒸发工艺 真空蒸镀法是 CIGS 薄膜太阳电池最早的制备方法。1976 年，Kazmerski 等在有过量 Se 蒸气的气氛中蒸发 $CuInSe_2$ 得到效率为 4%～5% 的 $CuInSe_2$/CdS 薄膜太阳电池。几年之后，波音公司采用共蒸发的技术，实现了效率为 11.4% 的薄膜电池的制备。1981 年，在 Mickelsen 与 Chen 等利用共蒸发元素源获得效率为 9.4% 的器件后，CIGS 基薄膜太阳电池开始得到广泛的关注。从那以后，开发了一系列突破性的技术，如通过 Ga 的合金化形成 $CuIn_{1-x}Ga_xSe_2$ 相，Na 的掺杂，以及采用较薄的 CdS 薄膜并叠加后续的本征与掺杂 ZnO 层。因此，CIGS 吸收层的共蒸镀对薄膜电池器件的性能影响很大。

　　CIGS 薄膜的蒸发过程可归类为由一系列生长阶段所组成，在每一个生长阶段，元素以不同的生长速度和衬底温度沉积形成薄层。采用原子吸收光谱来控制元素的气流，采用 X 射线荧光在线探测 CIGS 薄膜的成分。

　　依赖薄膜生长阶段数目的不同，CIGS 薄膜电池的共蒸发生长工艺分为以下三个部分[2]：①单阶段工艺，见图 6-1（a），每种元素都有一个固定的蒸发速率，在整个工艺中，Cu 的含量是不足的；②双阶段工艺（波音工艺），见图 6-1（b），在第一阶段进行富 Cu 组分的生长，在第二阶段通过降低 Cu 蒸气的流量实现贫 Cu 组分的生长；③三阶段工艺，见图 6-1（c），在第一阶段进行 In 和 Ga 的沉积，第二阶段进行 Cu 的沉积，第三阶段再开展 Ga 和 In 的沉积；④为了获得具有成分梯度的吸收层，In/Ga/Cu 的流量是变化的，见图 6-1（d）。在共蒸镀过程中 Se 的流量保持固定。由于具有验证过的 19.3% 的效率以及良好的在线兼容性，三阶段 CIGS 工艺被证明具有大面积制备高效 CIGS 薄膜组件的潜力。

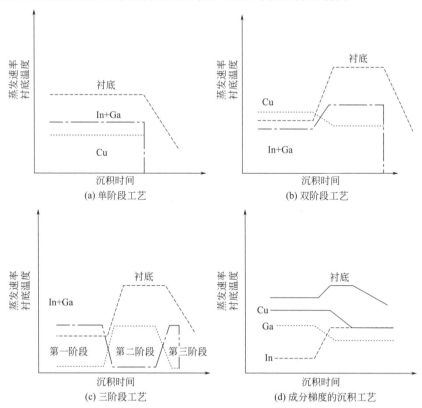

图6-1　CIGS薄膜电池的共蒸发工艺

　　为了获得更高的效率，CIGS 太阳电池的吸收层要求是贫 Cu 的组分，即 Cu/（In+Ga）<1。但是与此相反，所有的电学特性，例如缺陷密度、体复合以及传输

特性（迁移率），均在 Cu 过量 [Cu/(In+Ga)>1] 的生长条件下呈现最好的性能。利用贫 Cu 的吸收层组分实现高效率的原因是降低了 CIGS 与 CdS 缓冲层之间的界面复合。而富 Cu 的 CIGS 电池由于高的界面复合而呈现较低的效率。同样，在 Cu 过量的电池中，Cu 以高导电性的 Cu_2Se 的形式存在于表面，退化电池的性能。此外，Cu_xSe 还偏析在晶界处，导致并联电阻较低，进而降低填充因子和电池效率。富铜电池受限于由隧穿增强复合导致的低电流 [3]。

利用蒸镀的方法制备 CIGS 薄膜太阳电池还存在一些不足和挑战。蒸发源存在余弦的流量分布，因而导致薄膜成分尖锐的变化，很难保证薄膜大面积的均匀性。为了支持大面积的衬底以及衬底均匀加热到550℃以上，蒸发源必须遵从自上而下的设计顺序。此外，由于 Se 是一个相对不反应的物质，Se 需要过量供应，从而避免 Se 在腔体侧壁凝结而造成的损失。因此，对凝结的 Se 蒸气实现回收也是一个主要的局限 [3]。

（2）先磁控沉积金属层后再高温硒化工艺 虽然利用三阶段的共蒸路线可以获得更高的转化效率，但是由于复杂的工艺流程以及大面积成分的不均匀性，因此不太适合规模化的量产。为此，作为一个替换的沉积工艺，采用新的两步工艺，即首先采用溅射沉积金属层然后再硒化的方式，获得广泛的关注，这种方法具有高转换效率、良好的均匀性、低成本、高的沉积速度以及可规模生产等潜力。为了获得 CIGS 层的成分均匀性，研究者已经采用 In/CuGa、CuGa/In/CuGa、In/CuGa/In 堆积结构的金属层来避免低温 Ga-In 液相共晶合金的形成。此外，还通过优化溅射条件来形成具有高效率的贫 Cu 吸收层 CIGS 电池。Park 等 [4] 采用两种 CuInGa 的前驱物材料 [In/(CuGa+In)与CuGa/In] 的交替溅射来制备贫 Cu 的 CIGS 薄膜电池（见图 6-2）。结果显示，突出的（112）择优取向比（220）/（204）更稳定，确认在硒化过程中多晶 CIGS 吸收层的完全形成。根据 XPS 以及 EDS 分析的结果，由 CuGa/In 前驱物形成的贫 Cu 的 CIGS 吸收层在深度方向上比 In/(CuGa+In) 前驱物形成的更加均匀。

Siemens Solar Industries 采用硒化工艺制备 CIGS 电池：首先将 CuGa（Ga 的原子分数为17%）和纯 In 顺序溅射到基板上；随后将温度上升到400℃，在 H_2Se 中硒化；再将温度上升到500℃，在 H_2S 中硫化，然后冷却到室温。这个方法会在表面形成 Cu（In,Ga）（Se,S）的薄层（约50nm），可改善表面品质并减少浅层缺陷（SeCu）而增大填充因子。分析结果表明，此法制备的 CIGS 包含 Ga 和 S，但 Ga 和 S 并不是均匀地分散在薄膜中，而是呈梯度分布的，S 集中分布在上、下两表面，Ga 集中分布在下表面。SSI 研究发现，这样的元素分布可以提高电池转化效率、开路电压以及与基板的附着力 [5]。

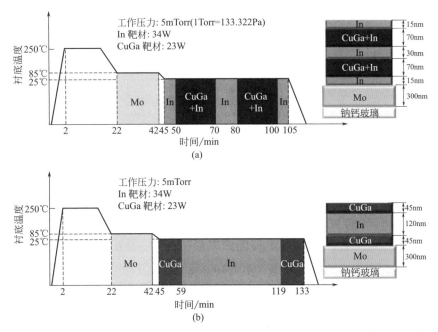

图6-2　在Mo玻璃衬底上顺序溅射In/（CuGa+In）/In/（CuGa+In）/In（a）
以及CuGa/In/CuGa（b）的温度曲线与CIG结构层[4]

（3）共溅射技术　共蒸发能制备高品质的薄膜，但不适合大规模生产。目前多家公司采用硒化工艺来制备 CIGS 电池并开始批量生产，但 H_2Se 的毒性始终限制其应用。溅射工艺适用于大规模生产且工艺相对简单，但传统的反应溅射或混合溅射都存在缺点。CIGS 作为一种半导体，其导电性不适合采用 DC 磁控溅射获得，虽然可以 RF 磁控溅射，但 RF 溅射在大面积表面上很难控制，因此，需要开发一种全新的溅射工艺。2005 年，美国 Miasole 公司在一项专利中提到采用一种孪生旋转靶磁控溅射工艺来制备 CIGS 吸收层[6]。如何制备导电性好的靶材是该工艺的关键。与传统方法不同，该工艺将 Cu-In-Ga-Se 靶材分成两部分。

Cu-Se 靶材：将 2 份 Se 粉与 1 份铜粉混合均匀，经冷等静压后，在低于 Se 的熔点温度 220℃的某一温度下进行热处理。在 208～210℃左右热处理的样品具有很好的物理强度，其电阻小于 1Ω。

In-Ga 靶材或 In-Ca-Se 靶材：方法一，金属 In、Ga 共熔形成低温合金，然后浇铸在背管上形成靶材。为了避免偏析及低温共晶体的形成，In、Ga 需要很好地混合，并快速退火。方法二，压制金属粉混合物（In 粉 +Ga 粉，最好是 Ga_2Se_3 粉）。也可以在靶材中加入一些 Se 粉，Se 与 In 化合生成不导电的 In_2Se_3，但是只要有足够多的金属 In 存在来保持其足够的导电性，溅射就不会有问题。

6.2
化学气相沉积方法

化学气相沉积方法（chemical vapor deposition，CVD）指的是在高温或活性化的环境中，利用衬底表面上的化学反应制备相应功能层薄膜的方法。根据给化学反应提供活化能的方式不同，分为热 CVD、等离子体增强 CVD、光 CVD 等。

热 CVD 方法主要利用高温条件下挥发性金属溴化物、金属有机物等发生热分解、还原、氧化、置换反应等，在基板上形成所需的薄膜。该方法可得到高纯度、高致密度的薄膜，且膜附着性好，制备过程可控稳定，生产效率高，台阶覆盖性好。向低温化方向发展是热 CVD 方法的研究趋势。

等离子体增强 CVD（plasma enhanced chemical vapor deposition，PECVD）是通过向常压或减压 CVD 的反应室内导入等离子体，其中含有大量高能电子，可以提供化学气相沉积过程中需要的激活能。电子与气相分子碰撞可以促进气体分子的分解、化合激发和电离过程，使得气体活化，生成高活性的各种化学基团，从而实现较低温度下的薄膜制备。低温薄膜沉积可以避免薄膜与衬底间发生不必要的扩散和化学反应，避免薄膜或衬底材料的结构与性能变化，同时可以避免薄膜与衬底间出现较大的热应力。这也是在柔性衬底上制备薄膜最常用的方法之一。1957 年 PECVD 方法被证实可以实现可控氢化非晶硅 PN 结的制备后，在制作非晶硅（a-Si）太阳电池领域被广泛应用。

光 CVD 方法可以在低温条件下生成几乎没有表面损伤的薄膜，同时有望通过光的聚焦和扫描直接实现薄膜图形化或刻蚀。

近年来还涌现出了一些新的 CVD 技术，如氧化化学气相沉积法（oxidative chemical vapor deposition，OCVD）、喷雾化学气相沉积法（mist chemical vapor deposition，MCVD）、热丝化学气相沉积法（hot wire chemical vapor deposition，HWCVD）、物理化学气相沉积法（physical chemical vapor deposition，PCVD）等。

在近期报道的关于柔性太阳电池的制备中，涉及 CVD 制备方法的研究主要集中在两个方面：电极或缓冲层等的 CVD 制备和电池核心功能层的 CVD 制备。

早在 2000 年前后，尽管玻璃基板上的标准 CIGS 组件制造方法尚未真正建立，有不少研究组直接从发展 CIGS 柔性电池开始。德国的 ZSW 研究所主要在金属和聚合物基底上直接集成器件方面做出了很多贡献[7]，当时采用无电弧在线共蒸发工艺，在 PI 基底（10cm×10cm）和 Ti 箔（20cm×30cm）上分别成功制备了效率为 11.0% 和 13.8% 的小面积高效 CIGS 电池。采用光刻和激光图形处理获得了基于 PI 基底和绝缘金属箔基底的由 10 个和 39 个电池单元组成的微型组件。在这种 CIGS 柔性电池的制备过程中，为了防止金属基底中的 Al、Cr 等元素向 Mo 层扩散，必须要采用合适的介质阻挡层。以 hexamethyldisiloxane（HMDSO）和 O_2 为原料，采用 PECVD 方法沉积的无针孔 SiO_x 层可以完美阻隔界面扩散（图 6-3），同时 SiO_x 层既能经受 CIGS 整体制备工艺，又不受后续结构制备如直接激光刻划或无掩膜光刻过程的影响。

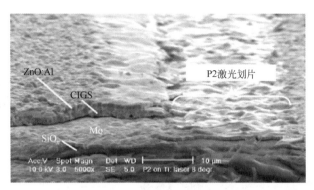

图 6-3　以 SiO_x 为缓冲层的绝缘 Ti 箔上的 P2 激光划片（扫描电镜截面）[7]

近年来人们热衷于研究在低成本的纸质基底上集成电子产品，如纸基晶体管、存储设备、显示器和电路。纸基光伏电池可以作为这些纸基电子产品的"芯片集成"电源，同时这种可折叠的纸基光伏电池也创造了一些新颖的太阳能光伏发电应用，如无缝集成到窗户、墙壁、覆盖物、服装、文件等，并且组件安装非常简单，可以用剪刀裁成合适的尺寸，钉在屋顶结构上，或者用胶水贴在墙上。美国 MIT 的 Barr 等在 2011 年就报道了在未改性的各种普通纸基底上利用 OCVD 气相印刷导电聚合物聚（3,4-乙烯二氧噻吩）（PEDOT）电极，并直接单片集成有机光伏电路[8]。如图 6-4 所示，这个过程结合了 OCVD 与原位掩模版技术，在基底表面上形成定义好的聚合物图案。基底暴露于气相单体（EDOT）和氧化剂（$FeCl_3$）中，在较低的基底温度（20～100℃）和中等真空（约 0.1Torr）条件下进行反应形成聚合物。由于该制备方法均为干燥工艺，因此对纸张等粗糙基材不存在润湿性或表面张力的影响问题，并且在玻璃、塑料和纸张上制造器件的工艺步骤完全相同。这种纸基底光伏阵列在室内环境照明下产生大于 50V 的电压，并且在弯曲折叠情况下没有功率损失。这种聚合物蒸气印刷电极工艺不使用溶剂或稀有元素（例如铟），并且基板保持低温。气相印刷电极符合粗糙基板的几何结构，无需使用更昂贵和更重的基板，如超光滑塑料。此外，薄膜气相沉积封装层可延长光伏电池的寿命，甚至允许器件在水下工作，但不产生实质性的纸质器件的重量、手感或外观的变化。这种全干法制造和集成方法可以实现不受基底材料限制的新型低成本光伏系统的设计与制备。

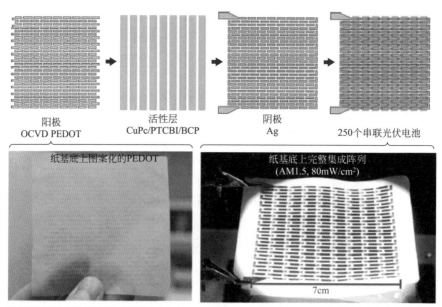

阳极　　　　　活性层　　　　阴极
OCVD PEDOT　CuPc/PTCBI/BCP　Ag　　　250个串联光伏电池

(a) 250单元集成阵列的印刷原理图[照片左为OCVD印刷PEDOT（厚度<50nm），右为纸基底上完整集成阵列

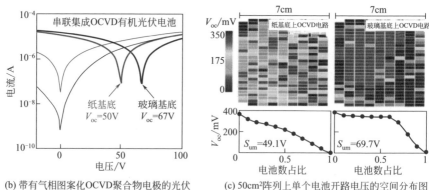

(b) 带有气相图案化OCVD聚合物电极的光伏阵列的C-V曲线[纸基底（红色）和玻璃基底（黑色），光照条件（AM1.5，80mW/cm²）（粗线）和无光照（细线）

(c) 50cm²阵列上单个电池开路电压的空间分布图

图6-4　大面积单片光伏阵列[8]

氧化物薄膜材料作为柔性和透明电子器件中的关键组成部分越来越受关注，而合成方法对优化其光电性能起着至关重要的作用。传统薄膜生长方法主要采用超高真空和高温操作等高能耗工艺。低能耗合成工艺对于大规模应用至关重要。

2016 年，UCLA 的王康隆课题组提出一种在大气压条件下，利用 MCVD 和溶胶 - 凝胶技术相结合的方法合成混合 ZnO 薄膜的新方法 [9]。由此得到的混合 ZnO 薄膜在倒置聚合物太阳电池（IPSC）中表现出显著的改善作用，载流子浓度高达 $1.5 \times 10^{16} cm^{-3}$，载流子寿命为 $4 \times 10^{-6} s$，IPSC 器件的迁移率高达 $0.032 cm^2/(V \cdot s)$。使用混合 ZnO 层与非混合 ZnO 层相比，功率转换效率从 3.1% 提高到 4.23%，提高了 36%。因为 ZnO 薄膜在太阳电池中使用广泛，如有机聚合物太阳电池、染料敏化太阳电池、量子太阳电池等，这种采用 MCVD 和溶胶 - 凝胶结合的技术制备的混合 ZnO 薄膜为有效提高电池效率提供了新的廉价且有效的途径。

基于碳纳米材料的透明电极具有长期稳定性、环保性、高导电性和低成本等优点，近年来成为有机光伏领域中氧化铟锡（Sn-doped In_2O_3，ITO）或贵金属的新替代品。但是，在有机光伏器件中使用全碳电极仍然是一个挑战。清华大学康飞宇课题组 Zhang 等人利用不同碳基材料，包括碳纳米管（carbon nano tube，CNT）和 CVD 合成的石墨烯薄膜，成功地制备了具有全碳电极的柔性半透明太阳电池（图 6-5）[10]。全碳电极器件的最优转换效率为 0.63%，与在刚性基板（玻璃）上使用 CVD 方法制备获得的石墨烯薄膜作为阳极的有机光伏器件性能相当。此外，所得器件的电流密度与所有碳活性层和标准电极（例如 ITO 和金属）组装的器件相当，这表明由 CNT 和石墨烯薄膜制成的全碳电极对于载流子收集和分离非常有效。该研究结果显示了基于石墨纳米材料的全碳电极在下一代碳基光伏技术中应用的可行性和潜力。

也有报道将石墨烯薄膜或者添加 PEDOT:PSS 或 PEDOT:PSS/PVP 等导电聚合物的石墨烯片通过 CVD 方法沉积到 ITO/PET 基底上，可以有效替代染料敏化太阳电池（dye-sensitized solar cells，DSSC）中的 Pt 对电极。

CVD 方法制备太阳电池功能层也广泛应用到硅基、GaAs、钙钛矿等太阳电池上。对于柔性显示器和太阳电池等应用领域，直接在柔性聚合物基底上沉积晶体硅薄膜一直是一个备受关注的问题。厚度仅为 0.127mm 的不锈钢，具有极好的柔韧性，可以任意卷曲、粘贴，即使经过数百次卷曲，电池性能也不会发生变化。迅力光能（昆山）有限公司自主研发的高集成宽幅卷对卷薄膜硅太阳电池生产线，在 0.127mm 厚的不锈钢基底上生产的 a-Si/a-SiGe 多结太阳电池实现了初始转换效率大于 10%。其所生产的柔性光伏组件产品在 2010 年已经取得美国 ETL（UL1703）认证，以及欧洲 TUV（IEC61646/EN61730）和 CE 认证。2012 年，在第 12 届中国光伏大会上该公司介绍了他们已研发建成 25MW 锗硅薄膜 PECVD 沉积与 ITO 薄膜溅射沉积卷对卷电池商业化生产线（见图 6-6）。该公司

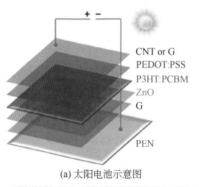

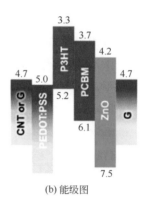

(a) 太阳电池示意图　　　　　　　　　　　(b) 能级图

(c) 具有全碳电极的半透明太阳电池的照片　　(d) 获得的太阳电池装置
（具有良好的柔韧性）

**图6-5　以碳纳米管（CNT）或石墨烯（G）薄膜为阳极、
石墨烯薄膜为阴极的太阳电池[10]**

图6-6　卷对卷电池商业化生产线[11]

自主开发的宽幅（91.4cm）不锈钢基底卷对卷薄膜硅电池生产技术是目前世界上最大幅宽并成功实现商业化、产业化的薄膜光伏技术。该生产线集成了不锈钢基板清洗、背反射层溅射、多层半导体（三结）PECVD 沉积、透明导电膜 ITO 溅射等工艺，长 2400m、宽 0.91m 的超薄不锈钢基板上三结叠层电池镀膜沉积可在连续作业、在线检测状态中一次性完成。这种高度集成的卷对卷设备达到过去薄膜硅电池生产四道工序所需的四台卷对卷设备的生产功能[11]。

2016 年，三星显示公司在温度 200℃ 下以 PI 薄膜为基底，采用 HWCVD 直接成功制备了多晶硅薄膜。该制备方法基于两种观点：硅 - 氯 - 氢体系在接近衬底温度的气相中形成了硅的固溶体，同时在 HWCVD 的气相中形成 2～3nm 厚的非晶硅孵化层并构建高结晶硅薄膜，这是一个非经典结晶的新概念[12]。室温下，在 R_{HCl}=[HCl]/[SiH$_4$]=3.61 流量比条件下制备的本征硅薄膜的暗电导率为 1.84×10^{-6}S/cm，N 型硅薄膜的霍尔迁移率为 5.72cm^2/（V·s）。硅薄膜的这些电性能足够高，可应用于柔性电子器件中，但是薄膜弯曲后可能出现裂纹或分层，所以应根据需要通过涂层等手段提高其力学性能。

非晶硅薄膜的低温生长及在柔性聚酰亚胺和照相纸基板上直接制备 a-Si:H 基太阳电池也是一大研究热点。2018 年，印度的 Madaka 小组连续报道了用射频等离子体增强化学气相沉积（radio frequency-plasma enhanced chemical vapor deposition，RF-PECVD）技术在聚酰亚胺（polyimides，PI）和照相纸（photo paper，PP）基板上直接沉积氢化非晶硅（a-Si:H）薄膜并制备太阳电池，并研究了射频功率对薄膜结构及器件光电性能的影响[13,14]。当制备温度低至 70℃ 时，在 PI 和 PP 基板上沉积的薄膜显示出近 4 个数量级的光敏性（σ_{ph}/σ_d），当基板温度升高至 130～150℃ 时，光敏性增加到 5～6 个数量级。感光性的增加是由于 130～150℃ 下制备的薄膜中存在一些纳米晶粒，最佳射频功率的选择也与薄膜的短程有序度（short range order，SRO）相关。太阳电池（N-I-P）是在 150℃ 的温度下直接制备的。随着 I 层厚度从 330nm 增加到 700nm，柔性 PI 基底上的太阳电池效率从 3.38% 增加到 4.38%。另外，在 PP 基底上制备的具有 200nm 厚 I 层的电池，获得了 1.54% 的最佳效率（图 6-7）。该成果是首次报道的在照相纸上低温制备 a-Si（N-I-P）太阳电池的实例。

2017 年，南京大学余林蔚课题组首次制备了柔性 PET 基掺 Cd 钙钛矿太阳电池（perovskite solar cells，PSC），其转换效率高达 9.9%[15]。如图 6-8 所示，在大约 7×10^{-4}Pa 的真空系统中，通过热蒸发在 FTO/CdS 基体上沉积了 PbI$_2$ 薄膜，用石英晶体微天平对蒸发速率为 0.1nm/s 的 PbI$_2$ 薄膜厚度进行了监测。沉积 30min 后，我们得到厚度为 200nm 的 PbI$_2$ 薄膜。然后将 FTO/CdS/PbI$_2$ 基板和 CH$_3$NH$_3$I（methylammonium iodide，MAI）粉末装入 CVD 炉中。将熔炉加热至 110℃，并

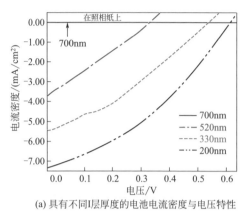

(a) 具有不同I层厚度的电池电流密度与电压特性   (b) I=200nm的电池FESEM横截面图

图6-7 在照相纸上制作的a-Si:H薄膜太阳电池[13]

在较低真空（大约 20Pa）中保持 2h。系统冷却至室温后，获得 $CH_3NH_3PbI_3$ 薄膜。最后，用异丙醇（IPA）溶液冲洗后在 100℃ 条件下退火 30min。该电池具有低成本及低温制备的 CdS 电子输运层（ETL），之后采用 PCVD 方法在适当的反应控制下获得掺镉柔性 PSC，这一低温制备方法及其良好的电池性能为高效柔性 CdS 基 PSC 的发展提供了可能。

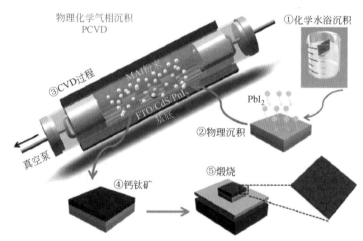

图6-8 CdS基柔性钙钛矿电池的PCVD制备过程示意图[15]

2019 年，最新的来自美国休斯敦大学和 NASA 约翰逊空间中心的报道称，他们采用一种独特的卷对卷等离子体增强化学气相沉积（roll-to-roll plasma enhanced chemical vapor deposition，R2R-PECVD）技术，在柔性金属箔上生长了高质量的单晶 Ge 薄膜，之后利用离子束辅助沉积技术制备了 Ge 单晶基片模板，实现了

Ge 薄膜的外延生长（图 6-9）。这是以低成本实现外延 Ge 薄膜可扩展制备的一个重要进展。该方法获得的 Ge 薄膜具有高度（004）取向、双轴纹理和优异的相当于单晶 Ge 的晶体质量。随后，以该金属箔上的 Ge 薄膜为基底，采用金属氧化物化学气相沉积（metal oxide chemical vapor deposition，MOCVD）方法成功制备了柔性 GaAs 单结太阳电池，最佳电池的开路电压 V_{oc} 为（642±10）mV，短路电流 J_{sc} 为（25±0.4）mA/cm^2，填充因子 FF 为（72±2）%，转换效率达到 11.5%。制备的四个器件在 AM1.5 辐射下的平均效率为 8%，这是至目前为止直接沉积在可替代柔性基板上的 GaAs 电池的最高纪录[16]。

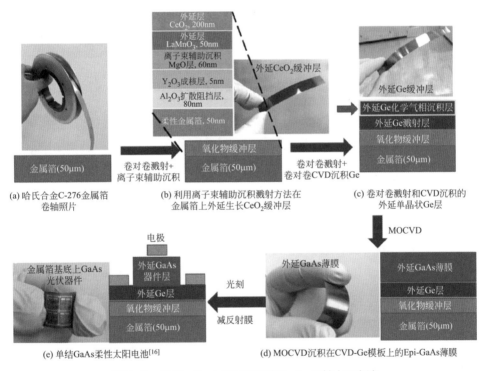

图6-9　CVD-Ge上制备的单结GaAs柔性太阳电池

与在溅射 Ge 薄膜上生长的 GaAs 电池相比，在 CVD-Ge 薄膜上制作的电池表现出显著的性能改善。这种廉价和柔性的外延生长 Ge 薄膜的可扩展制备将不仅有助于低成本和高性能的 III～V 族太阳电池的开发，而且有助于柔性电子设备应用的进一步推进。当然，为了进一步推进这种低成本的柔性金属箔基底上的 GaAs 电池的商业化，还需要继续优化薄膜缺陷浓度、晶界钝化和电池转换效率等参数。

6.3
其他成膜方法

柔性薄膜沉积技术，除了前面两节所介绍的物理气相沉积和化学气相沉积方法以外，还有可以在常温常压下进行常规涂覆成膜的方法，以及可以实现膜层形状图案化的柔性印刷电子方法。其中柔性印刷电子方法其实是从传统的印刷行业衍生而来的，这两者的印刷工艺并无太多差别，只是柔性印刷电子方法中使用的墨水为具有一定导电特性、半导体特性或介电特性的功能电子材料。本节的内容，除了介绍常规的溶液涂覆成膜方法外，重点介绍以喷墨打印方法为主的新兴印刷电子技术在太阳电池制备方面的应用，并对各自的优缺点进行简要的描述。

6.3.1　常规涂覆成膜方法

常规溶液涂覆成膜方法主要有旋涂法（spin-coating）、喷涂法（spray-coating）、浸渍提拉法（dip-coating）、滚涂法（rod-coating）、滴涂法（drop-coating）、刮涂法（doctor blade）和真空抽滤转印法（vacuum filtration followed by transferring onto a proper substrate）等。图 6-10 为部分涂覆技术示意图，这些方法都属于低温制备技术，不需要高真空设备，设备价格较低，并且可以在多种柔性或刚性基底上沉积。下面各小节将就几种最常用的涂覆方法，分别做一简单介绍。

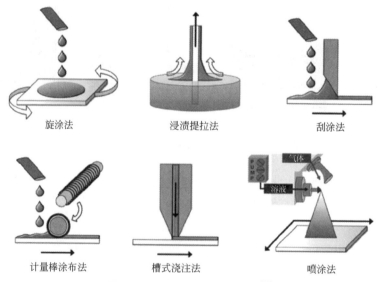

旋涂法　　　　浸渍提拉法　　　　刮涂法

计量棒涂布法　　　槽式浇注法　　　喷涂法

图6-10　部分涂覆技术示意图[17]

6.3.1.1　旋涂法

旋涂法是一种常用的成膜工艺，将基底吸在高速旋转的转盘上，将墨水滴在基底上，然后施加径向加速度，使多余的墨水去除从而在基底上得到均匀的涂层。这种制备方法不仅高效快捷，具有高的可重复性，可通过控制旋涂的转速和时间来控制膜厚，而且墨水可具有很宽的黏度范围（如图 6-11 所示）。旋涂法所制薄膜的形貌和性能与溶液的性质（浓度、黏度、剂量、溶剂挥发速率、表面张力等）、衬底的性质（材料、形貌等）、旋涂工艺（加速度、速度、时间、旋转步骤等）以及环境（气氛、气压、温度、湿度等）等因素密切相关。旋涂法具有操作简单、成膜速度快以及膜层厚度可控和比较均匀的优点，因此其是目前实验室内研究有机太阳薄膜电池技术的主要成膜方法。但同时也因其成膜过程中材料浪费比较大、整个成膜过程需要中断，故其不能满足工业生产中连续大规模生产的要求。

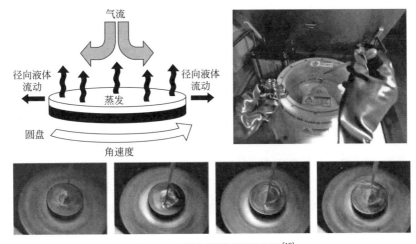

图 6-11　旋涂成膜过程示意图[18]

Pi 等[19] 通过在晶体硅太阳电池的表面旋涂硅量子点墨水，由于多孔的硅量子点薄膜的存在，太阳电池各层的折射率之间有更好的匹配，涂覆有硅纳米晶薄膜的太阳电池的转换效率由 16.9% 上升至 17.5%。钙钛矿太阳电池是柔性太阳电池中目前研究最热门的一类。在钙钛矿太阳电池中，改善空穴传输层电荷收集，并减少空穴传输层/钙钛矿界面处的复合损失，是实现电池高效率的关键点。2019 年，Chandrasekhar 等[20] 利用旋涂法在室温下分别制备 NiO_x 和 Fe-NiO_x 膜层，作为柔性钙钛矿太阳电池的空穴传输层，并对比它们的性能，发现柔性钙钛矿太阳电池的功率转换效率从原始 NiO_x 的 13.37% 提高到 Fe-NiO_x 的 14.42%。这项

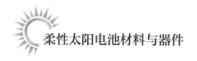

工作表明，利用旋涂成膜技术，通过控制初始溶液的成分，可以快速实现膜层的组成控制，这为研究太阳电池的成分组成对其性能的影响提供了一个比较便利的手段。

6.3.1.2 浸渍提拉法

浸渍提拉法是一种非常简单的成膜方法，将基底浸入预先制备好的溶胶之中，然后以均匀速度将基底从溶胶中提拉出来，在基底表面形成一层均匀的液膜，随着溶剂的挥发，在基底表面形成一层薄膜。具体过程如图 6-12 所示，可以分为三个部分：①浸渍过程。预先将涂布所需的溶液盛于相关的器皿中，然后将固态基板固定在相应的提拉设备上，通过控制设备将基板慢慢浸渍到盛满涂布溶液的器皿中，如图 6-12（a）所示。②提拉过程。固态基板在涂布溶液中浸渍一定时间后，通过提拉设备以固定的提拉速度将其从涂布溶液中匀速提拉出来，如图 6-12（b）所示。由于液体的黏滞力以及基板的向上运动，在基板与涂布溶液的接触面会引起一个向上的液体流动，从而在基板表面形成一层液膜。基板所携带的液膜的厚度主要由黏滞力、重力以及表面张力等作用力共同决定。一般而言，基板的提拉速度越快，涂布溶液的黏度越大，最终沉积在基板上的薄膜就越厚。提拉过程中，外部的气流以及液面的振动都会对薄膜厚度的均匀性产生影响。③液体回流与溶剂挥发。在基板提拉上升的过程中，基板上携带的过多的液体将会在重力的作用下回流到装有溶液的器皿中。同时，附着在基板表面的液膜由于溶剂的挥发将形成溶质的固态薄膜，如图 6-12（c）所示。溶剂的挥发与其本身的挥发性相关，可能在基板刚从溶液中提拉出来时，溶剂挥发就已经开始，固态薄膜同时产生。此外，溶剂的挥发性同时也会对薄膜的均匀性产生一定影响。最后提拉得到的薄膜厚度主要由黏滞力、毛细管力以及重力这三者控制。

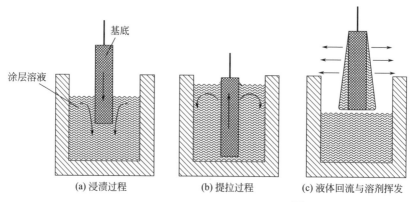

图6-12 浸渍提拉法成膜的基本过程[21]

浸渍提拉成膜对基板的形状没有特别要求，不仅适用于表面平整的基板，同样也适用于圆柱状等曲面基板。浸渍提拉成膜技术在用某些具有微结构的基板以及大面积基板成膜方面具有不可替代的优势，然而液槽内部的液流以及上部的气流对薄膜的厚度以及均匀性有很大的影响[21]。

Dhatchinamurthy 等[22] 以醋酸镉和硫脲为原料，采用浸渍提拉镀膜技术，在无退火以及退火温度为 323K、373K 和 423K 下，在玻璃基底上制备了室温硫化镉薄膜，通过对薄膜进行一系列表征，确认形成了硫化镉 / 聚乙烯醇（CdS/PVA）纳米复合材料，并将之作为太阳电池的窗口层，避免了其他真空蒸镀等复杂工序。

6.3.1.3 刮涂法

刮涂法（doctor blade），也称为刀涂法或棒涂法（用带或不带线圈的圆柱棒代替刀片），是一种稳定的工艺，投资成本低，适用于在刚性或柔性基材上大面积沉积均匀薄膜[23]。刮涂过程如图 6-13 所示，将适量的溶液置于刀片前面，然后使刀片移过基材以留下均匀的湿膜。此技术采用刮刀刮涂墨水后沿垂直方向分离。薄膜的厚度主要取决于溶液在刀片和基板之间形成的弯月面和墨水中的材料浓度两个方面。前者由刀片和基材之间的间隙、刀片相对于基材的速度、油墨的黏度、刀片的几何形状和基材润湿性控制，并且薄膜厚度理想地接近刀片和基板之间间隙的 1/2。因此，涂层厚度可以通过溶液的黏度、溶液和基材的表面能、刮涂速度和刮刀形状来改变。刮涂法适用于各种油墨，操作简单，设备成本比较低，且相对容易实现从实验室到工业化卷对卷生产的转化，因此，这也是实验室研究印刷光伏薄膜电池的一个重要手段。然而，刮涂是一种覆盖涂层工艺，所以不能在基底上形成图案。

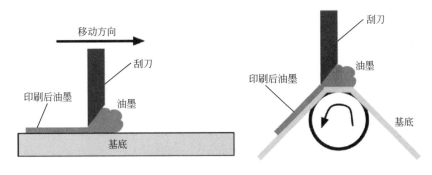

图6-13 刮涂过程示意图[23]

Li 等[24]将表面活性剂单铵锌卟啉（ZnP）化合物直接嵌入亚甲基铵（MA$^+$）碘化铅钙钛矿薄膜中，对面积达 16cm^2 的大面积均匀钙钛矿薄膜进行刮涂。刮涂层大面积（1.96cm^2）带有 ZnP 的钙钛矿太阳电池的效率达到 18.3%，而制造的小面积（0.1cm^2）器件的最佳效率高达 20.5%。他们提出了一种基于钙钛矿薄膜分子包封策略，实现大面积涂覆、形貌裁剪和缺陷抑制协同作用的简便方法，进一步提高光伏电池的性能和稳定性。

6.3.1.4 卷对卷法

卷对卷法（roll-to-roll），即以可挠曲的柔性基材为衬底，将衬底从圆筒状的料卷中卷出，经过特定方法进行涂层的制备，然后再卷曲成为圆筒状或裁切成为成品。卷对卷技术对设备的精度和工艺的控制要求都非常高，设备间各部件的工作状态需要有效地协调，同时需要衬底均是成卷运行，一旦某个工序出现问题，将会影响整个流程的生产效率和产品质量。卷对卷技术是一种高效的、节能的、连续的、大面积的、规模化的生产方式。虽然目前利用卷对卷技术制备聚合物太阳电池的效率较低，但它仍被认为是制备柔性太阳电池最为理想的方法。

6.3.2 柔性印刷成膜方法

柔性印刷成膜方法，即柔性印刷电子技术，是集传统印刷技术与电子技术于一体，将传统印刷技术应用于电子制造的一个新兴技术。目前，主流电子元器件和产品的制造技术，主要是以硅基半导体蚀刻工艺或真空蒸镀、溅射工艺为主的硅基微电子技术，具有集成度高、体积小、信息容量大、分辨率高等显著优点。但传统的硅基微电子技术也存在工艺过程复杂、原材料损耗严重、设备投资过大、产品价格高、能耗大以及环保等问题。印刷电子技术与传统的硅基微电子技术相比，有两个显著的特点[25]：电子材料是通过加成（沉积）方法形成电子器件的；电子器件的功能不依赖于基底材料。第一个特点使印刷制备电子器件成为可能，第二个特点使各种非硅底材料特别是塑料、纸张等柔性薄膜基底材料的采用成为可能。由此形成的电子产品具有区别于硅基微电子芯片的明显特征，即大面积、柔性化和低成本。此外，印刷电子技术作为一种灵活、快捷、环保的制造方法，近年来成为材料、电子、制造界共同关注的热点。因此，印刷电子技术在制备柔性太阳电池方面具有极大的应用潜力。常见的柔性印刷成膜方法包括丝网印刷（screen printing）、凹版印刷（gravure printing）、柔版印刷（flexographic printing）、微接触印刷（microcontact printing）、纳米压印（nanoimprint lithography）、喷墨打印（inkjet printing）等。下面就几种主要的印刷成膜方法分别做简单介绍。

6.3.2.1 丝网印刷

丝网印刷是电子制造领域最常用的印刷技术之一。丝网印刷的原理如图6-14所示，将印版置于基底上，对沉积在印版上的油墨利用刮刀的刮压移动，使其透过印版的图像区域深入基底表面，从而实现图案的复制[18]。作为一种二维成型技术，丝网印刷的最大优势是可以得到宽高比大的图案，非常适合于制备高电导率的太阳电池电极。不足之处是制备大尺寸的图案化功能材料时，其图像分辨率较低（＞50μm）。丝网印刷技术目前早已广泛地应用于晶硅太阳电池工业生产中。同时，因具有良好的图案化功能，以及易实现小面积电池器件的连接及集成化制备，故丝网印刷技术在柔性太阳电池的制备研究中应用也比较广泛。2019年，Padhamnath等[26]详细分析了在磷掺杂（n$^+$）多晶硅（poly-Si）层上的丝网印刷金属电极的接触性能，评估两种不同的浆料在n$^+$掺杂的poly-Si和n$^+$掺杂的C-Si上的接触反应性和接触复合，证明了与使用非常适合的后金属浆料的标准电池相比，具有后钝化接触的太阳电池在电池开路电压方面显示出平均+16mV的改善。

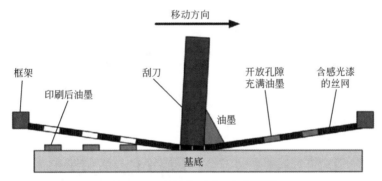

图6-14 丝网印刷原理示意图[23]

6.3.2.2 凹版印刷

凹版印刷在印刷时先将整个印版涂满油墨，再利用刮墨刀将空白部分的油墨刮掉，而留在凹入版面的油墨则可以在压力的作用下直接或间接地转移到基底的表面，如图6-15（a）所示[27]。Secor等[28]采用凹版印刷技术通过优化墨水性能和印刷参数，在柔性的聚对苯二甲酸乙二醇酯（polyethylene terephthalate，PET）基底上成功制备了分辨率为30μm、电导率为10000S/m的石墨烯图案。凹版印刷的优势是印刷原理和机械结构简单，比较适合印刷电子制造的规模化生产，其与卷对卷技术相结合，较容易实现大面积图案的高速印刷。Kim等[29]提出柔性钙钛矿太阳电池的卷对卷凹版印刷：先将氧化铟锡／聚对苯二甲酸乙二醇酯薄膜的表面进行图案化，再用卷对卷凹版印刷的方法把 SnO_2 颗粒印刷在该薄膜表面，然后通过吹热空气干燥；随后将二碘化铅 - 二甲亚砜（PbI_2-DMSO）复合物卷对卷凹版印刷在涂有 SnO_2 的 PET/ITO 基底膜的顶部并通过空气干燥；接下来，将薄 PbI_2-DMSO 膜浸入含有异丙醇和水的混合物中（体积比为 1∶1），并在除去 DMSO 后迅速转化成黄色的 PbI_2 薄膜，最后通过两步卷对卷处理制备得到的钙钛矿太阳电池获得了 9.7% 的效率。

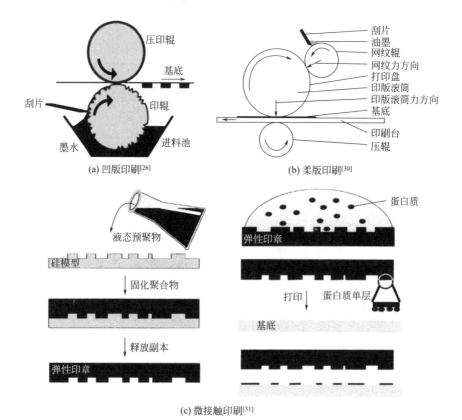

(a) 凹版印刷[26]

(b) 柔版印刷[30]

(c) 微接触印刷[31]

图6-15　几种印刷方法原理示意图

6.3.2.3　柔版印刷

　　柔版印刷的原理如图 6-15（b）所示，先油墨通过供墨系统填充到网纹辊上，再通过网纹辊上的着墨孔转移到柔性印版的图文部分上，随后对承载材料进行印刷。Lloyd 等[30] 采用柔版印刷在聚酰亚胺（polyimide，PI）薄膜上沉积氧化锌前驱液，通过热处理得到氧化锌种子层，再结合水热法制备出了氧化锌纳米线气体传感器。柔版印刷的优势是适用于各种柔性、刚性以及表面粗糙的基底材料，并且在印刷时对基底的压力较小；制版难度小，成本大幅降低，生产周期有效缩短；柔版印刷辅助制造有利于低成本、大规模制备器件。不足之处在于柔性印版的耐印力较差，在大批量印刷电子产品的情况下需要频繁更换印版。

6.3.2.4　微接触印刷

微接触印刷的原理如图 6-15（c）所示，首先在弹性的聚二甲基硅氧烷（PDMS）的凸版上沉积一层油墨薄膜，然后将带有薄膜的凸版与基底材料接触，凸出区域的油墨即可部分转移到基底材料上，从而完成一次印刷[31]。Kettling 等[32] 则采用二氧化钛作为光催化剂，采用微接触印刷法，在硅片上将乙醇胺聚合到线性聚乙烯亚胺表面，形成图案化的聚合物。微接触印刷所制得的图案通常很薄，多用来印刷自组装层（SAM），并且在制备电子器件的过程中扮演表面改性、刻蚀掩膜等辅助角色。而 PDMS 材料的软弹性可能会导致印刷图案的变形。

6.3.2.5　喷墨打印

喷墨打印技术是一种非接触式的打印方法，它通过喷墨打印头将墨滴从直径数十微米的喷嘴喷出，并以预先在计算机上设计好的形状沉积在载体上，形成所需的图案化功能膜层。喷墨打印技术自 20 世纪 70 年代末开发成功，并实现工业化应用后，传统上都是将其作为电子数据转移到纸张或幻灯片上进行硬拷贝的主要手段。然而，近年来，由于喷墨打印技术具有设备简单、制备成本低、制造过程简单、便于操作设计等优点，其应用范围也得到了很大程度的拓展。

按其工作原理，喷墨打印技术可分为连续喷墨（continuous inkjet printing）和按需喷墨（drop-on-demand inkjet printing）两大类[33]。连续喷墨是指设备工作中喷嘴不间断地喷出墨水，并对不带电的液滴加以回收利用。按需喷墨则是喷嘴在需要时才喷出墨滴，因此其喷头无需安装偏转、回收等装置，应用范围更加广泛。连续喷墨打印机和按需喷墨打印机的工作原理如图 6-16 所示。连续喷墨打印机的工作原理是利用压电驱动装置对喷头中墨水加以固定压力，使其连续喷射。为进行记录，利用振荡器的振动信号激励射流生成，并对液滴大小和间距进行控制。连续喷墨技术是最早的喷墨打印方法，在打印速度方面比后来出现的按需喷墨技术具有优势。但是基于连续喷墨技术的喷头需要配备墨滴带电装置、偏转装置和废墨回收循环系统等装置，成本较高，而且墨水利用率也比较低。目前，该喷墨技术已逐渐被按需喷墨工艺所取代。按需喷墨打印根据墨滴生成原理的不同，可分为热喷墨、压电喷墨、静电喷墨和声波喷墨四类，其中印刷电子制造中所使用的喷墨打印设备基本上都属于压电喷墨的范畴[33]。压电按需喷墨打

印机的工作原理则是将许多小的压电陶瓷放置到喷墨打印机的打印头喷嘴附近，利用它在电压作用下会发生形变的原理，适时地把电压加到上面，压电陶瓷随之产生伸缩使喷嘴中的墨滴喷出，在输出介质表面形成图案。

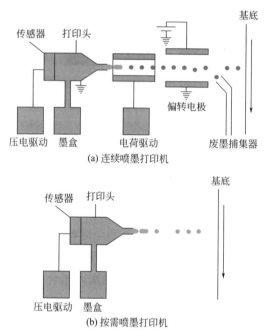

图6-16 喷墨打印工作原理示意图[33]

　　喷墨打印技术属于非接触的印刷方式，与其他接触式的印刷工艺相比，喷墨打印技术在印刷制备柔性太阳电池方面具有以下优势：①喷墨印刷可以打印黏度较低的电池功能材料，而其他网版印刷对墨水材料的黏度要求比较高。②作为非接触的印刷，喷头无需要与基底材料发生接触就能完成功能材料的制备。一方面，显著减少了传统印刷工艺对基底的可弯曲度、粗糙度和强度方面的限制；另一方面，也避免了喷头与基底之间的交叉污染或者损坏，更适合在柔性基底上制备功能材料。③作为非接触的数字印刷技术，可以采用计算机进行图案化的设计，节省了制备掩膜板等工艺所需的资金和时间成本，进而大面积地实现各种功能材料的精确快速沉积。④喷墨打印技术可以实现组合材料的打印。喷墨打印可以在计算机的统一控制下，将本需要多道工序的生产过程简化为多喷孔同时打印，大幅度地降低工艺难度。⑤喷墨打印过程中是选择性沉积，有利于节约原材料和降低成本。

　　Meng 等[34]通过将喷墨印刷的聚合物基质集成在一起，制备超薄和超柔性

Ag 网格 @ 聚多巴胺（PDA）/聚对苯二甲酸乙二醇酯（PET）柔性透明电极。柔性透明电极表现出优异的薄层电阻（R_s 为 9Ω），透射率为 89.9%，所得聚合物太阳电池显示出优异的功率转换效率（PCE 为 10.24%），在 1cm^2 的区域内具有优异的弯曲耐久性（在 1500 次弯曲循环后效率为初始转换效率的 81%）和操作可靠性（30 天后效率为初始转换效率的 83%）。

虽然喷墨打印技术在柔性印刷电子领域已经得到广泛应用，但仍然有许多问题亟待解决，例如：①喷墨打印设备对油墨黏度、表面张力大小有严格限制，对于基于纳米颗粒的油墨，必须选择高稳定性的分散剂以防止颗粒聚合导致喷嘴堵塞；②作为工业批量使用的喷墨打印技术，不宜使用有机溶剂或易挥发溶液作为墨水；③打印工艺参数的调控及成膜质量的精确控制等问题。

参考文献

[1] 田民波. 薄膜技术与薄膜材料[M]. 北京: 清华大学出版社, 2006.

[2] Singh U P, Patra S P. Progress in polycrystalline thin-film Cu（In, Ga）Se$_2$ solar cells [J]. International Journal of Photoenergy, 2010, 2010: 468147.

[3] Ramanujam J, Singh U P. Copper indium gallium selenide based solar cells——a review [J]. Energy Environ Sci, 2017, 10: 1306-1319.

[4] Park S-U, Sharma R, Ashok K, et al. A study on composition, structure and optical properties of copper-poor CIGS thin film deposited by sequential sputtering of CuGa/In and In/（CuGaIn）precursors[J]. Journal of Crystal Growth, 2012, 359: 1-10.

[5] Tarrant D E, Gay R R. Commercialization of CIS based thin-film PV final technical report August 1998-November 2001 [R]. Caliornia: NREL subcontractor report, 2002.

[6] Hollars D R. Thin film solar cells [P]. US Patent: 697497682, 2005.

[7] Kessler F, Herrmann D, Powalla M. Approaches to flexible CIGS thin-film solar cells [J]. Thin Solid Films, 2005, 480: 491-498.

[8] Barr M C, Rowehl J A, Lunt R R, et al. Direct monolithic integration of organic photovoltaic circuits on unmodified paper [J]. Advanced Materials, 2011, 23（31）: 3500-3505.

[9] Biswas C, Ma Z, Zhu X D, et al. Atmospheric growth of hybrid ZnO thin films for inverted polymer solar cells [J]. Solar Energy Materials and Solar Cells, 2016, 157: 1048-1056.

[10] Zhang Z, Lv R, Jia Y, et al. All-carbon electrodes for flexible solar cell [J]. Applied Sciences-Basel, 2018, 8（2）: 152-1-11.

[11] 邓勋明, 曹新民, 杜文会, 等. 宽幅卷对卷镀膜技术制造薄膜硅太阳电池 [J]. 太阳能, 2013, 5: 37-38.

[12] Lee S, Jung J, Lee S, et al. Low temperature deposition of polycrystalline silicon thin films on a flexible polymer substrate by hot wire chemical vapor deposition [J]. Journal of Crystal Growth, 2016, 453: 151-156.

[13] Madaka R, Kanneboina V, Agarwal P. Low-temperature growth of amorphous silicon films and direct fabrication of solar cells on flexible polyimide and photo-paper substrates [J]. Journal of Electronic Materials, 2018, 47 (8): 4710-4720.

[14] Madaka R, Kanneboina V, Agarwal P. Exploring the photo paper as flexible substrate for fabrication of a-Si: H based thin film solar cells at low temperature (110℃): influence of radio frequency power on opto-electronic properties [J]. Thin Solid Films, 2018, 662: 155-164.

[15] Tong G, Song Z, Li C, et al. Cadmium-doped flexible perovskite solar cells with a low-cost and low-temperature-processed CdS electron transport layer [J]. RSC Advances, 2017, 7 (32): 19457-19463.

[16] Dutta P, Rathi M, Khatiwada D, et al. Flexible GaAs solar cells on roll-to-roll processed epitaxial Ge films on metal foils: a route towards low-cost and high-performance Ⅲ-Ⅴ photovoltaics [J]. Energy & Environmental Science, 2019, 12 (2): 756-766.

[17] Pasquarelli R M, Ginley D S, O'Hayre R. Solution processing of transparent conductors: from flask to film [J]. Chemical Society Reviews, 2011, 40 (11): 5406-5441.

[18] Krebs F C. Fabrication and processing of polymer solar cells: A review of printing and coating techniques [J]. Solar Energy Materials and Solar Cells, 2009, 93 (4): 394-412.

[19] Pi X, Zhang L, Yang D. Enhancing the efficiency of multicrystalline silicon solar cells by the inkjet printing of silicon-quantum-dot Ink [J]. Journal of Physical Chemistry C, 2012, 116 (40): 21240-21243.

[20] Chandrasekhar P S, Seo Y H, Noh Y J, et al. Room temperature solution-processed Fe doped NiO_x as a novel hole transport layer for high efficient perovskite solar cells[J]. Applied Surface Science, 2019, 481: 588-96.

[21] 陈亚文. 浸渍提拉工艺在有机发光二极管以及聚合物太阳能电池中的应用研究[D]. 广州: 华南理工大学, 2015.

[22] Dhatchinamurthy L, Thirumoorthy P, Arunraja L, et al. Progress in scalable coating and roll-to-roll compatible printing processes of perovskite solar cells toward realization of commercialization[J]. Advanced Optical Materials, 2018, 6 (9): 1701182.

[23] 徐志彬, 李杨, 桑林, 等. 印刷技术在柔性电池中的应用进展 [J]. 电源技术, 2018, 42 (335): 157-161.

[24] Li C. Monoammonium porphyrin for blade-coating stable large-area perovskite solar cells with＞18% efficiency[J]. Journal of the American Chemical Society 2019, 141 (15): 6345-6351.

[25] 崔铮, 邱松, 陈征, 等. 印刷电子学: 材料, 技术及其应用 [M]. 北京: 高等教育出版社, 2012.

[26] Padhamnath P, Wong J, Nagarajan B, et al. Metal contact recombination in monoPoly™ solar cells with screen-printed & fire-through contacts[J]. Solar Energy Materials and Solar Cells, 2019, 192: 109-16.

[27] Kopola P, Aernouts T, Guillerez S, et al. High efficient plastic solar cells fabricated with a high-throughput gravure printing method [J]. Solar Energy Materials and Solar Cells, 2010, 94 (10): 1673-1680.

[28] Secor E B, Lim S, Zhang H, et al. Gravure printing of graphene for large-area flexible electronics [J]. Advanced Materials, 2014, 26 (26): 4533-4538.

[29] Kim Y Y, Yang T Y, Suhonen R, et al. Gravure-printed flexible perovskite solar cells: Toward roll-to-roll manufacturing [J]. Adv Sci, 2019, 6 (7): 1802094.

[30] Lloyd J S, Fung C M, Deganello D, et al. Flexographic printing-assisted fabrication of ZnO nanowire devices [J]. Nanotechnology, 2013, 24 (19): 195602.

[31] Bernard A, Renault J P, Michel B, et al. Microcontact printing of proteins [J]. Advanced Materials, 2000, 12 (14): 1067-1070.

[32] Kettling F, Vonhoren B, Krings J A, et al. One-step synthesis of patterned polymer brushes by photocatalytic microcontact printing [J]. Chemical Communications, 2015, 51 (6): 1027-1230.

[33] Gili E, Caironi M, Sirringhaus H. Picoliter Printing [M]. Handbook of Nanofabrication, 2010, 183.

[34] Meng X, Xu Y, Wang Q, et al. Silver mesh electrodes via electroless deposition-coupled inkjet-printing mask technology for flexible polymer solar cells [J]. Langmuir, 2019.

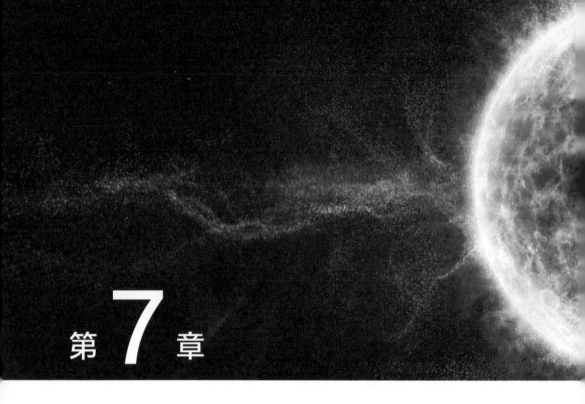

第7章

柔性太阳电池技术发展挑战与展望

7.1
柔性太阳电池的高效化之路

图 7-1 比较了刚性及柔性薄膜太阳电池效率的差别，可以看到，除了非晶硅薄膜电池外，其他柔性太阳电池的效率与刚性太阳电池的效率均存在一定差别。提高柔性太阳电池的光电转换效率是其发展的关键，这需要做到以下两方面：一是减少电学损失，包括减少体内与界面电学损失，这就需要优化功能层和界面特性；二是充分吸收太阳光谱以减少光学损失，这就需要做好光学管理，减少反射损失和寄生损失。因此，柔性太阳电池高效化的关键是寻求新材料与新技术。

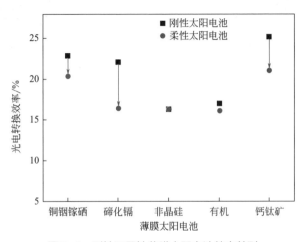

图7-1　刚性及柔性薄膜太阳电池效率差别

对柔性太阳电池而言，新材料包括柔性衬底、透明电极、光吸收层以及界面材料体系。不同类型太阳电池对光吸收层及界面材料的要求不同，这部分已经在前面章节中详细阐述过，这里重点阐述前两者共性材料的突破。

在柔性衬底方面，其需要具备高热稳定性、透明、低热膨胀系数等特性。聚酰亚胺（PI）是比较理想的柔性衬底，其具有较高的热分解温度，最高可达600℃。近几年通过合理的分子结构设计，减少分子内和分子链间电荷转移络合物，实现了具有良好透光特性（可见光透过率＞85%）的透明 PI 薄膜的制备。除了透光特性的改善外，PI 薄膜还在提高耐辐射性能、力学性能、耐溶剂性能和降低热膨胀系数方面做了很多改进，使其满足柔性太阳电池衬底的需求。三菱瓦斯、杜邦、东洋纺、三井化学、SKC 可隆等公司在透明 PI 薄膜方面做了一系列工作。超薄玻璃是另一类理想的柔性太阳电池衬底，将玻璃厚度降低至100μm 以下使其具有一定柔性，而且超薄玻璃具有物理和化学性质稳定、耐温性高、耐常用试剂甚至酸碱的腐蚀、透光性能高、表面平整、水汽透过率极低［10^{-12}g/（$m^2 \cdot d$）］等特点，适合高效柔性电池的制备。国际著名玻璃企业德国 Schott 公司最薄的超薄玻璃厚度为 25μm，有些公司甚至可以降至 20μm。图 7-2 为 Schott 公司商业化超薄玻璃样品。但是目前超薄玻璃具有易碎、价格较高、弯曲半径有限等缺点，要实现未来其在各种柔性太阳电池及光电器件中的大规模应用，技术上还需要有所突破。

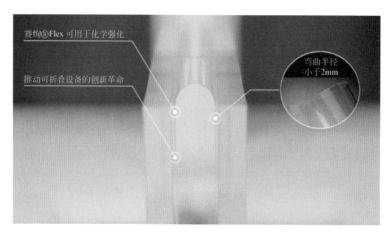

图7-2 Schott公司商业化超薄玻璃

在柔性透明电极方面，其需要具备高电导率、高透光率、耐弯折等特性。常规 ITO 薄膜在柔性衬底上低温制备时方阻升高明显，更为重要的是脆性特性限制了其在柔性电池中的应用，因此柔性透明电极在柔性太阳电池中应用是未来的发展趋势。采用柔性透明电极的太阳电池要实现高光电转换效率，柔性透明电极光电特性的改进尤为重要。首先，其要在电池吸光区域具有高透光率，随着叠层电池技术的采用，电池吸光区域从可见光拓展到近红外甚至紫外区域，这就需要研发宽光谱透过的柔性电极。其次，作为电极其承载着载流子传输和提取的作用，不但需要具备高电导率特性，而且要求其与相邻功能层的界面特性不会对载流子提取产生影响。此外，还要关注柔性透明电极的衍生效应对电池性能的增益。如目前已证实采用金属基透明前电极结合金属背电极，会出现光学谐振腔效应，引起电池电流密度的增益从而使效率得以提升[1]。到目前为止，各类柔性太阳电池采用哪种柔性透明电极还没有达成共识，需要进一步研究验证。

除了新材料的突破外，新技术对提高柔性太阳电池效率也十分重要。多结太阳电池是利用不同带隙的材料分别吸收不同波长的太阳光，拓宽太阳光谱的利用率，这个概念已经在提高刚性太阳电池效率中得到广泛应用。然而到目前为止，柔性太阳电池基本是围绕单结电池展开研究。制备柔性叠层甚至三结太阳电池是提高柔性太阳电池效率的重要技术手段。比如钙钛矿和 CIGS 材料能形成较好的带隙匹配，吸收宽光谱太阳光。加利福尼亚大学洛杉矶分校的杨阳课题组的 Q. Han 等通过化学机械抛光方法降低 CIGS 电池表面粗糙度，实现其上高质量钙钛矿电池的制备，两端引出的刚性钙钛矿 /CIGS 叠层电池效率达 22.43%[2]，因此柔性钙钛矿 /CIGS 叠层电池将是一种高效的柔性太阳电池。此外，有机、钙钛矿材料通过成分调控能实现带隙在较宽范围内变化，可以制备有机叠层电池或钙钛矿叠层电池以提高柔性电池光电转换效率。

图 7-3 概括了高效柔性太阳电池的关键材料及技术。

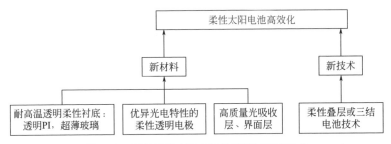

图7-3　高效柔性太阳电池的关键材料及技术

柔性电池效率提升的同时将带动功率质量比的增加，目前报道的柔性电池的最高功率质量比为 23W/g，得益于柔性钙钛矿电池 12% 的高光电转换效率 [3]。而到目前为止，刚性基底上钙钛矿电池效率已超过 25%，柔性钙钛矿电池效率也超过 19%，可以预计柔性电池效率超过 20% 将很快实现。如果在 1μm 甚至更薄的衬底上实现光电转换效率 20% 的柔性电池，其功率质量比将在现有基础上增加一倍，这将极大地拓宽柔性电池的应用领域，特别是在空间应用中将极具竞争力。

7.2
柔性太阳电池的稳定性和可靠性

柔性太阳电池的稳定性是判断其能否实现大规模应用的重要指标。不像晶体硅太阳电池，组件的使用寿命有专门的测试标准，通过标准测试，其具有 25 年的使用寿命，柔性光伏组件还未有统一测试标准，而且柔性太阳电池的效率稳定性还面临很多问题。

目前普遍认为对柔性电池效率有影响的环境因素包括水、氧、光、热。提高柔性太阳电池效率稳定性主要有以下手段：①提高电池功能层材料的稳定性，如在柔性钙钛矿电池中，采用无机载流子传输材料替代有机载流子传输材料，钝化钙钛矿薄膜晶界等。②引入阻隔层或介质层。由于相比玻璃基底，金属或聚合物基底稳定性较差，易受到水、氧和其他杂质的渗透，因此需要对柔性衬底增加阻隔膜，以降低水、氧渗透率。③封装技术。由于柔性电池的封装不仅要阻隔外界环境影响，而且要保持电池的柔性特性，因此柔性电池理想的封装方式是采用阻隔薄膜，而不是像晶硅电池那样通过层压技术将组件夹到两块玻璃间。理想的阻隔材料需要具备柔性、低水汽透过率、低损制备、工艺简单等特性。常用的柔性阻隔薄膜包括 Al_2O_3 无机材料或有机/无机复合材料等。Hasitha C. Weerasinghe 等通过实验验证封装技术对提高柔性钙钛矿电池效率稳定性的作用，他们采用厚 240μm、水汽透过率 $1×10^{-3}g/(m^2·d)$、可见光透过率 89% 的阻隔薄膜 Viewbarriers（Mitsubishi Plastic，Inc），评价了局部封装与完全封装两种方式下钙钛矿电池的大气（湿度 30%～80%）稳定性，如图 7-4（a）所示。发现无论哪种封装方式都有助于提高电池的稳定性，进一步发现相比于局部封装，完全封装的钙钛矿电池稳定性更好。如图 7-4（b）所示，未封装的材料在大气下放置 100h 后效率开始显著下降，而局部封装的材料经过 400h 后仍保持 80% 的初始效率，完全封装的材料经过 500h 后效率还很稳定[4]。

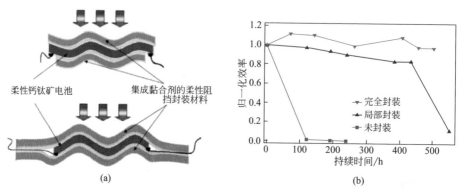

图7-4 电池封装结构示意图（a）和封装电池归一化效率随时间的变化规律（b）

柔性太阳电池的稳定性除了效率稳定性外，还有机械稳定性，主要包括弯曲、折叠、拉伸稳定性等。随着光伏建筑一体化、便携可穿戴设备的发展，柔性电池在实际应用中需要与复杂变形物体表面结合，这就要求柔性电池需要具备弯折性能。目前大部分研究聚焦于弯曲性能，包括可弯曲的曲率半径及次数。相比弯曲时器件受到毫米数量级曲率半径的弯折，折叠时器件会受到亚毫米曲率半径弯折，器件内应力急剧增加，易在功能层内形成裂纹，导致器件性能下降甚至失效。因此相比弯曲，实现可折叠电池更具挑战。此外，随着智能电子皮肤、机器人等领域的发展，柔性电池需要与运动物体表面结合，这就还需要电池具备可拉伸性能，即可承受一定的拉伸应变量和拉伸次数。另外，目前对于柔性电池弯折、拉伸性能研究的一个普遍问题是循环次数最多只有上千次。而对于一个柔性电池，以每天操作 5 次、使用寿命 5 年计算，其需要反复弯折或拉伸一万次，因此对柔性电池的循环稳定性提出更高要求。为提高柔性电池的机械性能及稳定性，需要开发新材料、新结构及新技术。

柔性电池的机械稳定性受 ITO 电极和其他功能层的共同影响。ITO 电极的脆性特性限制了柔性太阳电池的可弯折性，一般只能耐 4mm 曲率半径下弯曲有限次。采用柔性透明电极取代 ITO 电极，如碳纳米管、金属纳米线、超薄金属、金属栅格等，能有效改善电池的柔韧性。已有研究表明，采用柔性透明电极的柔性有机、钙钛矿太阳电池能耐更低曲率半径下的弯折[5,6]。除了 ITO 脆性电极外，电池其他功能层也会对电池机械性能产生影响，特别是对于采用柔韧性较差的无机功能层材料的电池来说。对于这类电池，调控电池应力分布能有效提高电池的机械稳定性。我们知道对于多层薄膜结构器件，存在一个无应力平面，即无应力中性层（z_{NA}），其位置如式（7-1）和式（7-2）所示，器件在曲率半径 R 下弯折时，各层受到的应力如式（7-3）所示：

$$z_{NA} = \frac{\sum\limits_{k=1}^{n} E'_k t_k z_k}{\sum\limits_{k=1}^{n} E'_k t_k} \tag{7-1}$$

$$E'_k = \frac{E_k}{1 - v_k^2} \tag{7-2}$$

$$\varepsilon(z, R) = \frac{z - z_{NA}}{R} \tag{7-3}$$

式中，E_k、v_k、t_k 分别代表各层的杨氏模量、泊松比、厚度，如图 7-5（a）所示。最常见的是通过结构设计，比如对称结构或采用超薄衬底，将无应力中性层位置从衬底中央移到器件有源区［图 7-5(b)］[7,8]，根据式（7-3），器件在弯折时特别是小曲率半径下弯折时受到的应力将显著降低，从而减少器件弯折时功能层内裂纹及膜层分离的产生，提高电池的弯折性能。为实现可拉伸柔性电池，可采用本征可拉伸材料或进行器件结构设计。虽然通过材料结构调控可在一定程度上提高拉伸性能，但材料选择存在局限性，而且会同时影响器件的光电性能。

进行器件结构设计可在不显著影响电池效率的同时赋予其可拉伸性能，如图 7-6 所示的构筑波纹褶皱结构、岛桥结构、弹簧结构或折纸结构设计等 [9-12]。

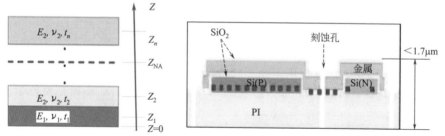

(a) 无应力中性层位置计算参数示意图   (b) 采用超薄衬底将无应力中性层（红色虚线）移到器件有缘区

图7-5 调控无应力中性层位置降低器件内应力

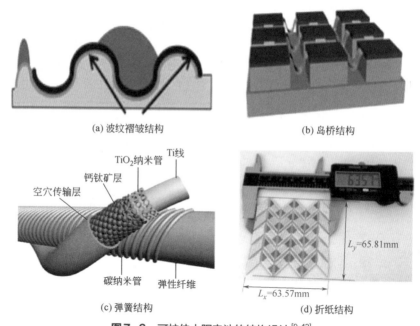

(a) 波纹褶皱结构   (b) 岛桥结构

(c) 弹簧结构   (d) 折纸结构

图7-6 可拉伸太阳电池的结构设计 [9-12]

7.3
柔性太阳电池应用展望

　　柔性太阳电池与卷对卷制备工艺兼容，具有低成本、轻质化、柔性化、高功率质量比等特性，应用领域广泛，不仅可集成在建筑、交通设备、可穿戴设备的表面，而且未来有望与其他柔性光电器件形成自供电的柔性电子系统。

　　由于柔性太阳电池具备可弯折性，这保证了其能很好地与建筑幕墙、窗户、屋顶等曲面结合。柔性太阳电池与建筑集成可以有效地利用建筑的外立面充分接受太阳能以实现部分能源自给。图7-7为上海浦东国际机场光伏建筑一体化项目。这套1.7MW的太阳能发电系统，是我国机场首个光伏建筑一体化项目。它可产生足够的清洁能源，用以满足机场停车设施和装卸设备的需求，其本身还可为机场户外的空调设备进行遮阳，是多功能光伏建筑一体化的体现。此外，也可以通过电池结构设计使其呈现色彩，增加建筑的美感。可以预计，光伏建筑一体化将是未来柔性太阳电池应用的重要领域。

图7-7　上海浦东国际机场光伏建筑一体化项目

　　柔性太阳电池还可以与各类交通设备的曲面集成，如汽车、船只、飞机等，在实现部分能源供给的同时提高交通设备的美观度。图7-8（a）为汉能公司研发的集成薄膜太阳组件车顶的汽车，薄膜太阳电池产生的电量为车内空调系统或座椅加热器等供电，其效率的提升会直接延长车辆的行驶里程。图7-8（b）为汉能公司的亚马孙雨林保护区光伏动力船项目，采用MiaSolé柔性CIGS组件，用于亚马孙雨林保护区的光伏船研发。特别值得一提的是将柔性太阳电池与飞行器集成。一般客机的飞行高度处于对流层或平流层，航天器的飞行高度处于中间层之上。相比地球表面，这些高空层的特殊环境会对柔性电池产生影响。一方面，在高空中水汽、二氧化碳、臭氧、微尘等对太阳光的吸收或散射将减少，增强太阳辐照强度，从而与飞行器集成的柔性电池可能具备较高的光电转换效率。另一方面，高空中高能辐照粒子密度、温度、湿度环境都与地表不同，这些因素也会对电池性能产生影响。研究与不同类型飞行器集成的柔性太阳电池性能对于其在航空领域的应用具有重要价值。图 7-9 为 8×8（64 个）钙钛矿太阳电池面板安装在飞机水平机翼上的示意图[3]。

（a）　　　　　　　　　　　　　（b）

图7-8　汉能公司研发的集成薄膜太阳组件车顶的汽车（a）
和亚马孙雨林保护区的光伏动力船（b）

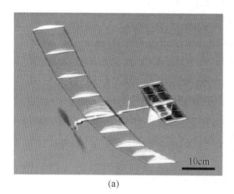
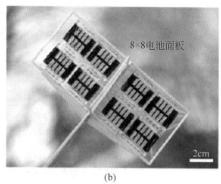

8×8电池面板

10cm　　　　　　　2cm

（a）　　　　　　　　　　　　　（b）

图7-9　柔性太阳电池驱动飞机飞行的飞机模型图（a）
及装有柔性钙钛矿太阳电池面板的水平机翼放大图（b）[3]

　　此外，将柔性太阳电池集成到衣服、背包、帐篷、手表等可穿戴设备中慢慢成为柔性太阳电池应用的重要领域，再结合储能系统就可实现对随身携带的电子设备供电。如图 7-10（a）所示，在背包、衣服、帽子等可穿戴设备中集成了柔性薄膜太阳电池。由于薄膜太阳电池弱光响应性好，因此无论在室内灯泡照射还是室外阳光照射下都能实现为手机、电脑等设备充电，从而极大地便利了市民的生活，如图 7-10（b）所示。

　　将柔性太阳电池作为功率源与生物医疗等其他设备集成，实现自供电的运动医疗检测电子系统，这将是未来柔性太阳电池应用的重要领域。例如将柔性太阳电池黏附到运动及复杂三维形状的生物组织及皮肤上实现柔性电子系统的自供电，驱动与人体运动相关的压力、温度、汗液传感器。最近日本理化学研究所与

(a) 太阳电池与背包或衣帽等集成　　　(b) 集成柔性电池的背包在室内外为电脑、手机等设备充电

图7-10　柔性太阳电池与可穿戴设备集成

东京大学的研究人员合作，将可用来测量不同生物功能的有机电化学电晶体感测元件整合到一个柔性有机太阳电池中［图 7-11(a)］，开发出一种超柔性、使用太阳电池自主供电的有机感测器，进行心脏监控[13]。这个工作的关键是提高了能源供应的稳定性与充足性，在太阳电池光吸收器上使用纳米光栅表面，以达到高的光电转换效率与光线入射角度的独立性，实现 10.5% 的光电转换效率和 11.46W/g 的高功率质量比。研究人员进一步将有机电化学电晶体的感测元件与有机太阳电池一起整合在一片超薄的基板上，可贴在皮肤上侦测心跳［图 7-11(b)］或直接在老鼠的心脏上记录心电图，而且该柔性集成系统在 10000lx 下可以良好运作，相当于阳光普照下阴凉处的光线。

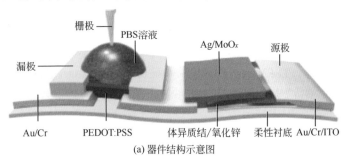

(a) 器件结构示意图

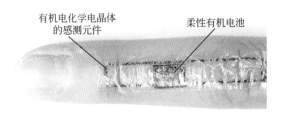

(b) 器件贴在皮肤上侦测心跳

图7-11　使用柔性有机电池自主供电的有机感测器[13]

参考文献

[1] Sergeant N P, Hadipour A, Niesen B, et al. Design of transparent anodes for resonant cavity enhanced light harvesting in organic solar cells [J]. Adv Mater, 2012, 24: 728-732.

[2] Han Q, Hsieh Y-T, Meng L, et al. High-performance perovskite/Cu (In, Ga) Se$_2$ monolithic tandem solar cells [J]. Science, 2018, 361: 904-908.

[3] Kaltenbrunner M, Adam G, Głowacki E D, et al. Flexible high power-per-weight perovskite solar cells with chromium oxide-metal contacts for improved stability in air [J]. Nature Material, 2015, 14 (10) : 1032-1039.

[4] Weerasinghe H C, Dkhissi Y, Scully A D, et al. Encapsulation for improving the lifetime of flexible perovskite solar cells [J]. Nano Energy, 2015, 18: 118-125.

[5] Kim N, Kang H, Lee J-H, et al. Highly conductive all-plastic electrodes fabricated using a novel chemically controlled transfer-printing method [J]. Adv Mater, 2015, 27: 2317.

[6] Li Y, Meng L, Yang Y (Michael) , et al. High-efficiency robust perovskite solar cells on ultrathin flexible substrates [J]. Nature Communications, 2016, 7: 10214.

[7] Sekitani T, Zschieschang U, Klauk H, et al. Flexible organic transistors and circuits with extreme bending stability [J]. Nature Materials, 2010, 9: 1015-1022.

[8] Kim D-H, Ahn J-H, Choi W M, et al. Stretchable and foldable silicon integrated circuits [J]. Science, 2008, 320 (5875) : 507-511.

[9] Lipomi D J, Tee B C-K, Vosgueritchian M, et al. Stretchable organic solar cells [J]. Adv Mater, 2011, 23: 1771-1775.

[10] Lee J, Wu J, Shi M, et al. Stretchable GaAs photovoltaics with designs that enable high areal coverage [J]. Adv Mater, 2011, 23: 986-991.

[11] Deng J, Qiu L, Lu X, et al. Elastic perovskite solar cells [J]. J Mater Chem A, 2015, 3: 21070.

[12] Tang R, Huang H, Tu H, et al. Origami-enabled deformable silicon solar cells [J]. Applied Physics Letters, 2014, 104: 083501.

[13] Park S, Heo S W, Lee W, et al. Self-powered ultra-flexible electronics via nanograting-patterned organic photovoltaics [J]. Nature, 2018, 561: 516-521.